卫星导航定位系统原理与应用

王 博 编著

科 学 出 版 社

北 京

内 容 简 介

本书紧密结合当前卫星导航定位系统的技术和应用发展状况，较为全面地介绍卫星导航定位系统的基本原理和典型的市场应用。内容包括卫星导航系统的发展、坐标与时间参考系统、各国现有的全球和区域卫星导航系统，以及卫星导航系统的定位原理、误差分析和定位方法等方面的主要研究成果。同时结合我国北斗卫星导航系统的建设和应用推广，针对卫星导航与位置服务应用等方面阐述当前的规模化市场应用。

本书可作为导航、控制、测绘、交通、信息等专业本科生学习的教科书，也可作为相关行业应用人员的参考书。

图书在版编目(CIP)数据

卫星导航定位系统原理与应用 / 王博编著．—北京：科学出版社，2018．8
ISBN 978-7-03-057213-4

Ⅰ．①卫…　Ⅱ．①王…　Ⅲ．①卫星导航-全球定位系统-研究
Ⅳ．①P228．4

中国版本图书馆 CIP 数据核字(2018)第 074210 号

责任编辑：张艳芬　姚庆爽 / 责任校对：郭瑞芝
责任印制：赵　博 / 封面设计：蓝正设计

科学出版社 出版
北京东黄城根北街 16 号
邮政编码：100717
http://www.sciencep.com

北京凌奇印刷有限责任公司印刷
科学出版社发行　各地新华书店经销
*
2018 年 8 月第 一 版　开本：720×1000　1/16
2024 年10月第七次印刷　印张：15 1/2
字数：300 000

定价：98.00 元

(如有印装质量问题，我社负责调换)

前　言

随着“互联网+”和“大数据”时代的到来，全球卫星导航系统(GNSS)不断地焕发出新的活力。空间技术的不断进步促使卫星导航定位系统从原有的全球定位系统(GPS)和全球卫星导航系统(GLONASS)，发展为包含北斗卫星导航系统(BDS)和伽利略(Galileo)卫星导航系统在内的四大全球卫星导航定位系统。正如我国“两弹一星”元勋、北斗卫星导航系统首任总设计师孙家栋院士所倡导的“天上好用、地上用好”理念，地面的卫星导航与位置服务应用也随着我国北斗系统的不断完善而推陈出新，在面向国家安全和国计民生的特殊市场、专业市场和大众市场得到了广泛应用。据中国卫星导航定位协会统计，2016 年我国卫星导航与位置服务产业的总产值已经突破 2000 亿元，其中北斗系统相关产值占据 70%。因此，发展自主可控的北斗卫星导航系统不仅关系到我国的国家安全，而且也极大地促进了我国的经济发展。随着移动互联网、物联网、云计算、大数据、人工智能等一系列新兴技术的发展，卫星导航与位置服务和各个行业进行深度融合，将会给产业发展带来更加蓬勃的生机。

本书是作者在查阅国内外相关文献并总结以往部分研究成果的基础上完成的。全书共 8 章：第 1 章介绍导航技术的基本概念以及卫星导航系统的发展情况；第 2 章介绍空间坐标系统和时间参考系统；第 3 章对全球卫星导航系统、区域卫星导航系统、星基增强系统和地基增强系统进行介绍；第 4 章介绍北斗卫星导航系统的服务性能、短报文通信服务、地基增强系统以及精准服务系统；第 5 章介绍卫星导航系统的信号结构、定位原理和接收机工作原理；第 6 章对卫星导航系统中的空间段、环境段和用户段误差的产生和消除方法进行阐述；第 7 章介绍卫星导航系统的定位方式、差分定位方法、姿态测量方法和干扰与反干扰方法；第 8 章介绍卫星导航与位置服务在交通物流、市政管网、养老关爱、安全监测、应急救援、精准农业、电力授时、城市管理和自动驾驶行业中的应用。

在撰写本书过程中，王诚龙博士、赵冲硕士、朱经纬硕士、周明龙硕士和刘泾洋硕士对稿件进行了整理并绘制了插图。本书中的行业应用分析内容得到了中国卫星导航定位协会及其智能物联专业委员会和精准应用专业委员会的大力支持。本书的出版得到了国家自然科学基金面上项目(61673060)和国家重点研发计划(2016YFB0501700)的支持，在此一并表示感谢。国家测绘地理信息局战略研究首席专家苗前军博士对本书初稿进行了审阅，提出了宝贵的意见和建议，在此表示衷心感谢。

卫星导航定位系统作为一门正在发展的高新技术，不仅涉及多种学科理论的交叉，同时还是一项工程性很强的应用技术。限于作者水平，书中难免存在疏漏之处，敬请广大读者批评指正。

王　博

2018 年 5 月于北京

目　录

第1章　绪　论

1.1　导航的基本概念与发展

1.1.1　导航的基本概念

导航是监测和控制运载体从一个地方移动到另一个地方的过程，它是引导飞机、船舶、车辆以及个人（总称为运载体）安全、准确地沿着选定的路线，到达目的地的一种手段。

导航是将运载体从起始地引导到目的地的技术，这门技术既古老又年轻。古罗马人利用北极星和太阳作为方位基准，横渡地中海，来往于南欧和北非之间。郑和利用指南针率领庞大的船队七下西洋，开创了茫茫大海上的远航。古代先辈在导航过程中利用的信息资源如天文、地磁等，非常直观，采用的方法和原理也十分简单，所以导航精度非常低。随着人类对自然现象本质的深入认识和科学技术的发展，导航的新理论和新手段不断被发明和发现，越来越多的导航技术应运而生。1519年，葡萄牙航海家麦哲伦利用地球仪、经纬仪、四分仪测速器等导航设备进行了环球航海航行。科技的进步导致用户对导航定位精度、覆盖面要求也越来越高，罗盘导航和天文导航方法已经不能满足现代导航的需要。因此，无线电导航、惯性导航、卫星导航、匹配导航等现代导航技术在现代人们的生活中发挥着越来越重要的作用。

1.1.2　导航技术的分类

根据导航信息的获取原理，如航标方法、航位推算、惯性原理、无线电传播特性、天体运动规律、人造地球卫星技术、地球表面地形、地貌特征等，常见的导航技术可分为航标方法导航、航位推算导航、天文导航、惯性导航、无线电导航、卫星定位导航、地球物理场辅助导航等。

1. *航标方法导航*

航标方法也称为目视方法，它是借助于信标或参照物把载体从一点引导到目的地的导航方法。采用此种方法导航有海上的信标（灯塔等）、机场导航灯等，如图1.1所示。此种方法实现简单且可靠性高，但存在明显的缺点，即环境、天气对此种导航方法的影响很大，并且在海洋、沙漠等无航标地区无法进行导航。

图 1.1　航标方法导航

2. 航位推算导航

航位推算是通过测量运载体的速度和方向数据来累积求得载体在各方向分量上行驶的距离，由过去已知位置来推算当前位置，或预测未来位置，从而得到运载体运动轨迹的一种导航方法，如图 1.2 所示。航位推算导航是一种自主式的导航方法，隐蔽性好且保密性强，它克服了航标方法导航的缺点，不受天气、地理条件的限制。但是，其缺点也非常明显，一旦航行时间和航行距离增长，其位置累积误差将越来越大。因此，如果进行长时间、长距离导航，需要与其他导航方法组合使用，以对误差进行校正。

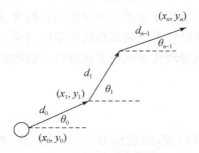

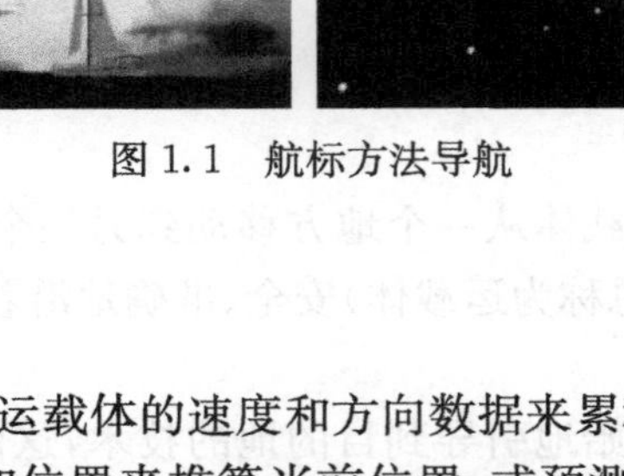

图 1.2　航位推算导航

3. 天文导航

天空中的星体相对于地球有一定的相对运动轨道和位置。天文导航就是通过对天体的精确、定时观测来确定载体的位置，如图 1.3 所示。此种导航方法在航海、航空、航天等领域具有广泛的应用，但其缺点也十分明显，这种导航方法受时间、气象条件的限制，定位时间较长，操作计算比较复杂。

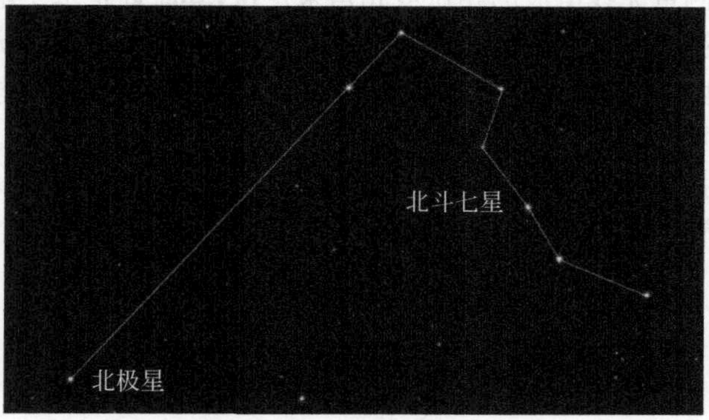

图 1.3　天文导航

4. 惯性导航

惯性导航是通过对安装在稳定平台上或与运载体固联的陀螺和加速度计的输出进行积分来确定载体的姿态、速度和位置，进而引导运载体正确航行，如图 1.4 所示。惯性导航完全依靠运载体上的导航设备自主地完成导航任务，与外界没有任何光、电联系，是一种自主式导航方法，具有隐蔽性好、工作不受天气条件限制等优点，但是其导航误差随时间发散，一旦系统运行时间增长，误差也会随之增大，以至系统无法正常导航。

图 1.4　惯性导航设备

5. 无线电导航

无线电导航是通过测量无线电波从发射台到运载体的传输时间来确定运载体

位置，也可通过测量无线电波的相位或相角来定位，其原理是基于电磁波的恒定传播速率和路径的可观测性原理，如图 1.5 所示。不同的无线电导航系统只是无线电波段和使用地域不同而已，可分为陆基无线电导航和星基无线电导航两种。无线电导航不受时间、天气的限制，设备简单、可靠，定位精度高、定位时间短，并且可以实现连续实时地定位。因此，无线电导航被广泛用于航海、航空等领域，是一种非常重要的导航方式。

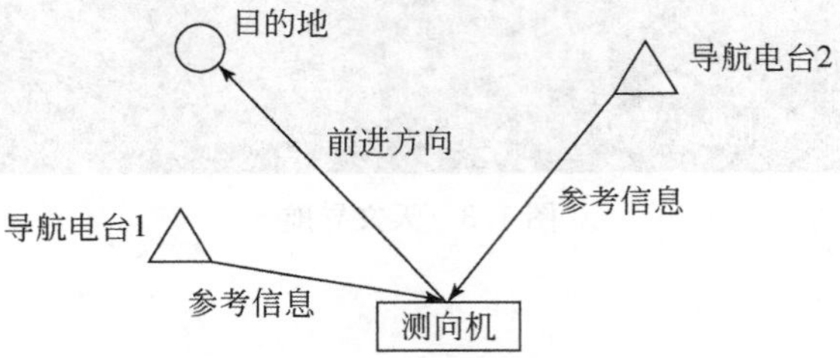

图 1.5　无线电导航

无线电导航主要分为陆基无线电导航和星基无线电导航两种。陆基无线电导航是指以无线电技术为基础的导航台建在地球上的导航系统，该导航系统主要有三种测量方式：测向(角)(angle of arrival，AOA)、测距(time of arrival，TOA)和测距差(time difference of arrival，TDOA)。

AOA 通过三角测量法定位，信号由发射机(MS)发射，处在已知位置的天线阵列(BS_1、BS_2)接收信号并计算信号到两个或多个天线单元的入射角，运载体位置由入射角的交叉点确定，如图 1.6 所示。

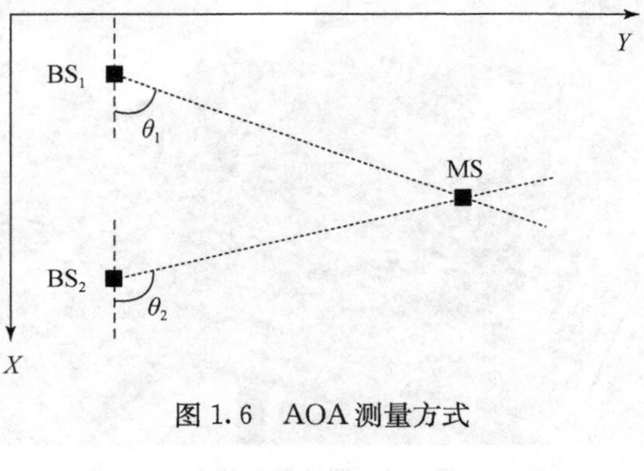

图 1.6　AOA 测量方式

TOA 通过测量从多个已知位置的发射机传来的无线电信号到达接收端的时间来确定接收机的位置，如图 1.7 所示。

TDOA 采用三边测量法定位，由多个已知位置的发射机发送时间同步信号，移动接收机接收信号并测量至少两组信号的到达时间差，由此确定接收机的位置，

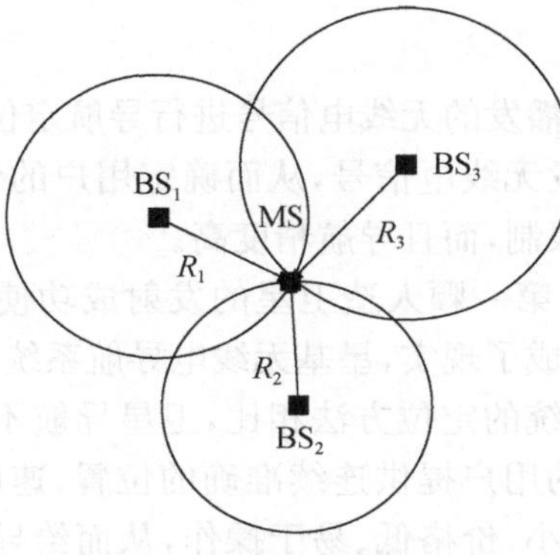

图 1.7 TOA 测量方式

如图 1.8 所示。

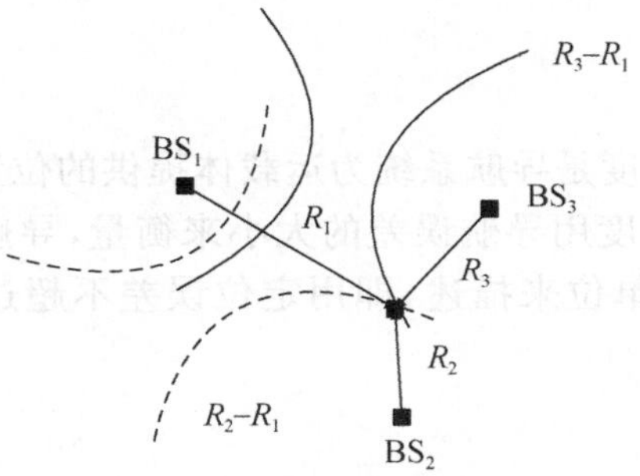

图 1.8 TDOA 测量方式

地基无线电导航系统已经在航海和航空领域得到了广泛应用，约有 100 种不同类型的系统正在世界各地运营，如著名的 Loran-C 和 OMEGA 系统。Loran-C 是一种中远程精密无线电导航系统，主要包括地面设施和用户设备两大部分，地面设施由发射台组和监测站构成。该系统的工作原理是：用户设备接收到两个发射台信号到达的 TDOA，乘以电波传播速度，将其换算为距两个发射台的距离差值（为一双曲线），再接收另外两个台的信息，便可得另一双曲线，利用两条双曲线的交点即可计算出用户位置。

第二次世界大战期间及战后，军事方面的迫切需求加速了陆基无线电导航系统的发展。近年来，随着无线电导航技术特别是卫星定位导航技术的发展和完善，许多陆基无线电导航系统已停用或即将停用。

星基无线电导航是目前应用非常广泛的一种无线电导航技术，将在下一部分卫星定位导航中详细介绍。

6. 卫星定位导航

卫星导航是利用卫星播发的无线电信号进行导航定位。卫星导航以卫星为空间基准点,向用户终端播发无线电信号,从而确定用户的位置、速度和时间。它不受气象条件、航行距离的限制,而且导航精度高。

1957 年 10 月,世界上第一颗人造卫星的发射成功使人类在空间建立导航无线电发射基准站的设想变成了现实,星基无线电导航系统也随之应运而生,这就是卫星定位导航系统。与传统的定位方法相比,卫星导航不但能够在全球范围内为陆地、海洋以及近地空间的用户提供连续准确的位置、速度和时间信息,而且用户设备体积小、重量轻、功耗小、价格低、易于操作,从而给导航技术带来了革命性的变化。

1.1.3　卫星导航的性能指标

1. 精度

卫星导航系统的精度是导航系统为运载体提供的位置与运载体当时的真实位置之间的重合度。精度用导航误差的大小来衡量,导航误差是一个随机变化的量,常用统计的度量单位来描述,即用定位误差不超过一个数值的概率来描述,如图 1.9 所示。

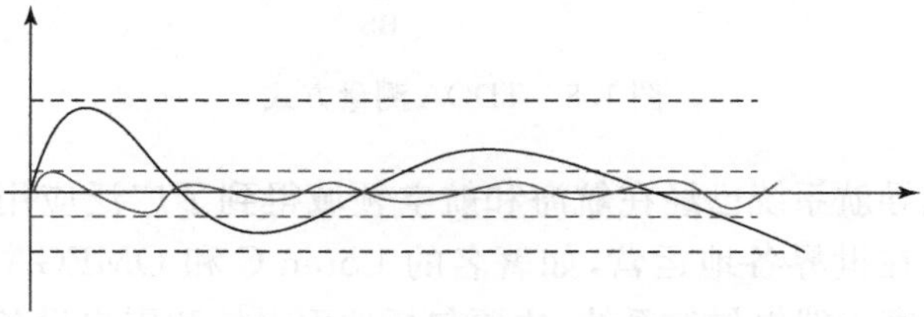

图 1.9　导航精度描述

导航精度主要由以下指标衡量。

1)均方根误差

均方根误差(root mean square error,RMS)又称为中误差或标准差,它的探测概率是以置信椭圆(二维定位)和置信椭球(三维定位)来表述。

2)圆概率误差

圆概率误差(circular error probable,CEP)一般是以载体真实位置为圆心的圆内,偏离圆心概率为 50%的二维点位离散分布度量,如图 1.10 所示。

3)球概率误差

球概率误差(sphere error probability,SEP)其以载体真实位置为球心的球内,

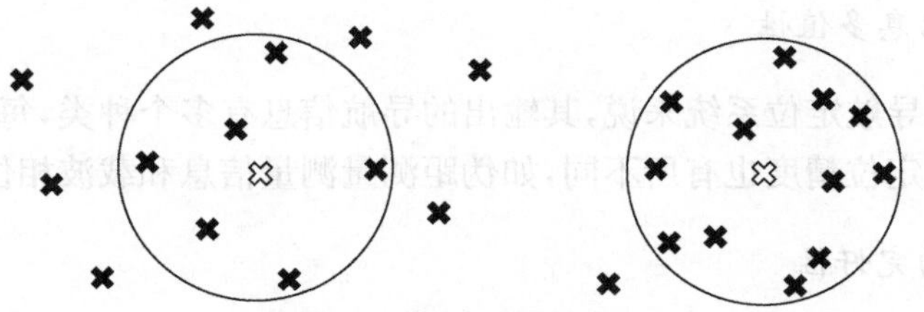

图 1.10 不同概率的圆概率误差

偏离球心概率为 50%的三维点位精度分布度量。

不同度量标准下的定位精度如图 1.11 所示。

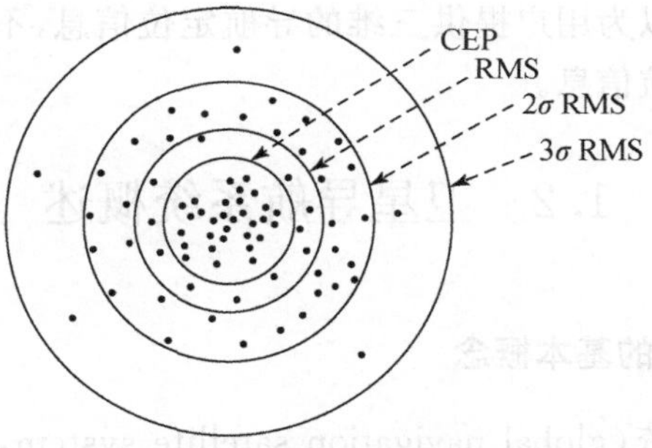

图 1.11 不同度量标准下的定位精度

2. 可用性与可靠性

可用性是导航系统为运载体提供可用的导航服务的时间百分比。

可靠性是给定条件下在规定时间内以规定的性能完成其功能的概率，主要以发生故障的频度和平均无故障工作时间作为可靠性评价指标。

3. 覆盖范围

覆盖范围是指在一个面积或立体空间范围内，导航系统以规定的精度为载体提供位置。影响因素包括系统几何关系、发射信号功率、接收机灵敏度、大气噪声条件等。

4. 导航信息更新率

导航信息更新率是指导航系统输出信息的频率，卫星导航接收机输出的频率从 1Hz 到 100Hz 不等。

5. 导航信息多值性

对于卫星导航定位系统来说，其输出的导航信息有多个种类，每种类型的信息其用途和导航定位精度也有所不同，如伪距测量测量信息和载波相位测量信息。

6. 系统的完好性

完好性是卫星导航定位系统中非常重要的概念，它是对卫星导航系统提供的导航数据准确性的评价。

7. 导航信息的维数

卫星导航系统可以为用户提供三维的导航定位信息，不过在具体使用时可能仅用到二维的平面导航信息。

1.2 卫星导航系统概述

1.2.1 卫星导航系统的基本概念

全球卫星导航系统（global navigation satellite system，GNSS）是以导航定位卫星发射的信号来确定载体位置而进行导航的系统。1957 年，苏联成功发射的第一颗人造卫星是 GNSS 发展的奠基石，人们不再局限于地面的约束，开始放眼于太空。传统的技术也随着空间科学技术的发展焕发了新的活力。美国约翰·霍普金斯大学的两位研究人员通过观测卫星发射的无线电信号，将地面上常见的信号多普勒频移与卫星运动轨迹联系在一起，提出利用位置已知的地面观测站测量卫星播发信号的多普勒频移，从而获得太空中卫星的精确位置的方法。通过地面站对卫星的联合观测试验，验证了这一方法，完成了卫星轨迹的测定。同一所大学的另外两位研究人员依据试验结果提出了另外一种思路，即如果已知卫星的精确位置，那么通过在地面上测量卫星信号的多普勒频移，便可以确定地面观测站的精确位置，卫星导航定位的基本概念便由此产生[1-4]。

1.2.2 卫星导航系统的特点

卫星导航定位技术代表着无线电导航技术的发展趋势，对传统的导航理论与技术产生了深远影响。一些卫星导航系统，如 GPS、GLONASS 的发展与应用，以及地理信息技术在国民经济发展中凸显出的重要作用，促使一些国家和地区开始建设和发展自身的卫星导航系统，如欧洲的 Galileo 卫星导航系统、中国的北斗卫星导航系统等。卫星导航定位具有多种定位模式，从普通的单点定位到精密的差分定位，能够应用于陆海空天多个领域，实现运载体的精确导航制导、精密定位、灾害监测与预警、市政管网的施工巡检、建筑物的健康监测、弱势群体的关爱、精细农业、高货值设备的监控等与国家安全和国计民生相关的多种功能，是目前国际上应用最为广泛的高新技术产业之一。下面将介绍一下 GNSS 的特点。

1. 覆盖区域广

地球上的任何地点均可连续跟踪和观测到多颗卫星，从而保证了系统全球、全天时、实时连续的导航与定位能力。然而，地面无线电导航定位系统有效作用范围有限，子午仪系统也只能进行断续定位，且平均定位间隔很长，大约 1.5h 左右。

2. 定位精度高，系统功能多

GNSS 能够连续地为各类用户提供三维位置、三维速度和精确的时间信息。例如，GPS 的单点实时定位精度为 10m，静态相对定位精度可达毫米级，测速精度优于 0.1m/s，测时精度约为纳秒级。在工程精密定位中，1h 以上观测的解算，其平面误差小于 1mm。随着卫星定位测量技术和数据处理技术的发展，其定位、测速和测时的精度有望进一步提高。

3. 定位速度快

利用卫星导航接收机定位，首次卫星跟踪和解算一般不超过 30s，一次定位和测速通常在 1 至数秒内即可完成。当 GNSS 用于快速静态相对定位测量时，当每个流动站与基准站相距 15km 以内时，流动站只须观测 1～2min；当 GNSS 用于动态相对定位时，流动站开始作业前先观测 1～2min，然后可以随时定位，每站观测仅需几秒。这与其他定位手段形成鲜明对比，这一点对高动态用户来说尤为重要。

4. 操作简单

GNSS 的自动化程度很高，用户在观测过程中的工作较为简单，卫星观测和信号处理均由接收机自动完成。另外，GNSS 的测量设备体积小巧、质量较轻、便于携带，在众多场合都可以正常使用。

5. 抗干扰能力强

GNSS 的导航信号使用导航电文和伪随机码调制高频载波而得到，不同的导航卫星所分配的伪随机码是不同的，不同卫星发射的导航信号也因此不同，从而使得导航卫星信号具有抗干扰性强的特点。

1.2.3　卫星导航的应用

以GPS为代表的卫星导航引用产业已逐步成为一个全球性的高新技术产业，普遍应用于地理数据采集、测绘、车辆监控调度和导航服务、航空航海、军用、时间和同步、机械控制、大众消费应用。

1. 地理数据采集

地理数据采集是GNSS最基本的专业应用，用来确认航点、航线和航迹。GIS数据采集产品正在成为满足各行业对空间地理数据需求的常用工具。

2. 高精度测绘

卫星导航的广泛应用给测绘界带来了一场革命，现已广泛应用于大地测量、资源勘查等领域。与传统的测绘手段相比，卫星导航应用具有巨大的优势：测量精度高、操作简单、便于携带、全天候、全天时工作操作。

3. 车辆导航服务

车辆导航系统结合了卫星导航技术、地理信息技术和汽车电子技术，可精确显示汽车的位置、速度和方向，为驾驶者提供实时的道路引导。

4. 航空、航海应用

1)航空应用

为满足日益增长的空中运输量的需求，适应新型飞机航程的扩展与航速的提高，克服陆基空中交通管理系统的局限性，国际民航组织(International Civil Aviation Organization，ICAO)决定实施基于卫星导航、卫星通信和数据通信技术的新的空中交通管理系统。

2)航海应用(主要包括救援、导航和港口运作)

1992年2月1日，国际海事组织在全世界范围内实施全球海上遇险和安全系统(Global Maritime Distress and Safety System，GMDSS)，利用海事卫星(Inmarsat)改善海上遇险与安全通信，建立新的全球卫星通信搜救网络。使用全球卫星导航系统后，弥补了GMDSS在确定位置方面的不足。

海洋和河道运输是当今世界上最广泛应用的运输方式，高效、安全和最优化是海洋和河道运输重点。卫星导航技术的应用，有效地实现了最小航行交通冲突，最有效地利用日益拥挤的航路，保证了航行安全，提高了交通运输效益。

卫星导航广泛应用于港口船舶进出港导航、现场调度指挥监控、地理信息系统(geographic information system，GIS)建库和维护、信息管理系统建设等方面，对加速港口现代化建设起到了不可替代的作用。

1.3 卫星导航系统发展

全球卫星导航系统是20世纪60年代中期发展起来的一种新型导航系统，现已广泛应用于民用和军事的各个领域，带来了巨大的经济利益。正是由于卫星导航系统在各个方面都起着至关重要的作用，许多国家都在努力建设自己独立的卫星导航系统。

美国的GPS是目前应用最为广泛的卫星导航系统，其应用范围已经覆盖全球的多个行业；俄罗斯的GLONASS受各种因素的影响，发展速度大大落后于GPS，但是经过过去几年的卫星补网，现已基本完成系统重建；欧盟所规划的Galileo导航系统也已经基本完成了试验卫星的发射，开始筹建正式的服务系统；中国已经建成“北斗一号”和“北斗二号”卫星导航系统，预计于2020年建成北斗全球卫星导航定位系统。这些系统在建设及发展过程中，相互学习又不断竞争，促进了卫星导航定位系统的发展。下面介绍一下各卫星导航系统。

1. 子午仪卫星导航系统

子午仪卫星导航系统又称为海军卫星导航系统（navy navigation satellite system，NNSS），该系统是美国海军于1958年开始着手研制的为美国军用舰艇服务的卫星导航系统。该系统于1964年在军事上正式投入使用，于1967年开始进入民用领域。1996年，子午仪卫星导航系统正式退出历史舞台。在该系统中，由于所有卫星轨道都通过地球的南北两极，卫星的星下点轨迹与地球的子午圈重合，因此称之为子午仪卫星导航系统。

子午仪卫星导航系统属于低轨道卫星系统，卫星运行于1100km左右的圆形极轨道上，利用多普勒频移和标准时间定位原理进行导航，具有全天候、全球导航的特点，能提供高精度的经度、纬度二维定位数据，但不能进行连续实时导航，平均两次定位间隔时间为35～100min，有时最长可达10h，全球用户一般每隔1.5h便可利用卫星定位一次。子午仪卫星导航系统由空间部分、地面监控部分和用户接收设备三部分组成。空间部分由6颗卫星组成，它们分别部署在6个轨道平面内，轨道面相对地球赤道的倾角约为90°，轨道为近圆形，运行周期约为108min。子午仪导航系统的卫星连续发射无线电信号，传递三种导航信息，即卫星星历、偶数分钟的时间信号以及供多普勒频移测量用的400MHz和150MHz两种频率的载波，供用户及监测站对卫星进行观测。

子午仪卫星导航系统属于第一代卫星导航系统，虽然该系统在导航技术中具有划时代的意义，但依然存在着明显缺陷。卫星数目少，卫星轨道很低，并且采用多普勒频移原理进行定位，从而导致定位频度很低且定位精度相对较低，无法满足实时三维定位导航的要求，已经被淘汰。

2. GPS

GPS的空间星座由24颗工作卫星构成，24颗工作卫星部署在6个轨道平面上，每个轨道平面交升点的赤经相隔60°，轨道平面相对地球赤道面的倾角为55°，每个轨道上均匀分布4颗卫星，相邻轨道之间的卫星要彼此叉开30°，以保证全球均匀覆盖的要求。GPS卫星轨道平均高度约为20200km，运行周期11h59min。卫星采用码分多址（CDMA）技术在两个频率上播发测距码和导航数据，即L1（1575.42MHz）和L2（1227.60MHz），其波长分别为19.03cm和24.42cm。卫星使用的测距码有两种，即C/A码和P码，C/A码用于分址、搜捕卫星信号和粗测距，是具有一定抗干扰能力的明码，提供给民用；而P码用作精测距、抗干扰及保密，是专供军方使用的。

近年来，美国对GPS推行现代化建设，为满足军事要求，增加了新的军用M码，M码有更好的抗破译功能，并有直接捕获功能，可快速初始化。另外，增加L2发射功率，以增加抗干扰能力；增加L5民用频率（1176.45MHz），以提高民用导航定位精度和安全。GPS现代化包含以下四个阶段：

第一阶段：发射12颗改进型的GPS Block IIR型卫星，其新增加功能是在L2上加载C/A码；在L1和L2上播发P(Y)码，同时在这两个频率上还实验性地同时加载了新的M军码；增大Block IIR卫星的发射功率，增强可靠性。该系列第一颗卫星于1997年1月17日发射时因搭载它的三角洲2号运载火箭在升空后12s后爆炸而失败。第一次成功发射是在1997年7月23日，目前12颗卫星已成功进入预定轨道。

第二阶段：发射GPS Block IIR-M卫星。Block IIR-M卫星是Block IIR系列的升级版，除了先前GPS卫星广播的信号外，Block IIR-M系列卫星拥有两个新的信号：L2C(一种新的加载在L2载波上的民用信号)和M码(一种加载在L1和L2载波上的军用信号)。第一颗该系列卫星于2005年9月26日发射，最新一颗是在2009年8月17日发射，目前已有8颗在轨的Block IIR-M卫星。

第三阶段：发射GPS Block IIF卫星。除Block IIR型卫星的功能外，进一步强化M码的功率和增加发射第三民用频率，即L5频道。Block IIF系列卫星由波音公司研制开发，2007年9月9日完成了第一颗Block IIF系列卫星的组装，2010年5月完成了第一颗Block IIF卫星的发射。

第四阶段：发射GPS Block III型卫星。Block III是最新研制的GPS卫星，它可将军用及民用的定位精度由目前的3m提升至1m，并进一步提升系统对民用定位的支持。Block III将兼容其他民用定位卫星，即日后民用用户将可通过欧洲的

Galileo 定位系统及其他系统进行定位，这种设计将令民用定位卫星增至最多 90 个，定位精度显著提高。

美国政府在 GPS 的最初设计中，计划向社会提供两种服务，精密定位服务(PPS)和标准定位服务(SPS)。精密定位服务的主要服务对象是政府部门或其他特许民用部门，使用双频 P 码，预期定位精度达到 10m。标准定位服务的主要对象是广大的民间用户，使用 C/A 码单频接收机，无法利用双频技术消除电离层折射的影响，预计单点实时定位的精度约为 100m。

但是在 GPS 的实验阶段，由于提高了卫星钟的稳定性和改进了卫星轨道的测定精度，利用 C/A 码定位的精度达到 14m，利用 P 码定位的精度达到 3m，大大优于预期。美国政府出于自身安全的考虑，于 1991 年在 Block II 卫星上实施了可用性选择(selective availability，SA)和反电子欺骗(anti-spoofing，AS)政策，其目的就是降低 GPS 的定位精度。

SA 政策即可用性选择政策，通过控制卫星钟和报告不精确的卫星轨道信息来实现。SA 包括两项技术：第一项技术是将卫星星历中轨道参数的精度降低到 200m 左右；第二项技术是在 GPS 卫星的基准频率施加高抖动噪声信号，而且这种信号是随机的，从而导致测量出来的伪距误差增大。通过这两项技术，使民用 GPS 定位精度重新回到原先估计的误差水平，即约 100m。

军用接收机则由于装备了特殊的硬件和码，能减轻 SA 的效果。GPS 管理人员通过地面指挥旋转开关，控制 SA 的开与关。值得指出的是，SA 是空间相关的，因此民用用户可以通过差分 GPS 的方法消除 SA，当然用户必须对此增加自身的成本。

2000 年 5 月 2 日，SA 政策被取消。美国放弃这一举措可能基于两种考虑：一是其国内和国外的应用需求，以及国际竞争的需要，希望保持 GPS 的国际领先地位，同时成为国际标准的战略性策略；二是美国已经具备新的阻断敌对方利用民用信号对其发动攻击的能力，尤其是在局部区域内的控制使用能力。

AS 将 P 码与高度机密的 W 码模 2 相加形成新的 Y 码。其目的在于防止敌方对 P 码进行精密定位，也不能进行 P 码和 C/A 码相位测量的联合求解。

为了摆脱对美国 GPS 的依赖，彻底消除 GPS 限制政策的影响，许多国家都开始建设自己的卫星导航系统，如俄罗斯的 GLONASS、中国的北斗卫星导航系统、欧洲的 Galileo 系统等。

3. GLONASS

GLONASS 是在 20 世纪 70 年代美国和苏联冷战时期开始研制的，该系统是 1982 年 10 月 12 日开始发射的第二代卫星导航系统，与 1996 年 1 月 18 日开始整体运行。GLONASS 共有 24 颗卫星，正常工作卫星为 21 颗，目前，21 颗卫星都为

GLONASS-M 卫星或 GLONASS-K 卫星，它们均匀地分布在 3 个等间隔的椭圆轨道面内，每个轨道上布置 8 颗卫星，同一轨道面上的卫星间隔为 45°，卫星轨道面相对地球赤道面的倾角为 64.8°，卫星平均高度为 19100km。GLONASS 采用频分多址技术，也是军民两用系统，受俄罗斯国防部控制。由于苏联解体，俄罗斯经济困难，致使 GLONASS 维护受到影响，一度只有五六颗卫星工作，已无法满足全天候、全球定位要求。2001 年 8 月，俄罗斯决定全面恢复 GLONASS，使其现代化并进行长远的发展规划，主要分为以下两个阶段：

第一阶段：发射 GLONASS-M 卫星。新型卫星设计寿命约为 8 年，将具有更好的信号特性。改进一些地面测控站设施，民用频率由 1 个增加到 2 个，使得位置精度提高到 10～25m，定时精度提高到 20～30ns，速度精度达到 0.1m/s。

第二阶段：研制第三代 GLONASS-K 卫星，GLONASS-K 系列卫星的寿命在 12 年以上，系统的精度和可靠性得到进一步提高。

4. Galileo 系统

由于美国的 SA 政策以及 GPS 存在某些不足，卫星导航的民用特别是民用航天的应用受到制约。因此，欧洲决定发展自己的卫星导航系统，即 Galileo 卫星导航系统。Galileo 计划是由欧盟发起，并和欧洲空间局共同负责的民用卫星导航服务计划实现完全非军方控制与管理，旨在建立一个由国际组织控制的、经济高效的民用导航与定位服务系统。该系统是 1999 年 12 月由西班牙提出第一套解决方案之后，历经一年多的讨论研究，从多个欧共体国家的多个解决方案中发展完善后得出的方案。该系统的卫星星座是由分布在 3 个轨道上的 30 颗中等高度轨道卫星（MEO）构成。

欧洲的 Galileo 系统可以提供高精度的、高可靠性的定位服务，并且能够与 GPS 和 GLONASS 兼容，具有很强的适应性。Galileo 系统的第一颗试验卫星 GLOVE-A 于 2005 年 12 月 28 日发射，第一颗正式卫星于 2011 年 8 月 21 日发射。该系统计划发射 30 颗卫星，截至 2016 年 5 月，已有 14 颗卫星发射入轨。Galileo 系统于 2016 年 12 月 15 日举行启用仪式，提供早期服务；于 2017～2018 年提供初步工作服务；最终于 2019 年具备完全工作能力。该系统的 30 颗卫星预计 2020 年前发射完成，其中包含 24 颗工作卫星和 6 颗备份卫星。

Galileo 系统是欧洲独立自主的卫星导航系统，独立于美国的 GPS，特点是全天候、全球覆盖、定位精度高，可提供救援与搜索服务。

5. 北斗卫星导航系统

北斗卫星导航系统是中国自主研制的全球卫星定位系统，预计于 2020 年左右形成覆盖全球的卫星导航系统，是继美国的 GPS 和俄罗斯的 GLONASS 之后第三个成熟的卫星导航系统[5-7]。

该系统由空间端、地面端和用户端组成，可在全球范围内全天候、全天时为各类用户提供高精度、高可靠定位、导航和授时服务。北斗卫星导航系统由5颗地球静止轨道卫星和30颗非地球静止轨道卫星组成。5颗静止轨道卫星分别定点于东经58.75°、80°、110.5°、140°、160°，30颗非静止轨道卫星由27颗中地球轨道卫星和3颗倾斜地球同步轨道卫星组成，27颗中地球轨道卫星轨道高度为21528km，轨道倾角为55°，均匀分布在3个轨道面上；3颗倾斜地球同步轨道卫星轨道高度为35786km，均匀分布在3个倾斜同步轨道面上，倾角为55°。

北斗二号卫星导航系统可以提供与GPS、Galileo系统相当的定位、测速和授时功能，系统定位精度为10m，授时精度为20ns，并仍保持短信报文通信的独特优势。该系统设计充分考虑了与国外GPS、GLONASS、Galileo系统的兼容性和互操作性，鼓励国际合作与全球推广应用。

参考文献

[1] 边少锋，纪兵，李厚朴．卫星导航系统概论[M]. 2版．北京：测绘出版社，2016.

[2] 皮亦鸣，曹宗杰，闵锐．卫星导航原理与系统[M]. 成都：电子科技大学出版社，2011.

[3] 赵琳，丁继成，马雪飞．卫星导航原理及应用[M]. 西安：西北工业大学出版社，2011.

[4] 刘海颖，王惠南，陈志明．卫星导航原理与应用[M]. 北京：国防工业出版社，2013.

[5] 北斗卫星导航系统．子午仪卫星导航系统——世界上第一个卫星导航系统[EB/OL]. [2017-10-22]. http://www.beidou.gov.cn/2011/05/03/20110503d8d027781e6b402fae7df5521c7b4b03.html.

[6] 北斗卫星导航系统．GPS信号的SA政策和AS政策[EB/OL]. [2011-05-16/2017-10-22]. http://www.beidou.gov.cn/2011/05/16/201105166cbb0a471d9f4e4b804b03af251d002b.html.

[7] 北斗卫星导航系统．卫星导航技术主要应用领域有哪些？[EB/OL]. [2017-10-22]. http://www.beidou.gov.cn/2014/08/08/20140808e2a9b60f706449159422c52a3c3d5f55.html.

第2章 空间坐标与时间参考系统

卫星导航定位系统最基本的任务就是确定用户在空间的位置，简称定位。而用户空间位置的确定总是和一定的坐标系联系在一起的，当选择不同的参考坐标系时，得到的位置坐标也是不同的。在卫星定位导航系统中，以卫星为已知坐标点，测定卫星到用户等未知点的若干相互关系（如角度、距离和高度等），进而获得用户等未知点的坐标。在此过程中，对时空进行度量是必不可少的。因此，了解和掌握常用的坐标与时间参考系统，对卫星导航定位系统用户来说，是极为重要的。坐标与时间参考系统作为卫星导航定位系统的基本参考系统，是描述卫星运动、处理观测数据和表达定位结果的数学与物理基础[1]。本章将重点介绍这两类参考系统，同时介绍与此有关的基本概念和知识。

2.1 空间坐标系统

2.1.1 坐标系统概述

卫星导航定位技术是通过放置在地球表面的卫星导航接收机同时接收4颗以上导航卫星发出的信号，从而确定接收机的位置。其中，接收机（观测站）往往固定在地球表面，其空间位置随同地球的自转而运动，需引用与地球固联的地心坐标系，而观测目标（导航卫星）主要受地球引力作用，围绕地球质心旋转且与地球自转无关，需引用不随地球自转的地心坐标系。因此，在卫星导航定位中，常用天球坐标系描述卫星在其轨道上的运动，用地球坐标系描述地球表面点的位置，通过寻求两种坐标系之间的关系，实现坐标系之间的转换，即可得到相同点在不同坐标系下的表达[2]。

从几何学上看，完全定义一个空间直角坐标系需要明确三个要素：坐标原点位置、坐标轴指向以及坐标单位尺度。通过坐标平移、旋转和尺度变换，可以将一个坐标系变换到另一个坐标系，这样在某一坐标系下表达的点的位置坐标，可以方便地变换到另一个坐标系中去表达。

天球坐标系与地球自转运动无关，又称为空固坐标系，主要用于描述卫星或其他天体的运动状态，用于观测天体、确定卫星轨道等。严格地说，卫星的运动理论是根据牛顿力学定律，在惯性坐标系中建立起来的，而惯性坐标系在空间的位置和方向应保持不变，或者做匀速直线运动。但是在宇宙中，天体间的相互作用关系非常复杂，在实际中很难满足惯性坐标系的这一条件。因此，通常采用天球坐标系来近似，为描述导航卫星的运动轨迹提供参考框架。

地球坐标系是固联在地球上的，随地球一起旋转，是一种非惯性坐标系，主要用于描述地面观测站的位置和处理观测数据。但是，地球并不是一个刚体，且内部构造和自身运动十分复杂，很难建立严格意义上的地固参考系。因此，只能根据不同的应用范围选取近似稳定的坐标系统。地固坐标系可分为地心坐标系、参心坐标系和站心坐标系。本章主要介绍的天文坐标系、地心空间直角坐标系和地心大地坐标系皆属于地心坐标系。

在卫星定位中，坐标系的原点一般选取为地球质心，但坐标轴的指向具有一定的选择性。为了使用上的方便与规范，国际上通过规定协议来统一不同的全球坐标系统，这种共同确认的坐标系称为协议坐标系，如协议惯性坐标系（conventional inertial system，CIS）和协议地球坐标系（conventional terrestrial system，CTS）[3]。

2.1.2　天球和天球坐标系

在卫星导航中，为确定卫星、宇宙飞船等在星际航行时的位置与飞行状态，以及研究天体的运动等，通常采用天球坐标系来对此进行较为直观和形象的描述。这是因为，天球坐标系是一个独立于地球之外基本稳定的坐标系，通过此坐标系可以较直观地以地球的角度来观察和描述整个宇宙。

1. 天球的基本概念

所谓天球（celestial sphere），是一个理论上具有无限大半径、以地球质心 O 为中心的假想的虚球（imaginary sphere）。根据天球中心位置的不同，天球可分为日心天球、站心天球和地心天球。其中，日心天球的中心设为太阳中心，一般用于天文学中，使星表中提供的恒星位置不随地球公转而变化；站心天球的中心设为测站中心，一般用于在地球上某一点描述天体；地心天球的中心设为地心，一般用于卫星导航中，描述卫星相对地球的运动。三种坐标系之间存在差异，但也可相互转换。本书主要面向卫星导航定位系统，因此主要介绍地心天球坐标系。

在天文学中，通常将天体投影到天球的球面上，用天球球面坐标来表述和研究天体的位置和运动规律。为了建立天球坐标系，首先要定义天球球面上的点、线、面和圈，如图 2.1 所示。

(1)天轴（celestial axis）：地球自转轴的延伸直线为天轴，是一条为便于解释天球的各个环节、描述各种情况而引进的假想直线，为建立天球坐标系的基准轴。

(2)天极（celestial poles）：天轴与天球的两个交点即为天极。其中，与地球北极所对应的点 P_n 称为北天极（north celestial pole，NCP），与地球南极对应的点 P_s 称为南天极（south celestial pole，SCP）。

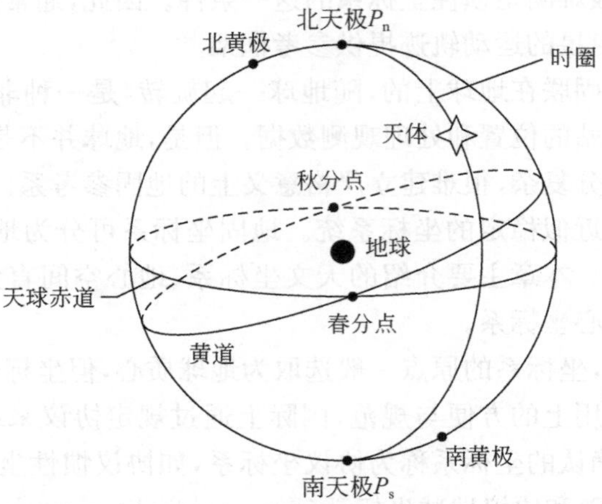

图 2.1　天球的基本概念

(3)天球赤道(celestial equator):通过地球质心与天轴垂直的平面,称为天球赤道面。天球赤道面与地球赤道面可视作重合,其与天球相交的大圆称为天球赤道。

(4)天球子午线(celestial meridian):包含天轴并通过任一点的平面称为天球子午面。天球子午面与赤道面正交。天球子午面与天球相交的大圆称作天球子午线(或天球子午圈)。

(5)时圈(hour circle):凡是通过天轴的平面与天球相交的大圆均称为时圈,又称为赤经圈。显然,时圈有无穷多个,且子午圈也为时圈。

(6)黄道(ecliptic):地球绕太阳公转的轨道面称为黄道面,黄道面与天球相交的大圆,即太阳在天球上的周年视运动轨迹,称为黄道。黄道面与赤道面的夹角 ε 称为黄赤交角(obliquity of the ecliptic),约为 23.5°。

(7)黄极(ecliptic poles):通过天球中心 O,且垂直于黄道面的直线与天球的两个交点。靠近北天极的称为北黄极(north ecliptic pole,NEP),靠近南天极的称为南黄极(south ecliptic pole,SEP)。

(8)春分点(vernal equinox)和秋分点(autumnal equinox):当太阳沿着黄道自南半球向北半球移动时,黄道与天球赤道的交点称为春分点,用 γ 表示;如果是从北半球向南半球移动,则黄道与天球赤道的交点称为秋分点。春分点与秋分点就是太阳直射地球赤道的那一刻。通过春分点和秋分点的时圈称为二分圈。与二分圈垂直的时圈称为二至圈,其与赤道的两个交点称为夏至点和冬至点。

天球极轴、春分点轴加上与这两轴垂直并位于天球赤道平面内的第三条轴(稳定不变的轴),构成在宇宙空间稳定不变的参考轴系,称为地心天球坐标系,简称天球坐标系。

2. 天球坐标系

以天球为参照,可以建立天球坐标系。天球坐标系又称恒星坐标系,是指以天极和春分点作为天球定向基准的坐标系。在天球坐标系中,任一天体的位置可用天球空间直角坐标系或球面坐标系两种形式加以描述,如图 2.2 所示。

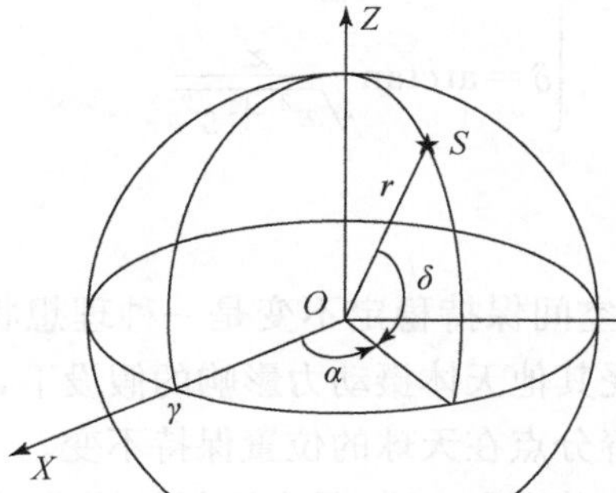

图 2.2　天球坐标系

1)天球空间直角坐标系

在该坐标系中,坐标原点位于地球质心(即天球中心)O;Z 轴指向天球北天极(NCP);X 轴指向春分点 γ;Y 轴垂直于 XOZ 平面,与 X、Z 轴构成右手坐标系;尺度采用国际米制。任一天体 S 的位置在天球空间直角坐标系下可用坐标 (X,Y,Z) 表述。

2)天球球面坐标系

在该坐标系中,坐标原点依旧位于地球质心 O;赤经 α 为含天轴和春分点的天球子午面与经过天体 S 的天球子午面之间的交角,其值由春分点起算,沿天球赤道逆时针方向计量,范围为 0～24h(也可化为度、分、秒);赤纬 δ 为原点至天体的连线与天球赤道面的夹角,与地球上的纬度相似,是纬度在天球上的投影,其值由天球赤道起算,天球赤道是 0°,天体位于赤道面以北为正,位于赤道面以南则为负,范围为 −90°～90°;坐标原点 O 到天体 S 的径向长度 r 称为天体距离。任一天体 S 的位置在天球球面坐标系下可用坐标 (r,α,δ) 表述。

3)天球空间直角坐标系与天球球面直角坐标系的关系

由上述可知,实际上 (X,Y,Z) 与 (r,α,δ) 是同一坐标系的两种表示,即空间直角坐标与球面坐标是等价的,两者可相互转换。球面坐标系转化成空间直角坐标系如式(2.1)所示,空间直角坐标系转化为球面坐标系如式(2.2)所示:

$$\begin{bmatrix} x \\ y \\ z \end{bmatrix} = r \begin{bmatrix} \cos\delta\cos\alpha \\ \cos\delta\sin\alpha \\ \sin\delta \end{bmatrix} \tag{2.1}$$

$$\begin{cases} r = \sqrt{x^2 + y^2 + z^2} \\ \alpha = \arctan \dfrac{y}{x} \\ \delta = \arctan \dfrac{z}{\sqrt{x^2 + y^2}} \end{cases} \tag{2.2}$$

3. *岁差与章动*

上述天球坐标系在宇宙空间保持稳定不变是一种理想状态，该状态是建立在以地球为均质的球体，且不受其他天体摄动力影响的假设下，即假定地球的自转轴在空间的方向上是固定的，春分点在天球的位置保持不变。

实际上，地球的自转轴与黄道和白道（月亮运行的轨道）都不垂直，且地球的形体也不是一个圆球，而是一个赤道隆起的类椭球体。地球在绕太阳运行时，日月引力和其他天体引力对地球隆起部分的作用使地球自转轴产生进动力矩，该力矩把赤道面推向黄道面，地球自转轴空间指向不再保持不变，而是发生周期性变化，呈现为绕一条通过地心并与黄道面垂直的轴线缓慢而连续地运动，从而使春分点在黄道上产生缓慢的西移现象，该现象在天文学中称为岁差(precession)。

如图 2.3 所示，由于赤道面与黄道面之间存在约为 23.44°的夹角（称为黄赤交角），假设有一个垂直于地球自转轴的平面将地球分成两部分，由于这两部分与太阳的距离不同，因此根据万有引力定律，它们所受的太阳引力也不相等（如图 2.3 中，$F_1 < F_2$）。由于赤道面和黄道面不重合，因此产生一个指向读者的力矩。地球绕自转轴进行自转，在该力矩的作用下，地球自转轴绕黄极（地球公转轴）顺时针进动（由北极向赤道看），地球自转轴与黄极之间夹角保持不变。与太阳类似，月球对地球自转轴亦有相同的进动影响。因此，在日月引力的共同影响下，使北天极绕北黄极以顺时针方向缓慢地旋转，构成一个以黄赤交角为半径的小圆，从而使春分点在黄道上不断西移（见图 2.4）。春分点漂移周期约为 25800a，平均每年漂移约 50.371″。这种由太阳和月球引起的地轴的长期进动（或称旋进）称为日月岁差。同时受行星的引力作用，地球公转轨道平面会不断地改变位置，使黄赤交角改变并导致春分点沿赤道产生一个微小的位移，其方向与日月岁差相反，这一效应称为行星岁差。行星岁差使春分点沿赤道每年东移约 0.13″。在日月岁差和行星岁差的综合作用下，天体的坐标如赤经、赤纬等在一年内发生变化的变化量称为周年岁差。

在天球上，通常把绕北黄极均匀移动的北天极称为瞬时平北天极（或简称为平

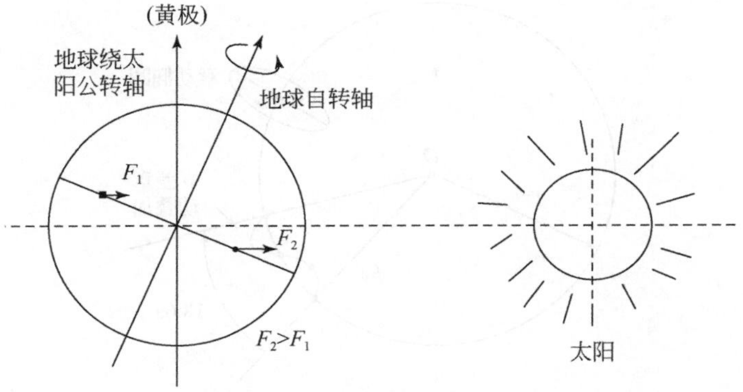

图 2.3　地球的进动力矩

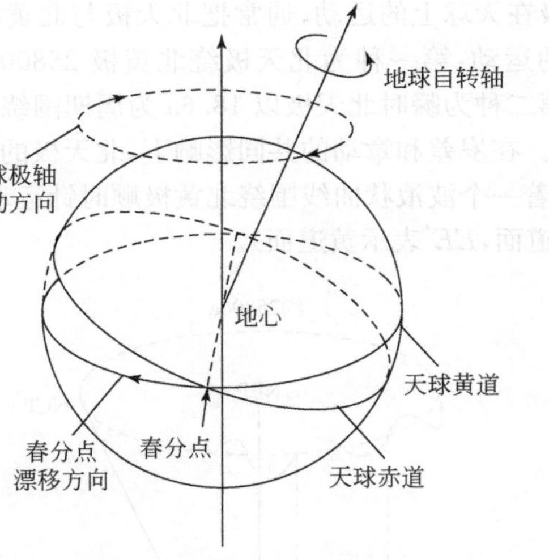

图 2.4　春分点的漂移方向

北天极)，与之相对应的天球赤道和春分点称为瞬时天球平赤道和瞬时平春分点(简称天球平赤道和平春分点)，相应的天球坐标系称为瞬时平天球坐标系。

在太阳和其他行星引力的影响下，月球运行轨道以及月地之间的距离都是不断变化的，这使得地球自转轴的进动力矩也在不断变化，从而导致北天极除岁差运动外，还存在短周期的变化运动。通常将任一观测时刻的北天极的实际位置称为瞬时北天极(真北天极)，而与之对应的天球赤道和春分点分别称为瞬时天球赤道(或真天球赤道)和瞬时春分点(或真春分点)，相应的天球坐标系称为瞬时天球坐标系。在日月引力等因素的影响下，瞬时北天极绕瞬时平北天极产生旋转，其轨迹大致成一个椭圆，椭圆长半轴约 9.2″，主周期约 18.6a(见图 2.5)。该椭圆称为章动椭圆(nutation ellipse)，这种现象称为章动(nutation)。

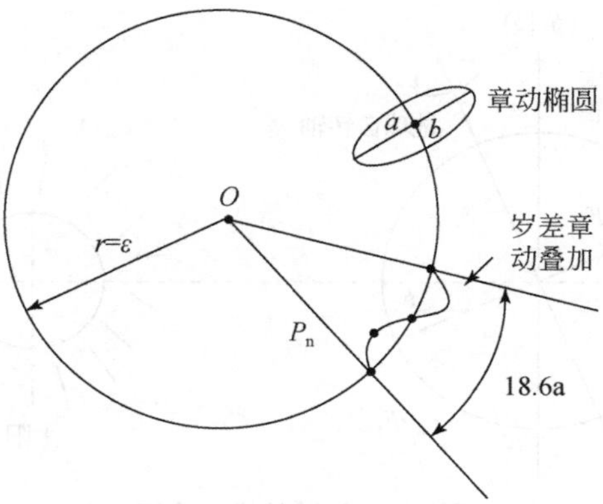

图 2.5 章动影响

为描述北天极在天球上的运动，通常把北天极与北黄极这种复杂的相对运动分解为两种规律的运动：第一种为北天极绕北黄极 25800a 转动一圈的长周期运动，即岁差现象；第二种为瞬时北天极以 18.6a 为周期围绕平北天极运动的短周期运动，即章动现象。在岁差和章动的共同影响下，北天极的真实运动并不是均匀的圆周运动，而是沿着一个波浪状曲线围绕北黄极顺时针运动，其轨迹如图 2.6 所示（图中 CC'表示赤道面，EE'表示黄道面）。

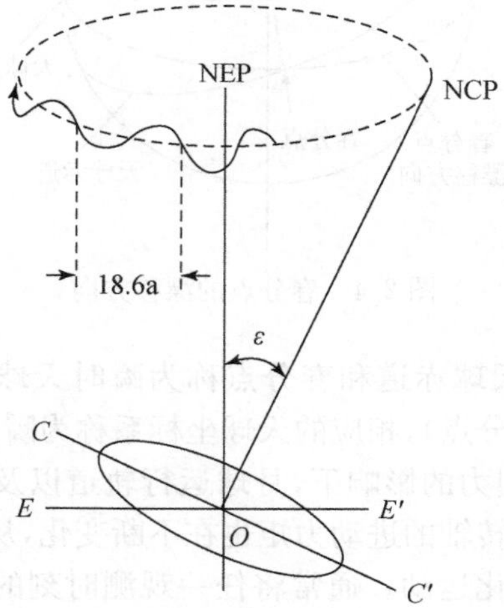

图 2.6 岁差和章动

4. 协议坐标系

由上述分析可知，在岁差和章动的影响下，瞬时天球坐标系的坐标轴指向总是不断变化。相应地，瞬时春分点、瞬时赤道面乃至整个瞬时天球坐标系也在连续变化。即瞬时天球坐标系是不断旋转的非惯性坐标系，不能直接利用牛顿力学来分析卫星的运动规律，这就给研究卫星的运动带来了很大不便。为了建立一个与惯性坐标系相接近的坐标系，通常选择某一时刻 t_0 作为标准历元(standard epoch)，并将此刻地球的瞬时自转轴(指向北极)和地心至瞬时春分点的方向，经该瞬间的岁差和章动改正后，分别作为 Z 轴和 X 轴的指向。由此构成的空间固定坐标系称为所取标准历元 t_0 时刻的平天球坐标系，也称协议惯性坐标系(或协议天球坐标系)。通常，天文学中使用的天体星历都是在该坐标系中表示的。1980 年，国际大地测量学会(International Association of Geodesy，IAG)和国际天文学联合会(International Astronomical Union，IAU)决定，自 1984 年 1 月 1 日后启用新标准历元的协议天球坐标系，其坐标轴的指向是以 2000 年 1 月 15 日太阳质心力学时(barycentric dynamical time，TDB)为标准历元(记为 J2000.0)的赤道和春分点定义的。

协议天球坐标系、瞬时平天球坐标系和瞬时真天球坐标系三种天球坐标系的定义和空间点位置向量的符号参见表 2.1。

表 2.1 三种天球坐标系定义与缩写

天球坐标系	原点	$Z_{轴}$	X 轴	坐标系缩写
协议天球坐标系	地心	标准历元平天极	平春分点	I
瞬时平天球坐标系	地心	瞬时平天极	瞬时平春分点	M
瞬时真天球坐标系	地心	瞬时真天极	瞬时真春分点	t

5. 坐标系统转换

协议天球坐标系、瞬时平天球坐标系和瞬时真天球坐标系这三种天球坐标系的原点相同，均位于地心。协议天球系与瞬时平天球系的差别在于由岁差引起的坐标轴指向不同；瞬时真天球系与瞬时平天球系的差别在于由地球自转轴的章动引起的坐标轴指向不同。因此，当确定了两个天球坐标系坐标轴之间的旋转关系时，就可以求出这两个坐标系之间的坐标变换矩阵，进而将卫星的位置坐标由一个坐标系下变换到另一个坐标系下，完成相应的坐标变换。

将协议天球坐标系的卫星坐标转换到实际观测历元 t 的瞬时天球坐标系，通常分为两步进行：首先将协议天球坐标系中的卫星坐标转换到观测历元 t 的瞬时平天球坐标系中；然后再将瞬时平天球坐标系中的坐标转换到观测历元 t 的瞬时天球坐标系中。假设 $(x,y,z)_{\mathrm{CTS}}$、$(x,y,z)_{\mathrm{MS}}$ 和 $(x,y,z)_{\mathrm{ts}}$ 分别表示卫星在协议天球坐标系、观测历元 t 的瞬时平天球坐标系和观测历元 t 的瞬时天球坐标系中的坐标，其转换过程如下：

1)协议天球坐标系(CTS)到瞬时平天球坐标系(MS)的坐标转换——岁差旋转

由协议天球坐标系到瞬时平天球坐标系的坐标转换过程为:协议天球坐标系绕 Z 轴转动 $-\xi$ 角,再绕 Y 轴转过 θ 角,最后再绕 Z 轴转过 $-z$ 角。

$$\begin{bmatrix} x \\ y \\ z \end{bmatrix}_{\mathrm{MS}} = \begin{bmatrix} \cos z & -\sin z & 0 \\ \sin z & \cos z & 0 \\ 0 & 0 & 1 \end{bmatrix} \begin{bmatrix} \cos\theta & 0 & -\sin\theta \\ 0 & 1 & 0 \\ \sin\theta & 0 & \cos\theta \end{bmatrix} \begin{bmatrix} \cos\xi & \sin\xi & 0 \\ \sin\xi & \cos\xi & 0 \\ 0 & 0 & 1 \end{bmatrix} \begin{bmatrix} x \\ y \\ z \end{bmatrix}_{\mathrm{CTS}} \tag{2.3}$$

式中,z、θ、ξ 分别为与岁差有关的旋转角,其表达形式为

$$\begin{cases} z = 0.6406161^\circ T + 0.0003041^\circ T^2 + 0.0000051^\circ T^3 \\ \theta = 0.6406161^\circ T - 0.0001185^\circ T^2 - 0.0000116^\circ T^3 \\ \xi = 0.6406161^\circ T + 0.0000839^\circ T^2 + 0.0000050^\circ T^3 \end{cases} \tag{2.4}$$

式中,$T = t - t_0$,为标准历元 t_0 至观测历元 t 的儒略世纪数。

2)瞬时平天球坐标系到瞬时天球坐标系(ts)的坐标转换——章动旋转

由瞬时平天球坐标系到瞬时天球坐标系的坐标转换过程为:瞬时平天球坐标系绕 X 轴转动 ε 角,再绕 Z 轴转过 $-\Delta\varphi$ 角,最后再绕 X 轴转过 $-\varepsilon-\Delta\varepsilon$ 角而实现。

$$\begin{bmatrix} x \\ y \\ z \end{bmatrix}_{\mathrm{ts}} = \begin{bmatrix} 1 & 0 & 0 \\ 0 & \cos(\varepsilon+\Delta\varepsilon) & -\sin(\varepsilon+\Delta\varepsilon) \\ 0 & \sin(\varepsilon+\Delta\varepsilon) & \cos(\varepsilon+\Delta\varepsilon) \end{bmatrix} \begin{bmatrix} \cos\Delta\varphi & -\sin\Delta\varphi & 0 \\ \sin\Delta\varphi & \cos\Delta\varphi & 0 \\ 0 & 0 & 1 \end{bmatrix} \begin{bmatrix} 1 & 0 & 0 \\ 0 & \cos\varepsilon & \sin\varepsilon \\ 0 & -\sin\varepsilon & \cos\varepsilon \end{bmatrix} \begin{bmatrix} x \\ y \\ z \end{bmatrix}_{\mathrm{MS}} \tag{2.5}$$

式中,ε、$\Delta\varepsilon$、$\Delta\varphi$ 分别为黄赤交角、交角章动及黄经章动。

在章动现象的影响下,黄道与赤道的交角通常表达为

$$\varepsilon = 23^\circ 26' 21.448'' - 46.815'' T - 0.00059'' T^2 + 0.001813'' T^3 \tag{2.6}$$

在实际工作中,上述坐标系转换过程一般都是根据相应的数学模型,借助计算机软件自动完成的。但对于广大卫星导航定位系统的使用者来说,了解一下各种天球坐标系的定义及转换的基本概念仍是必要的。

2.1.3 地球坐标系

1. 地球坐标系

由于地球表面的卫星导航接收机的位置是相对于地球而言的,因此要描述飞机、舰船、地面车辆、大地测量所使用的卫星导航接收机的位置,需要采用固联于地球上随同地球转动的坐标系,即地球坐标系作为参考系。本节介绍的地球坐标系

主要包括地心空间直角坐标系、地心大地坐标系和天文坐标系。

1)地心空间直角坐标系和地心大地坐标系

地心空间直角坐标系和地心大地坐标系是卫星导航定位系统常用的坐标系统。地心空间直角坐标系与地球椭球无关,而地心大地坐标系则是一种以椭球面和法线为基准的地球坐标系,如图 2.7 所示。

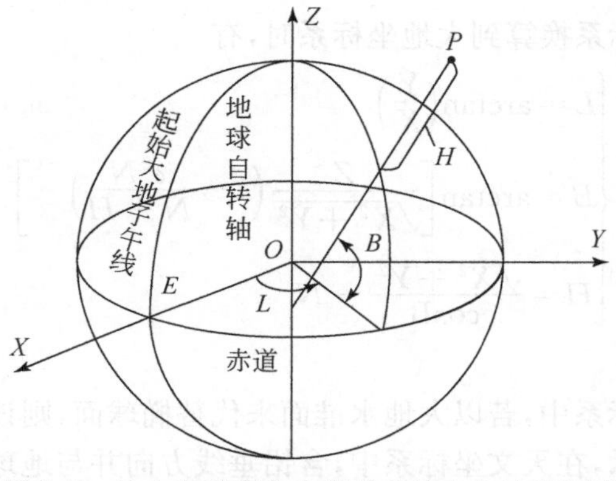

图 2.7　地心空间直角坐标系和地心大地坐标系

地心空间直角坐标系的定义是:原点 O 与地球质心重合;Z 轴指向地球北极;X 轴与 Z 轴正交,指向格林尼治子午平面与赤道的交点 E;Y 轴垂直于 XOZ 平面构成右手坐标系;尺度单位采用国际米制。空间或地面任一点 P 的坐标可用直角坐标 (X,Y,Z) 来表示,称为该点的地心直角坐标。

地心大地坐标系的定义是:坐标系原点 O 为地球椭球的中心(即地球质心);Z 轴为地球椭球的短轴,指向地极,与地球自转轴重合;地球椭球起始子午面与格林尼治子午面重合,X 轴由坐标系原点指向子午面与地球椭球赤道的交点;Y 轴垂直于 XOZ 平面构成右手坐标系;尺度单位采用国际米制。地面上或空间的点坐标用大地坐标表征,即大地经度 L、大地纬度 B 和大地高 H。例如,P 点的大地经度为该点所在的椭球子午面与格林威治大地子午面之间的夹角 L,大地纬度为过该点的椭球法线与椭球赤道面的夹角 B,大地高度 H 为 P 点沿椭球法线至椭球面的距离。

采用空间直角坐标表征地面点和空间点的位置时,不涉及参考椭球体的概念,在求两点之间的距离和方向时,计算公式十分简单,且更适合于将来的坐标系转换。但其表示点位不够直观,不容易在地图上直接标出,实际使用起来很不方便,通常人们都会采用大地坐标来表征点位的地理位置。

由上述两种地球坐标系的定义可知,两种坐标系实质上是同一坐标的两种表达方式。在实际应用中,通常根据实际需要分别使用。已知地球表面任意一点 P

在以上两种坐标系下的表达分别为$(X,Y,Z)^{\mathrm{T}}$和$(L,B,H)^{\mathrm{T}}$，则地球大地坐标系到地球空间直角坐标系的换算关系式为

$$\begin{cases} X=(N+H)\cos B\cos L \\ Y=(N+H)\cos B\sin L \\ Z=[N(1-e^2)+H]\sin B \end{cases} \tag{2.7}$$

式中，N为椭球的卯酉圈曲率半径；e为椭球的第一偏心率。

由地球直角坐标系换算到大地坐标系时，有

$$\begin{cases} L=\arctan\left(\dfrac{Y}{X}\right) \\ B=\arctan\left[\dfrac{Z}{\sqrt{X^2+Y^2}}\left(1-\dfrac{e^2N}{N+H}\right)^{-1}\right] \\ H=\dfrac{\sqrt{X^2+Y^2}}{\cos B}-N \end{cases} \tag{2.8}$$

2)天文坐标系

在地心大地坐标系中，若以大地水准面来代替椭球面，则该坐标系称为天文坐标系。如图2.8所示，在天文坐标系中，含铅垂线方向并与地球瞬时自转轴平行的平面称为天文子午面(astronomical meridian plane)。全球用来计量天文经度的起始经线(零度经线)称为起始天文子午线(prime meridian)，也称为本初子午线或首子午线。起始天文子午面(initial astronomical meridian plane)就是起始天文子午线所决定的平面。

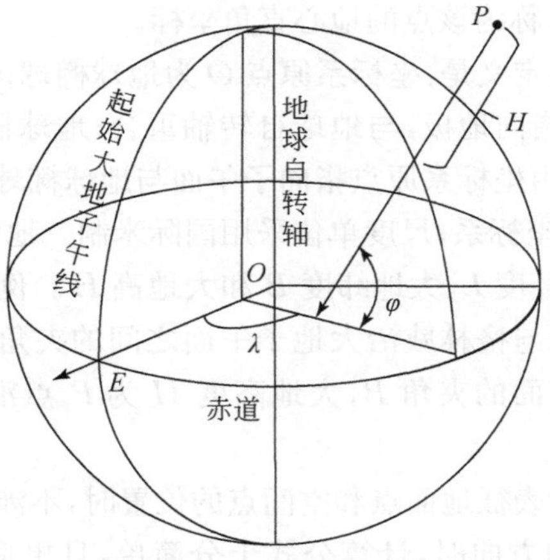

图2.8　天文坐标系

这样，任意点P的坐标可以表示为$(\lambda,\varphi,H_{正})$。λ表示天文经度(astronomical longitude)，为包含P点铅垂线与平行于地球平自转轴的天文子午面与本初(起始)天文子午面之间的夹角。φ表示天文纬度(astronomical latitude)，为P点的铅垂线

方向与瞬时地球平赤道面的夹角。$H_{正}$ 表示正高(orthometric elevation)，为 P 点沿铅垂线方向到大地水准面的距离。

如图 2.8 所示，任意点 P 的铅垂线方向一般不经过地球质心，也不与地球的平自转轴相交，如果要把该点的坐标从天文坐标系转换到地心大地坐标系，那么必须获得该点的铅垂线偏差和高程异常的数据。假设 ξ 为 P 点铅垂线偏差在子午圈上的分量，η 为铅垂线偏差在卯酉圈上的分量，ξ 为 P 点的高程异常，则 P 点的天文坐标 $(\lambda,\varphi,H_{正})$ 可以通过下式换算为地心大地坐标 (L,B,H)：

$$\begin{cases} L=\lambda-\eta\sec\varphi \\ B=\varphi-\xi \\ H=H_{正}+\xi \end{cases} \tag{2.9}$$

2. 极移

地心坐标以地球自转轴为基准轴，若假定地球内部物质运动以及地球与其他天体的相互作用都不存在，即地球可以视为一个刚体做匀速运动，则可唯一地定义地心坐标系。但大量的实测资料表明，由于地球内部存在着物质运动，地球也并非刚体，因此地球自转轴在地球内的位置不是固定的而是变动的。因而，地球自转轴与地球球面的交点，即地极点在地球表面上的位置也是随时间的变化而变化，这种现象称为地极移动，简称极移。观测瞬时地球自转轴所处的位置称为瞬时自转轴，相应的极点称为瞬时地极，相应的地球坐标系称为瞬时地球坐标系。

长期观测结果表明，地极移动主要由两种周期性变化组成：一种变化周期约为一年，振幅约为 0.1″；另一种变化周期约为 432d，振幅约为 0.2″，称为钱德勒(Chandler)周期变化。地极的瞬时坐标 (x_p, y_p) 由国际地球自转服务组织根据所属台站的观测资料，推算并定期出版公报向用户提供。

3. 协议地球坐标系

由于极移现象，瞬时地球坐标系并非与地球球体固联的坐标系，而是随着瞬时极变化，瞬时地球坐标系在地球体中的指向也发生变化，这样应用起来很不方便。为此，需要在一系列瞬时地球坐标系中找到一个特殊地球坐标系，使其 z 轴指向某一固定的基准点，它随同地球自转，但坐标轴在地球球体中的指向不再随时间而变化。

国际天文学联合会和国际大地测量学协会于 1967 年建议，采用国际上 5 个纬度服务站，以 1900～1905 年的平均纬度所确定的平均地极位置作为基准点，通常称之为国际协议原点(conventional international origin，CIO)，与之相对应的地球赤道面称为平赤道面或协议赤道面。在实际应用中，至今仍普遍采用 CIO 作为协议地极(conventional terrestrial pole，CTP)，以协议地极为基准点的地球坐标系称为协议地球坐标系，它是与地球固连的坐标系。如图 2.9 所示，Z_{CTS} 轴指向国际协议原点，与之对应的地球赤道面称为平赤道面或协议赤道面；X_{CTS} 轴指向协议赤道面与格林尼治子午线的交点；Y_{CTS} 轴在协议赤道平面里，与 $X_{CTS}OZ_{CTS}$ 构成右手系统。

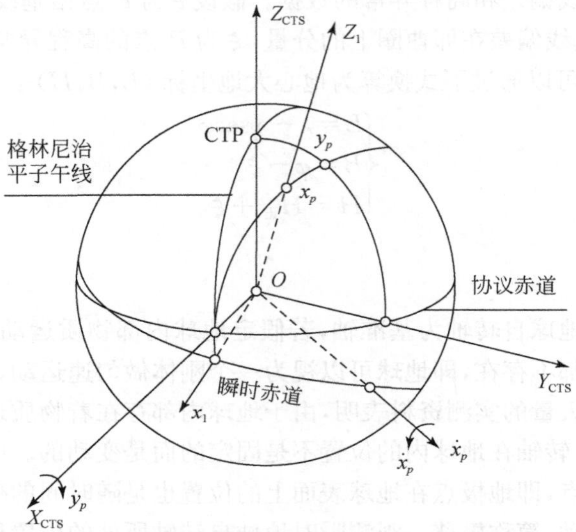

图 2.9　地球瞬时坐标系与协议地球坐标系

由于极移现象，瞬时地球坐标系 $OX_tY_tZ_t$ 相对于协议地球坐标系 $OX_{CTS}T_{CTS}Z_{CTS}$ 在不断地旋转。如图 2.9 所示，$(X,Y,Z)_{CTS}$ 和 $(X,Y,Z)_t$ 分别表示地球表面上一点在协议地球直角坐标系和观测历元瞬时地球直角坐标系下的坐标值，则瞬时地球坐标系到协议地球坐标系的转换关系为

$$\begin{bmatrix} X \\ Y \\ Z \end{bmatrix}_{CTS} \approx \begin{bmatrix} 1 & 0 & x_p \\ 0 & 1 & -y_p \\ 0 & y_p & 1 \end{bmatrix} \begin{bmatrix} X \\ Y \\ Z \end{bmatrix}_t \tag{2.10}$$

4. 协议地球坐标系的实现

协议地球坐标系是在理论上定义的一个地球坐标系。在实际应用中，由国际时间局(Bureau International de I'Heure，BIH)根据许多观测站的观测结果推算出极移跟踪数据，定期发表公报，给出以角移为单位的瞬时地极坐标，这些瞬时地极坐标所对应的地极原点称为 BIH 系统协议地极原点。

BIH 系统协议地极原点是 CIO 的工程逼近，两者差异很小。协议地球坐标系的建立是靠 BIH 系统协议地极原点来实现的，实际应用的协议地球系称为 BIH 系统的协议地球系，或称为 BIH 地球参考系(BIH terrestrial system，BTS)。BTS 是理想协议地球系工程实现。

5. 地球坐标系与天球坐标系的坐标转换

由协议地球坐标系与协议天球坐标系的定义可知，两坐标系的原点均位于地球的质心；瞬时天球坐标系的 z 轴与瞬时地球坐标系的 Z 轴指向一致；瞬时天球坐标系的 x 轴与瞬时地球坐标系的 X 轴指向不同，且其夹角为春分点的格林尼治恒星时。

若春分点的格林尼治恒星时用 GAST(Greenwich apparent sidereal time)表示，则瞬时天球坐标系 $(x,y,z)_t$ 与瞬时地球坐标系 $(X,Y,Z)_t$ 之间的转换关系可表示为

$$\begin{bmatrix} X \\ Y \\ Z \end{bmatrix}_t = R_z(\mathrm{GAST}) = \begin{bmatrix} \cos(\mathrm{GAST}) & \sin(\mathrm{GAST}) & 0 \\ -\sin(\mathrm{GAST}) & \cos(\mathrm{GAST}) & 0 \\ 0 & 0 & 1 \end{bmatrix} \begin{bmatrix} x \\ y \\ z \end{bmatrix}_t \tag{2.11}$$

由于瞬时地球坐标系与协议地球坐标系的转换可通过绕 X_t 轴顺时针转动极移分量 y_p 和绕 Y_t 轴顺时针转动极移分量 x_p 来实现，可得瞬时地球坐标系 $(X,Y,Z)_t$ 与协议地球坐标系 $(X,Y,Z)_{\mathrm{CTS}}$ 之间的转换关系可为

$$\begin{bmatrix} X \\ Y \\ Z \end{bmatrix}_{\mathrm{CTS}} = M \begin{bmatrix} X \\ Y \\ Z \end{bmatrix}_t \approx \begin{bmatrix} 1 & 0 & x_p \\ 0 & 1 & -y_p \\ 0 & y_p & 1 \end{bmatrix} \begin{bmatrix} X \\ Y \\ Z \end{bmatrix}_t \tag{2.12}$$

由瞬时天球坐标系转换为协议地区坐标系可分为两步：首先由瞬时天球坐标系转换为瞬时地球坐标系，再由瞬时地球坐标系转换为协议地球坐标系，从而瞬时天球坐标系 $(x,y,z)_t$ 与协议地球坐标系 $(X,Y,Z)_{\mathrm{CTS}}$ 之间的转换关系可表示为

$$\begin{bmatrix} X \\ Y \\ Z \end{bmatrix}_{\mathrm{CTS}} = \mathrm{M}\mathrm{R}_z(\mathrm{GAST}) \begin{bmatrix} x \\ y \\ t \end{bmatrix}_t \tag{2.13}$$

进而可得协议地球坐标系 $(X,Y,Z)_{\mathrm{CTS}}$ 与协议天球坐标系 $(x,y,z)_{\mathrm{CTS}}$ 之间的转换关系为

$$\begin{aligned} \begin{bmatrix} X \\ Y \\ Z \end{bmatrix}_{\mathrm{CTS}} &= \mathrm{M}\mathrm{R}_z(\mathrm{GAST}) \begin{bmatrix} x \\ y \\ z \end{bmatrix}_{\mathrm{CTS}} \\ &= R_y(-x_p)R_x(-y_p)R_z(\mathrm{GAST}) \begin{bmatrix} x \\ y \\ z \end{bmatrix}_{\mathrm{CTS}} \\ &\approx \begin{bmatrix} 1 & 0 & x_p \\ 0 & 1 & -y_p \\ 0 & y_p & 1 \end{bmatrix} \begin{bmatrix} \cos(\mathrm{GAST}) & \sin(\mathrm{GAST}) & 0 \\ -\sin(\mathrm{GAST}) & \cos(\mathrm{GAST}) & 0 \\ 0 & 0 & 1 \end{bmatrix} \begin{bmatrix} x \\ y \\ z \end{bmatrix}_{\mathrm{CTS}} \end{aligned} \tag{2.14}$$

2.1.4　卫星导航定位系统所采用的坐标系统

在卫星导航系统中，为了确定用户接收机的位置，导航卫星的瞬时位置应当转换到统一的地球坐标系统中[4]。

1. WGS-84 系统

GPS 在试验阶段时，卫星瞬时位置的计算采用 1972 年的世界大地坐标系(WGS-72)，从 1987 年 1 月 10 日起，开始采用改进的大地坐标系 WGS-84。世界大地坐标系属于协议地球坐标系，在某种程度上，地界大地坐标系可看成协议地球坐标系的近似系统。

WGS-84 世界大地坐标系是由美国国防制图局(Defense Mapping Agency，DMA)于 1984 年在卫星大地测量的基础上建立的，以地球质心为原点的大地测量协议地球坐标系是 GPS 卫星导航定位的测量成果，并于 1987 年 1 月 10 日开始采用。WGS-84 世界大地坐标系是目前最高精度水平的全球大地测量参考系统。

WGS-84 属于 BIH 定义的 1984.0 新纪元参考框架。其几何定义是：坐标原点位于地球的质心，Z 轴平行于协议地球极轴，X 轴指向 BIH1984.0 的零子午面与赤道的交点(北向)，Y 轴与 X、Z 轴构成右手坐标系，以构成地心地固(earth centered earth fixed，ECEF)正交坐标系，如图 2.10 所示。

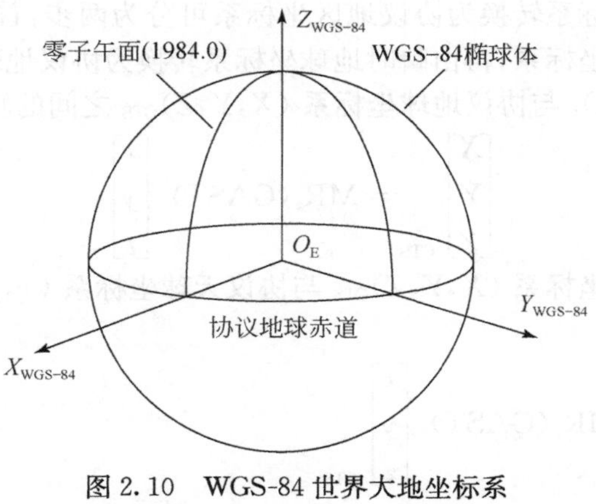

图 2.10　WGS-84 世界大地坐标系

地球坐标系除了三维直角坐标系还有大地坐标系。因此，WGS-84 还定义了一个平均地球椭球，称为 WGS-84 椭球，其有关常数采用国际大地测量与地球物理学联合会(IUGG)第 17 届大会大地测量常数的推荐值，四个基本参数如下。

长半轴 $a = (6378137 \pm 2)\text{m}$；

地心引力常数(含大气层) $G_M = (3986005 \pm 0.6) \times 10^8 (\text{m}^3/\text{s}^2)$；

正常化二阶带谐系数 $\bar{C}_{2.0}=-484.16685\times10^{-6}\pm1.30\times10^{-9}$（不采用 J_2，而用 $C_{2.0}=J_2/\sqrt{5}$ 是为了保持与 WGS-84 的地球重力场模型系数相一致）；

地球自转角速度 $\omega=(7292115\pm0.1500)\times10^{-11}\,\text{rad/s}$。

利用上述四个基本参数可以计算出其他椭球常数，如第一偏心率 e^2、第二偏心率 e'^2 和扁率 α 分别为

$$e^2=0.00669437999013$$

$$e'^2=0.00673949674227$$

$$\alpha=\frac{1}{298.257223563}$$

2. 我国国家大地坐标系

我国目前常用的两个国家大地坐标系是于 20 世纪 50 年代和 80 年代分别建立的 1954 年北京坐标系（简称北京 54 系）和 1980 年西安大地坐标系。其完成了各种比例尺地形图测绘，为国民经济建设和科学研究发挥了重要作用。随着国民经济和国防建设的不断发展，对国家大地坐标系提出了新的要求，迫切需要采用原点位于地球质量中心的坐标系统（简称地心坐标系）作为国家大地坐标系。因此，自 2008 年 7 月 1 日起，启用了 2000 国家大地坐标系。

1)北京 54 系

北京 54 系属于参心大地坐标系，采用了苏联的克拉索夫斯基椭球的两个参数：长半轴 $a=6378245\text{m}$，扁率 $f=1/298.3$。其大地原点为普尔科沃天文台圆柱大厅中心，椭球参数为通过与苏联 1942 年坐标系联测建立，实际上是苏联 1942 年坐标系的延伸，但也并不是完全相同。因为该椭球的高程异常是以苏联 1955 年大地水准面重新平差结果为起算数据，按我国天文水准路线推算而得，而高程又是以 1956 年青岛验潮站的黄海平均海水面为基准。

椭球体与大地基准面之间是一对多的关系，也就是基准面是在椭球体基础上建立的，但椭球体不能代表基准面。同样的椭球体能定义不同的基准面，如苏联的 Pulkovo 1942、非洲索马里的 Afgooye 基准面都采用了克拉索夫斯基椭球体，但它们的大地基准面显然是不同的。

北京 54 系存在以下主要问题：①椭球只有两个几何参数，且长半轴与现代参数相比误差较大；②坐标轴指向与当前国际、国内采用的方向不一致。

2)1980 西安大地坐标系

为了解决北京 54 坐标系存在的问题，1978 年我国开始建立新的国家大地坐标系，并且在该系统中进行全国天文大地网的整体平差，该坐标系取名为 1980 西安大地坐标系，其大地原点（参考椭球面与大地水准面的公共切点沿铅垂线的相应地面点）设在陕西省泾阳县永乐镇。

该坐标系是参心坐标系，椭球定位以我国范围高程异常值平方和最小为原则求解参数，椭球的短轴平行于地球地心指向 1968.0 地极原点的方向，起始大地子午面平行于格林尼治天文台所在的子午面。椭球参数改用了 1975 年国际大地测量与地球物理学联合会第 16 届大会的推荐值——长半轴 a=6378245m，扁率 f=1/298.3。

1980 西安大地坐标系的表现形式为平面的二维坐标。用现行坐标系只能提供点位平面坐标，而且表示两点之间的距离精度也比用现代手段测得的低 10 倍左右。高精度、三维与低精度、二维之间的矛盾是无法协调的。其所采用的 IAG1975 椭球的长半轴要比现在国际公认的 WGS-84 椭球长半轴的值大 3m 左右，而这可能引起地表长度误差达 10 倍左右。

随着经济建设的发展和科技的进步，维持非地心坐标系下的实际点位坐标不变的难度加大，维持非地心坐标系的技术也逐步被新技术所取代。

3)北京新 54 系

全国天文大地网在 1980 年国家大地坐标系上进行整体平差完成后，理论上应使用该整体平差结果。但由于大部分已有测绘成果都是基于北京 54 系，而 1980 西安大地坐标系与北京 54 系的椭球参数和定位均不同，因而大地控制点在两坐标系中的坐标值存在较大差异，最大差值达 100m 以上，从而引起成果换算的不便以及地形图图廓和方格网位置的变化。因此，产生了新 1954 年北京坐标系(简称北京新 54 系)。

北京新 54 坐标系是将 1980 西安大地坐标系的三个定位参数平移至克拉索夫斯基椭球中心，属于参心大地坐标系。长半轴和扁率仍取克拉索夫斯基椭球几何参数，而定位与 1980 西安大地坐标系相同(即大地原点相同)，定向也与其相同，高程基准也仍为 1956 年青岛验潮站求出的黄海平均海水面。因此，北京新 54 系的精度和 1980 西安坐标系精度完全相同，而坐标值与北京 54 系的坐标接近。

4)2000 国家大地坐标系

根据《中华人民共和国测绘法》，我国自 2008 年 7 月 1 日起启用 2000 国家大地坐标系(CGCS2000)，过渡期为 8～10 年。2000 国家大地坐标系就是全球地心坐标系，其原点为包括海洋和大气的整个地球的质量中心。

2000 国家大地坐标系采用的地球椭球参数如下：

长半轴 a=6378137m；

扁率 f=1/298.257222101；

地心引力常数 $G_M=3.986004418\times1014\mathrm{m}^3/\mathrm{s}^2$；

自转角速度 $\omega=7.292115\times10^{-5}\mathrm{rad/s}$。

采用 2000 国家大地坐标系可对国民经济建设、社会发展产生巨大的社会效益。例如，我国自主研发的北斗卫星导航系统采用的就是 2000 国家大地坐标系。

下面对四种坐标系的椭球参数进行比较，如表 2.2 所示。

表 2.2 四种坐标系的椭球参数对比表

参数	WGS-84	北京 54 系	1980 西安大地坐标系	2000 国家大地坐标系
长半轴 a/m	6378137	6378245	6378140	6378137
扁率 $1/f=(a-b)/a$	298.257223563	298.3	298.257	298.257222101

3. ITRF 坐标框架简介

国际地球参考框架(international terrestrial reference frame, ITRF)是一个地心参考框架。它是由空间大地测量观测站的坐标和运动速度来定义的，是国际地球自转服务(international earth rotation service, IERS)的地面参考框架。该框架在大地测量、卫星导航等应用中非常重要。

受章动、极移的影响，国际协议地极原点在变化，所以 ITRF 框架每年也在变化。ITRF 框架实质上也是一种地固坐标系，其原点在地球体系(含海洋和大气圈)的质心，以 WGS-84 椭球为参考椭球。

ITRF 框架为高精度的 GPS 定位测量提供较好的参考坐标系，近几年已被广泛用于地球动力学研究，高精度、大区域控制网的建立等方面，如青藏高原地球动力学研究、我国国家 A 级网平差、我国某些地区 GPS 框架网的建立等都采用了 ITRF 框架。在 ITRF 框架提出前，对全球性及大区域精密定位问题几乎都采用 VLBI(very long baseline interferometry)及 SLR(satellite laser ranging)获取有关点的资料而建立坐标系。

我国北斗卫星导航系统采用的 CGCS2000 坐标系便与 ITRF 保持很高的一致性，差异约为 5cm，对于大多数应用而言，基本不用考虑 CGCS2000 与 ITRF 之间的坐标转换。

2.1.5 地图投影与高斯-克吕格平面直角坐标系

1. 地图投影及投影变形

日常生产生活中使用的地图，都是平面地图。地球表面是一个曲面，如果要把曲面地表上的点表达在一个平面上，同时还要在某种程度上保持点与点之间的相互关系，就需要投影。所谓投影，简单地说就是两个面之间点与点的对应。将椭球面上点的大地坐标按照一定的数学法则变换为平面上相应点的平面坐标，称为地图投影(map projection)。地图投影的过程可表示为：设想在一个透明的地球仪内部确定一个点光源，在地球仪表面放上不透明的地球特征，然后在围绕地球仪的二维表面上投影特征轮廓线。利用围绕地球仪的圆柱、圆锥或平面模式产生不同的投影方式。

若将某点的纬度 B 和经度 L 换算为地图坐标 X 和 Y,则用两个方程式表示为

$$\begin{cases}X=F_x(L,B)\\Y=F_y(L,B)\end{cases} \tag{2.15}$$

由于椭球面是一个曲面,不可能把它铺展成一个平面而不产生某种褶皱和破裂,也就是不可能把整个椭球面或其一部分曲面毫无变形地表示在一个平面上,因此无论对投影函数选得如何妥当,总是不可避免地产生变形,就像把一个橘子皮摊平,橘子皮必定会破损一样。

2. 地图投影的分类

由于投影的方式很多,因此按照不同的分类标准可产生不同的分类结果。

1)按投影面进行分类

(1)平面:平面与椭球面在某一点相切。

(2)圆锥面:圆锥体面与椭球在某一纬圈相切,或两纬圈相割。

(3)圆柱面:圆柱面/椭圆柱面与椭球在赤道上或某一子午圈上相切。

2)按投影变形性质进行分类

(1)等角投影:投影后,地图上任意两相交短线之间的夹角保持不变。

(2)等面积投影:投影后,地图上面积大小保持正确的比例关系。

(3)等距投影:投影后,地图上从某一中心点到其他点的距离保持不变。

(4)方位投影:投影后,地图上表示的任一点到某一中心点的方位角保持不变。

(5)任意投影:不属于以上几种方式的投影归入任意投影。

3)按投影中心轴线进行分类

(1)正轴投影:轴与椭球的短轴相合。

(2)横轴投影:赤道面上,与椭球短轴正交。

(3)斜轴投影:轴位于上述两个位置之间。

3. 高斯投影

高斯投影是高斯于19世纪20年代提出的一种投影方法。1912年,克吕格对其进行整理和扩充,并求出实用公式,因此又称其为高斯-克吕格投影。高斯投影属于横轴、椭圆柱面、等角(正形)投影。该投影在投影后得到的图形与投影前椭球面上的原形保持相似,目前被中国、德国以及俄罗斯等国家广泛采用。

如图2.11所示,设想有一个椭圆柱面横套在地球椭球外面,并与某一大地子午线相切(此子午线称为中央子午线或轴子午线),且椭圆柱中心轴经过椭球中心。椭圆柱的中心轴通过椭球体中心,然后用一定的投影方法将中央子午线两侧各一定经差范围内的地区投影到椭圆柱面上,再将此柱面展开即成为投影面。

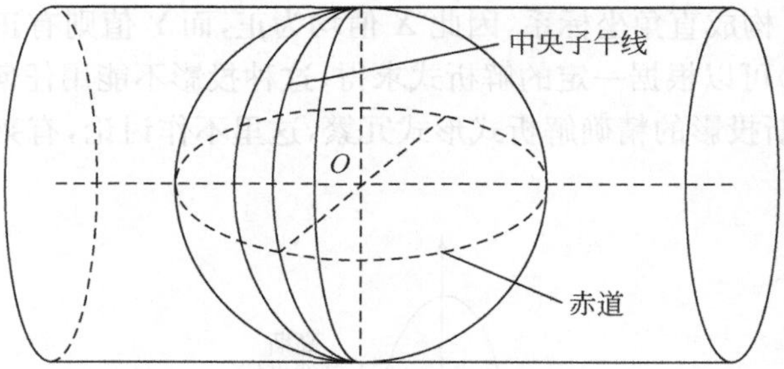

图 2.11　高斯投影

高斯投影必须满足以下条件：①高斯投影为正形投影，即等角投影；②中央子午线投影后为直线，且为投影的对称轴；③中央子午线投影后长度不变。

图 2.12 为高斯投影效果，从中可以看出其具有以下特点：

(1)中央子午线投影后为直线，且长度不变。

(2)除中央子午线外，其余子午线的投影均为凹向中央子午线的曲线，并以中央子午线为对称轴。投影后有长度变形。

(3)赤道线投影后为直线，但有长度变形。

(4)除赤道外，其余纬线投影后为凸向赤道的曲线，并以赤道为对称轴。

(5)经线与纬线投影后仍然保持正交。

(6)所有长度变形的线段，其长度变形比均大于1。

(7)离中央子午线越远，长度变形越大。

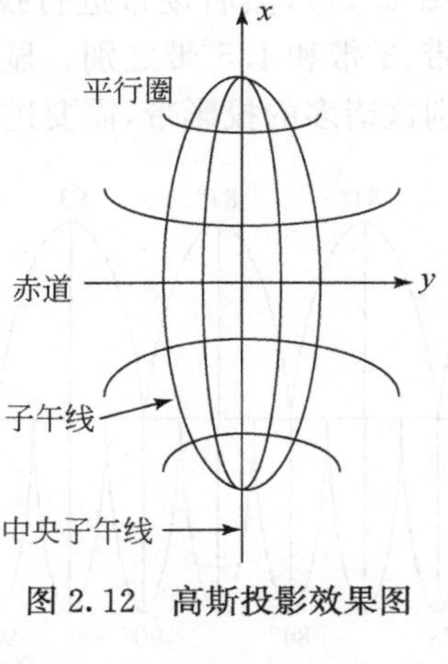

图 2.12　高斯投影效果图

如图 2.13 所示，投影后的中央子午线和赤道皆为一条直线，如果以中央子午线和赤道的投影分别为 X 轴、Y 轴，以两者的交点 O 为坐标原点，那么就构成了高斯-克吕格平面直角坐标系(Gauss-Kruger planimetric rectangular coordinate system)。其中，X 轴向北为正，Y 轴向东为正。由于我国位于北半球，东西横跨 12

个 6°带，各带又独自构成直角坐标系，因此 X 值均为正，而 Y 值则有正有负。投影后的平面坐标(x,y)可以根据一定的解析式求得，这种投影不能用任何的几何透视方法严格表达。高斯投影的精确解析式形式冗繁，这里不作讨论，有兴趣的读者请参阅相关资料。

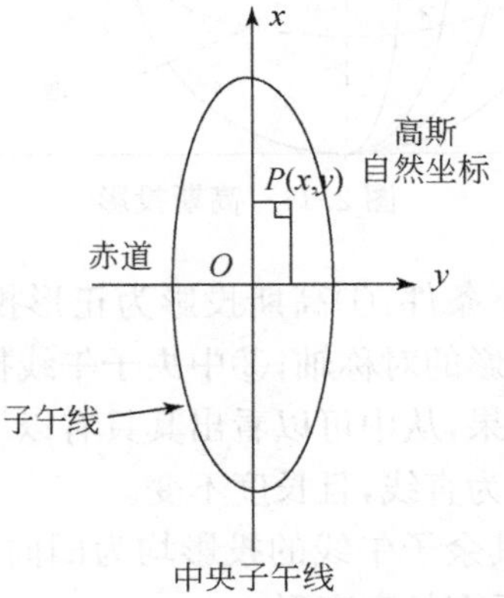

图 2.13　高斯平面直角坐标系

4. 投影分带与编号

中央子午线是投影后唯一没有长度变形的曲线，其他曲线均有长度变形，且离中央子午线越远，变形越大。为了控制投影后的长度变形，按一定经差将地球如切西瓜般分成若干投影带（见图 2.14），然后逐带进行投影，这就是分带投影。根据不同的经差，投影分带有 6°带、3°带和 1.5°带之别。显然，经差越小，分的投影带越多，投影误差越小。为了区别这诸多的投影带，需要进行编号以便识别。

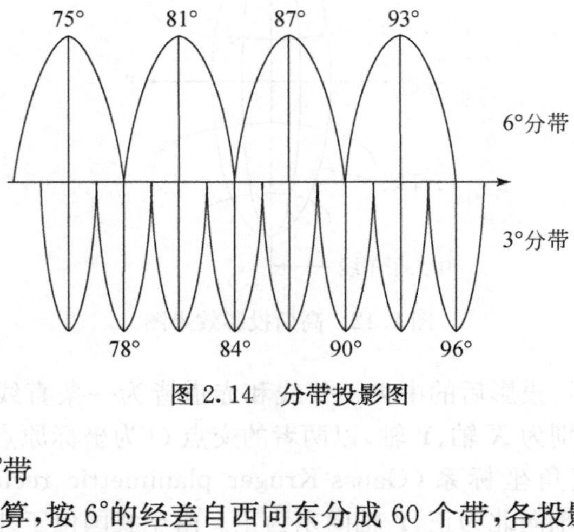

图 2.14　分带投影图

1）高斯投影 6°带

自首子午线起算，按 6°的经差自西向东分成 60 个带，各投影带依次编号 1，2，

3,…,设带号为 n,轴子午线的经度为 L_0,则东半球的计算公式为

$$L_0 = 6n - 3 \tag{2.16}$$

2)高斯投影 3°带

自东经 1.5°子午线起算,按 3°的经差自西向东分成 120 个带,各投影带依次编号 1,2,3,…,设带号为 m,轴子午线的经度为 L_0,则东半球的计算公式为

$$L_0 = 3m \tag{2.17}$$

每带建立一个平面直角坐标系,东向为 Y 轴,北向为 X 轴,轴子午线与赤道的交点作为坐标系的原点。为了避免坐标 y 出现负值,规定将 X 轴(轴子午线)西移 500km,实际上是给每个点坐标 y 的值加上 500km;又为了区别各投影带,规定在 y 值(已经加了 500km)前面冠以投影带带号。例如,点 A_1 和点 A_2 位于 21 投影带内,它们的横坐标分别为 $y_1 = +189572.5\text{m}$ 和 $y_2 = -109572.5\text{m}$,这种原坐标值也叫自然值。根据上述规定,它们的横坐标值变为 $Y_1 = 21689572.5\text{m}$,$Y_2 = 21390427.5\text{m}$。至于纵坐标,没有任何变化,即 $x_i = X_i$。

在实际应用中,可以根据不同情况和精度要求,采用 6°分带、3°分带或 1.5°分带,在我国规定按经差 6°和 3°进行投影分带,其中 3°带的中央子午线与 6°带中央子午线及分带子午线重合,减少了换带计算。工程测量采用 3°带,特殊工程可采用 1.5°带或任意带。

中央子午线的选择可以按照式(2.16)和式(2.17)确定,也可根据需要选取经过或靠近测区范围的某条子午线作为高斯投影中央子午线。前者的投影计算利用卫星大地测量的商用软件即可完成,后者一般说来需要另行计算。

分带方式可以限制投影变形的程度,但也带来了投影不连续的缺点。

5. UTM 投影

在地理信息系统中,除了高斯投影,比较常见的投影方式还有通用横轴墨卡托投影(universal transverse Mercator projection,UTM)等,采用何种方式取决于不同的地图投影设计与配置。

UTM 投影是一种等角横轴割圆柱投影,椭圆柱割地球于南纬 80°、北纬 84°两条等高圈,投影后两条相割的经线上没有变形,而中央经线上长度比为 0.9996,如图 2.15 所示。UTM 投影于 1938 年由美国陆军工程兵测绘局提出,1954 年开始采用。其归属于高斯投影族,其需满足以下基本条件:

(1)正形(等角)投影。

(2)经度的起点为零子午线,纬度的起点为赤道。

美国于 1948 年完成这种通用投影系统的计算。UTM 投影分带方法与高斯投影相似,是自西经 180°起每隔经差 6°自西向东分带,将地球划分为 60 个带。

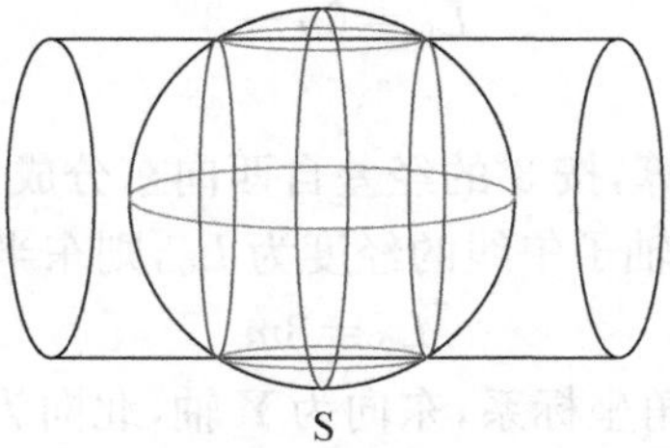

图 2.15　UTM 投影

6. UTM 投影与高斯投影的比较

目前世界各国常采用 UTM 投影与高斯投影，这两种投影具有如下特征：

(1) UTM 投影是对高斯投影的改进，目的是为了减少投影变形。

(2) UTM 投影的投影变形比高斯小，最大为 0.001。但其投影变形规律比高斯要复杂一点，因为它用的是割圆柱，所以它的 $m=1$ 的位置是在割线上，实际上是一个圆，处在 $\pm 1°40'$ 的位置，距离中央经线约 180km。

(3) UTM 投影在中央经线上，投影变形系数 $m=0.9996$，而高斯投影的中央经线投影的变形系数 $m=1$。

(4) 为了减少投影变形，UTM 投影采用 6°分带。但起始的 1 带是（e174°～e180°），所以 UTM 投影的 6°分带的带号比高斯的大 30。

(5) 高斯投影与 UTM 投影可近似计算，计算公式为

$$X_{\text{UTM}}=0.9996X_{\text{高斯}}$$
$$Y_{\text{UTM}}=0.9996Y_{\text{高斯}}$$

该公式的误差在 1m 范围内，完全可以接受。

表 2.3 列出了两种投影方式在部分地区的坐标差。

表 2.3　高斯投影(GKP)与 UTM 的平面坐标之差

地区	点位	WGS-84	UTM/km	GKP/km	平面坐标系(UYM-GKP)
乌苏里江	纬度	48°00′	T　5316.29	5318.43	ΔX：−2140m
	经度	135°00′	53　500.00	23　500.00	ΔY：0000m
喀什	纬度	40°00′	S　4428.23	4430.01	ΔX：−1780m
	经度	74°00′	48　414.64	13　414.60	ΔY：+40m
漠河	纬度	54°00′	U　5985.36	5987.77	ΔX：−2410m
	经度	125°00′	51　613.09	21　632.14	ΔY：−50m

续表

地区	点位	WGS-84	UTM/km	GKP/km	平面坐标系(UYM-GKP)
南沙	纬度	5°00′	N 553.00	553.22	ΔX：−220m
	经度	115°00′	50 278.25	20 278.16	ΔY：+90m
西安	纬度	34°00′	S 3763.95	3765.46	ΔX：−1510m
	经度	109°00′	49 315.29	19 315.22	ΔY：+70m
北京	纬度	40°00′	S 4428.23	4430.01	ΔX：−1780m
	经度	116°00′	50 414.64	20 414.60	ΔY：+40m

无论采取何种投影方式，其基本原则是保证在一个特定范围内，能够实现信息数据的交换、配准和共享。

通过 UTM 投影与高斯投影两种不同的投影方式，可以得到两种不同的平面直角坐标系，UTM 坐标系和高斯平面直角坐标系。

这两种坐标系具有如下相同点：

(1)投影方式均为横轴、椭圆柱面、等角投影。

(2)为了减小投影变形，都进行了分带处理。

(3)为了 y 值不为负值，都对 y 值协议进行了处理，y 值协议加 500km 和中央子午线东移 500km。

这两种坐标的不同点是：

(1)采用的地球椭球模型不同。54 高斯坐标系采用克拉索夫斯基椭球，84UTM 坐标系采用 WGS-84 椭球。

(2)对 6°带分带的起始点不同。54 高斯坐标系从零子午线开始，84UTM 坐标系从西经 180°开始。

(3)投影长度比不同。高斯投影长度比为 1，UTM 投影长度比为 0.9996。

2.1.6 坐标变换

坐标转换是在卫星导航定位中运用普遍的一种运算。之所以需要坐标转换，是因为卫星的位置是在惯性坐标系下描述的，而地面点的位置则必须在地固坐标系下计算，因此需要将卫星在观测历元 t 的瞬时天球坐标转换到协议地球坐标系中，才能进行计算。此外，根据地面点所在的国家和地区的不同，还需要将地面点在协议地球坐标下的坐标转换到其所在的区域坐标系(或地球参心坐标系)中[5]。

对于具有相同原点的二维直角坐标(见图 2.16)，可通过如下表达式进行变换：

$$\begin{bmatrix} x_2 \\ y_2 \end{bmatrix} = \begin{bmatrix} \cos\theta & \sin\theta \\ -\sin\theta & \cos\theta \end{bmatrix} \begin{bmatrix} x_1 \\ y_1 \end{bmatrix} \tag{2.18}$$

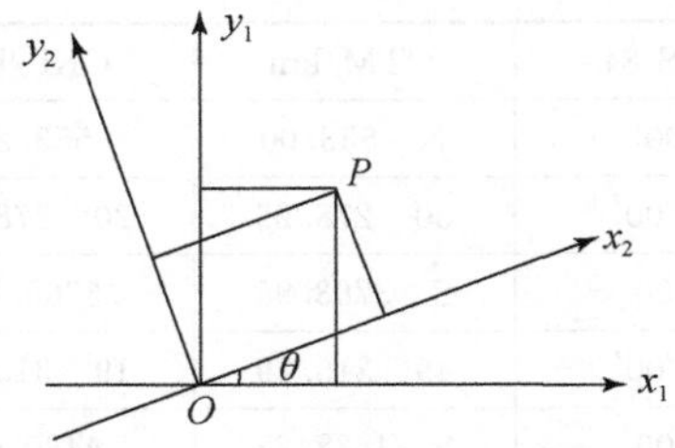

图 2.16　二维直角坐标变换图

对于三维空间直角坐标系，具有相同原点的两坐标系间的变换一般需要在三个坐标平面上，通过三次旋转才能完成。如图 2.17 所示，若坐标系绕轴旋转顺序为 $Z \to Y \to X$，即：①绕 OZ' 旋转 ε_Z 角，OX'、OY' 旋转至 OX_0、OY_0；②绕 OY_0 旋转 ε_Y 角，OX_0、OZ' 旋转至 OX、OZ_0；③绕 OX 旋转 ε_X 角，OY_0、OZ_0 旋转至 OY、OZ；ε_X、ε_Y 和 ε_Z 为三维空间直角坐标变换的三个旋转角，也称欧拉角(坐标变换中，绕坐标轴旋转的三个独立角度，也称坐标系的旋转参数)，则可分别得到旋转变换矩阵为

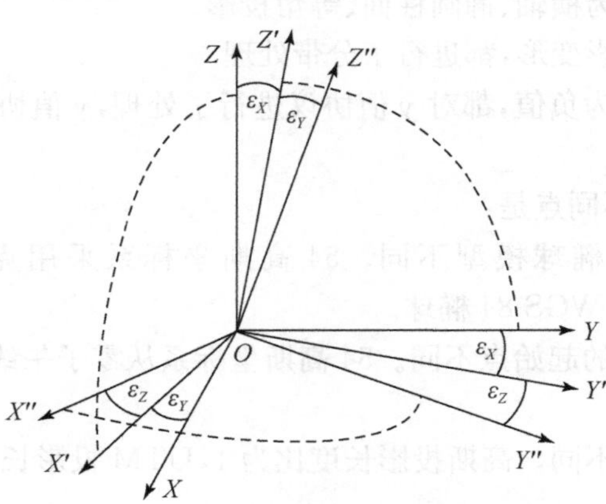

图 2.17　三维直角坐标变换图

$$R_Y(\varepsilon_Y) = \begin{bmatrix} \cos\varepsilon_Z & \sin\varepsilon_Z & 0 \\ -\sin\varepsilon_Z & \cos\varepsilon_Z & 0 \\ 0 & 0 & 1 \end{bmatrix} \quad R_Y(\varepsilon_Z) = \begin{bmatrix} \cos\varepsilon_Y & 0 & -\sin\varepsilon_Y \\ 0 & 1 & 0 \\ \sin\varepsilon_Y & 0 & \cos\varepsilon_Y \end{bmatrix}$$

$$R_X(\varepsilon_X) = \begin{bmatrix} 1 & 0 & 0 \\ 0 & \cos\varepsilon_X & \sin\varepsilon_X \\ 0 & -\sin\varepsilon_X & \cos\varepsilon_X \end{bmatrix}$$

即

$$\begin{bmatrix} X \\ Y \\ Z \end{bmatrix} = \begin{bmatrix} \cos\varepsilon_Y\cos\varepsilon_Z & \cos\varepsilon_Y\sin\varepsilon_Z & -\sin\varepsilon_Y \\ -\cos\varepsilon_X\sin\varepsilon_Z+\sin\varepsilon_X\sin\varepsilon_Y\cos\varepsilon_Z & \cos\varepsilon_X\cos\varepsilon_Z+\sin\varepsilon_X\sin\varepsilon_Y\sin\varepsilon_Z & \sin\varepsilon_X\cos\varepsilon_Y \\ \sin\varepsilon_X\sin\varepsilon_Y+\cos\varepsilon_X\sin\varepsilon_Y\cos\varepsilon_Z & -\sin\varepsilon_X\cos\varepsilon_Z+\cos\varepsilon_X\sin\varepsilon_Y\sin\varepsilon_Z & \cos\varepsilon_X\cos\varepsilon_Y \end{bmatrix} \begin{bmatrix} X' \\ Y' \\ Z' \end{bmatrix} \tag{2.19}$$

在三维空间直角坐标系变换中，当两个空间直角坐标系的坐标换算既有旋转又有平移时，则存在 3 个平移参数和 3 个旋转参数，再考虑到两个坐标系尺度不尽一致，因此还有一个尺度变化参数，共计 7 个参数。相应的坐标变换公式为

$$\begin{bmatrix} X_2 \\ Y_2 \\ Z_2 \end{bmatrix} = (1+m)\begin{bmatrix} X_1 \\ Y_1 \\ Z_1 \end{bmatrix} + \begin{bmatrix} 0 & \varepsilon_Z & -\varepsilon_Y \\ -\varepsilon_Z & 0 & \varepsilon_X \\ \varepsilon_Y & -\varepsilon_X & 0 \end{bmatrix} \begin{bmatrix} X_1 \\ Y_1 \\ Z_1 \end{bmatrix} + \begin{bmatrix} \Delta X_0 \\ \Delta Y_0 \\ \Delta Z_0 \end{bmatrix} \tag{2.20}$$

式中，若两坐标系轴向不同，则可将坐标系分别绕 X、Y、Z 轴旋转 ε_X、ε_Y 和 ε_Z 角；若两坐标系原点不同，则可将坐标系分别沿 X、Y、Z 轴平移 ΔX_0、ΔY_0 和 ΔZ_0 的长度；若两坐标系尺度不同，则可将坐标系进行尺度比为 m 的缩放。其中，ε_X、ε_Y、ε_Z、ΔX_0、ΔY_0、ΔZ_0 和 m 即合称为转换七参数，具体变换过程如图 2.18 所示。

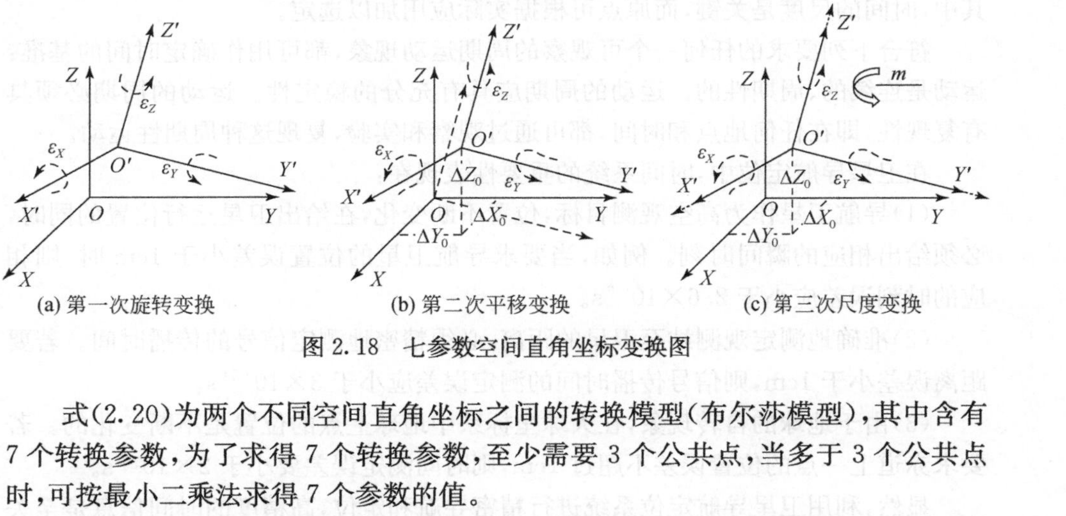

(a) 第一次旋转变换　(b) 第二次平移变换　(c) 第三次尺度变换

图 2.18　七参数空间直角坐标变换图

式(2.20)为两个不同空间直角坐标之间的转换模型(布尔莎模型)，其中含有 7 个转换参数，为了求得 7 个转换参数，至少需要 3 个公共点，当多于 3 个公共点时，可按最小二乘法求得 7 个参数的值。

对于不同大地坐标系的换算，除包含 3 个平移参数、3 个旋转参数和 1 个尺度变化参数外，还包括两个地球椭球元素变化参数。考虑到全部 7 个参数和椭球大小变化的转换公式又称为广义大地坐标微分公式或广义变换椭球微分公式。

2.2　时间参考系统

2.2.1　时间的基本概念

在天文学和空间科学技术中，时间系统是精确描述天体和卫星运行位置及其

相互关系的重要基准，也是利用卫星进行定位的重要基准。

如图 2.19 所示，时间包含时刻和时间间隔两个概念。时刻是指发生某一现象的瞬间，用于描述不同事件发生的顺序，在表示时间的数轴上，用点来表示。在天文学和卫星定位中，与所获取数据对应的时刻也称为历元。时间间隔是指发生某一现象所经历的过程，是这一过程始末的时间之差，在表示时间的数轴上用线段来表示。时间间隔测量称为相对时间测量，而时刻测量相应称为绝对时间测量。

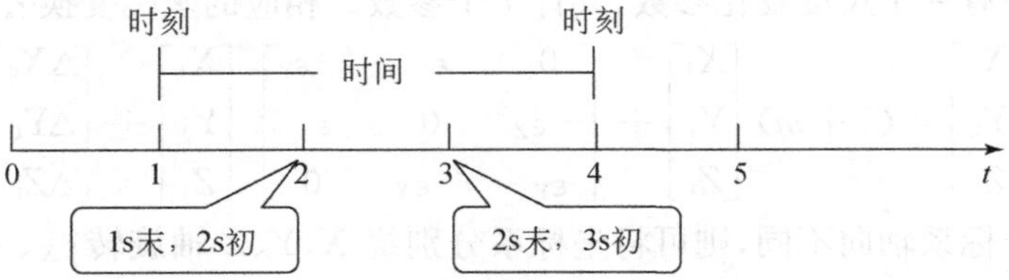

图 2.19　时间概念表示图

测量时间必须建立一个测量的基准，即时间的单位（尺度）和原点（起始历元）。其中，时间的尺度是关键，而原点可根据实际应用加以选定。

符合下列要求的任何一个可观察的周期运动现象，都可用作确定时间的基准：运动是连续的、周期性的。运动的周期应具有充分的稳定性。运动的周期必须具有复现性，即在任何地点和时间，都可通过观察和实验，复现这种周期性运动。

在卫星导航定位中，时间系统的重要性表现在：

(1)导航卫星作为高空观测目标，位置不断变化，在给出卫星运行位置的同时，必须给出相应的瞬间时刻。例如，当要求导航卫星的位置误差小于 1cm 时，则相应的时刻误差应小于 2.6×10^{-6}s。

(2)准确地测定观测站至卫星的距离，必须精密地测定信号的传播时间。若要距离误差小于 1cm，则信号传播时间的测定误差应小于 3×10^{-11}s。

(3)由于地球的自转现象，在天球坐标系中地球上点的位置是不断变化的。若要求赤道上一点的位置误差不超过 1cm，则时间测定误差要小于 2×10^{-5}s。

显然，利用卫星导航定位系统进行精密导航和定位，高精度的时间信息是至关重要的。

在实践中，因所选择的周期运动现象不同，便产生了不同的时间系统。在卫星导航定位中，具有重要意义的时间系统包括以下三类：

(1)以地球的周期性自转运动为基准的时间系统，如恒星时和真太阳时（平太阳时）等。

(2)以地球围绕太阳的周期性公转运动为基准的时间系统，如历书时。

(3)以原子核外电子在能级跃迁时辐射或吸收的电磁波频率为基准的时间系统，如原子时。

2.2.2　世界时系统

地球的自转运动是连续的，且比较均匀。最早建立的时间系统是以地球自转运动为基准的世界时系统。由于观察地球自转运动时所选取的空间参考点不同，因此世界时系统包括恒星时（sidereal time，ST）、平太阳时（mean solar time，MT）和世界时（universal time，UT）[6]。

1. 恒星时

以春分点为参考点，由春分点的周日视运动所确定的时间称为恒星时。

春分点连续两次经过本地子午圈的时间间隔为一恒星日，含 24 个恒星小时。恒星时以春分点通过本地子午圈的时刻为起算原点，在数值上等于春分点相对于本地子午圈的时角，同一瞬间不同测站的恒星时不同，具有地方性，也称为地方恒星时。

赤道是垂直地球自转轴的平面，其与轨道平面（黄道）的夹角称为轨道倾角，也就是黄赤交角。春分点为太阳沿黄道运行中，自南向北穿越赤道时的交点，为黄道与赤道的两个交点之一（另一个为秋分点）。太阳每年约在 3 月 20～22 日经过春分点。现代春分点位于双鱼座内。受岁差和章动等因素的综合影响，春分点每年正沿黄道向西退行。

受岁差和章动的影响，地球自转轴在空间的指向是变化的，春分点在天球上的位置也不固定。对于同一历元，所相应的真北天极和平北天极也有真春分点和平春分点之分，相应的恒星时就有真恒星时和平恒星时之分。

2. 平太阳时

在恒星时中，若选取真太阳（视太阳）为参考点，以真太阳的周日视运动为基准建立时间计量系统，则此系统称为真太阳时，或者称为视太阳时（apparent solar time），可用 TAST 表示。但由于真太阳周年视运动是不均匀的，因此真太阳的周日视运动并不是严格等于地球自转周期。每个真太阳日长短不一，冬长夏短，最长和最短的真太阳日相差约 51s。因此，以真太阳的视运动作为观察地球自转运动的参考点，并不符合建立时间系统的基本要求。

因此，假设一个参考点，它在天球上的视运动速度等于真太阳在天球上的周年视运动的平均速度，且该点在赤道上作周年视运动，那么此假设的参考点在天文学上称为赤道平太阳（mean equatorial sun），简称平太阳。以此为基础建立的时间系统称为平太阳时，简称平时。平太阳时的原点定义为平太阳通过观察者所在子午圈的瞬时，平太阳连续两次经过本地子午圈的时间间隔，称为一个平太阳日（mean solar day），一个平太阳日包含 24 个平太阳时，每个平太阳时有 60 个平太阳分，一个平太阳分又等分为60个平太阳秒。与恒星时一样,平太阳时也具有地域性,称作地方平太阳时,简称地方平时。

3. 世界时

以平子夜为零时起算的格林尼治平太阳时称为世界时(universal time,UT)。世界时与平太阳时的时间尺度相同,起算点不同。1956年以前,秒被定义为一个平太阳日的1/86400,是以地球自转这一周期运动作为基础的时间尺度。由于自转的不稳定性,在世界时中加入极移改正得UT1。加入地球自转角速度的季节改正得UT2。虽然经过改正,其中仍包含地球自转角速度的长期变化和不规则变化的影响,UT2不是一个严格均匀的时间系统。在卫星导航定位中,主要用于天球坐标系和地球坐标系之间的转换计算。

2.2.3　原子时系统

随着空间技术和现代天文学与大地测量技术的发展,对时间的精度要求越来越高。以地球自转为基础的时间系统越来越难以满足要求。为此,从20世纪50年代起,人们建立了以物质内部原子运动特征为基础的原子时系统(atomic time,AT)。

20世纪40年代,美国国家标准局(National Bureau of Standards,NBS)制成了氨分子钟,精度可达10^{-8}左右。1955年,英国皇家实验室成功试制了第一台铯原子谐振器,精度比氨分子钟提高了一个数量级,为10^{-9}左右。其后的研究表明,由铯原子辐射频率导出的时间单位尺度不仅精度高于普通秒长,而且能够连续地提供精确的标准时间。

因为物质内部原子的跃迁所辐射或吸收的电磁波频率具有极高的稳定性和复现性,所以根据这一物理现象建立的原子时,便成为当代最理想的时间系统。1967年第13届国际度量衡会议定义了原子时的尺度标准:国际单位制(SI)秒。国际上原子时秒长的定义为:位于海平面上的铯^{133}原子基态的两个超精细能级,在零磁场中跃迁辐射振荡9192631770周所持续的时间为1原子时秒。原子时的原点为AT=UT2−0.0039s。

不同的地方原子时之间存在差异,为了统一世界各国的原子时,国际上将100多台原子钟,通过相互比对,经由数据处理推算出统一的原子时系统,称为国际原子时(international atomic time,IAT)。国际原子时的稳定度约为10^{-13}。在卫星导航定位中,原子时作为高精度的时间基准,用来测定卫星信号的传播时间。

2.2.4　力学时系统

在天文学中,天体的星历是根据天体动力学理论建立的运动方程编算的。其中,所采用的独立变量时间参数T被定义为力学时(dynamic time,DT)。根据运动方程对应参考点的不同,力学时分为地球力学时和太阳系质心力学时两种。

太阳系质心力学时(barycentric dynamic time,TDB)是相对于太阳系质心的运动方程所采用的时间参数。它在广义相对论中为太阳系质心坐标时,通常可作为岁差和章动的时间尺度。

地球质心力学时(terrestrial dynamic time,TDT)是相对于地球质心的运动方程所采用的时间参数。其基本单位是国际单位制秒,与原子时的尺度一致。国际天文学联合会规定,原子时在1977年1月1日原子时(IAT)0时与地球质心力学时的关系为

$$TDT = IAT + 32.184s \tag{2.21}$$

式中,32.184s正好是原子时试用期间ET与IAT之差的估值。

在卫星导航定位中,地球质心力学时作为一种严格均匀的时间尺度和独立的变量,被用于描述卫星的运动。

2.2.5 协调世界时系统

原子时虽然具有尺度更加均匀稳定等优越性,但由于在地球科学等领域研究中都涉及地球的瞬时位置,仍需要精确的世界时,即原子时无法完全取代世界时。由于世界时和原子时对秒长的定义不同,原子时的秒长比世界时的秒长略短,且稳定性为世界时的1000倍以上,原子时比世界时每年约快1s(多出1s)。两者之差与日俱积,为避免发播的原子时与世界时之间产生过大的偏差,同时又要使两种时间系统同时并存,这就需要建议一种兼备两种时间系统优点的新的时间系统。因此,从1972年1月1日0时起国际上开始采用一种以原子时秒长为基准,时刻接近世界时的折中时间系统,该时间系统称为协调世界时(coordinate universal time,UTC),简称协调时。协调世界时是介于原子时和世界时之间一种折中的时间系统。

协调世界时的秒长严格等于原子时秒长,采用闰秒(leap second)(或称跳秒)的办法使协调时与世界时的时刻相接近。当协调时与世界时相差超过±0.9s时,便在协调时中加入一个闰秒。闰秒可正可负,一般在12月31日或6月30日末加入,也可在3月31日或9月30日末加入,具体时间由国际地球自转服务组织(International Earth Rotation Service,IERS)发布。如果是正跳秒(positive leap second),则在该日23:59:60之后加入1s,也就是说23:59:61才等于下个月1日00:00:00。负跳秒也依此类推。经过跳秒的调整,便可以始终保持UT1－UCT＜±0.9s。虽然协调世界时与国际原子时之差不断加大,但总是相差秒的整数倍。目前,世界各国播发的时间均以协调世界时为基准。

2.2.6 GPS时间系统

为满足精密导航和测量的需要,GPS建立了专用的时间系统,由GPS主控站

的原子钟控制(简称 GPS 时)。GPS 时属于原子时系统,秒长与原子时相同,但与国际原子时的原点不同,即 GPS 时与国际原子时在任一瞬间均有一常量偏差。其关系为 IAT－GPST＝19s。

GPS 时与协调时的时刻,规定在 1980 年 1 月 6 日 0 时一致,随着时间的积累,两者的差异将表现为秒的整数倍。GPS 时与协调时之间关系为 GPST＝UTC＋1s×n－19s。

到 1987 年,调整参数 n 为 23,两系统之差为 4s,到 1992 年调整参数为 26,两系统之差已达 7s。

GPST 与协调时的时刻,规定与 1980 年 1 月 6 日 0 时相一致。其后随着时间推移和跳秒的累积,这两个时间系统之差将逐步扩大,不过它们之差总是保持秒的整数倍。在 GPS 卫星导航电文中,载有 GPS 时与协调世界时的关系及其常数差。

2.2.7 北斗时间系统

北斗时间系统的时间基准为北斗时(BeiDou time,BDT)。北斗时采用国际单位制秒为基本单位连续累计,无闰秒,起始历元为 2006 年 1 月 1 日协调世界时 00:00:00。北斗时与国际协调世界时的偏差保持在 50ns 以内(模 1s)。北斗时与协调世界时之间的闰秒信息在导航电文中播报。

1. 北斗时-协调世界时时间同步参数

北斗时-协调世界时时间同步参数反映了北斗时与协调世界时之间的关系。北斗时-协调世界时时间同步参数的定义及特性说明见表 2.4。

表 2.4 北斗时-协调世界时时间同步参数定义及说明

序号	参数	定义	比特数	比例因子	有效范围**	单位
1	A_{0UTC}	北斗时时标相对于协调世界时时标的偏差系数	16*	2^{-35}	—	s
2	A_{1UTC}	北斗时时标相对于协调世界时时标的漂移系数	13*	2^{-51}	—	s/s
3	A_{2UTC}	北斗时时标相对于协调世界时时标的漂移率系数	7*	2^{-68}	—	s/s^2
4	Δt_{LS}	新的闰秒生效前,北斗时相对于协调世界时的累积闰秒改正数	8*	1	—	s
5	t_{ot}	参考时刻对应的周内秒	16	2^4	0～604784	s
6	WN_{ot}	参考时间周计数	13	1	—	周
7	WN_{LSF}	闰秒参考时间周计数	13	1	—	周
8	DN	闰秒参考时间日计数	3	1	0～6	天

续表

序号	参数	定义	比特数	比例因子	有效范围**	单位
9	Δt_{LSF}	新的闰秒生效后，北斗时相对于协调世界时的累积闰秒改正数	8*	1	—	s

* 为 2 进制补码，最高有效位(MSB)是符号位(+或−)；

** 除非在“有效范围”栏中另有说明，否则参数的有效范围是所给定的位数与比例因子共同确定的最大范围。

2. BDT-GNSS 时间同步参数

BDT-GNSS 时间同步(BGTO)参数用于计算北斗时与其他全球卫星导航系统时之间的时间偏差。BDT-GNSS 时间同步参数的定义及特性说明见表 2.5。

表 2.5　BDT-GNSS 时间同步参数定义及说明

序号	参数	定义	比特数	比例因子	有效范围**	单位
1	GNSS ID	北斗时时标相对于协调世界时时标的偏差系数	3	—	—	无量纲
2	WN_{0BGTO}	北斗时时标相对于协调世界时时标的漂移系数	13	1	—	周
3	t_{0BGTO}	北斗时时标相对于协调世界时时标的漂移率系数	16	2^4	0～604784	s
4	A_{0BGTO}	新的闰秒生效前北斗时相对于协调世界时的累积闰秒改证书	16*	2^{-35}	—	s
5	A_{1BGTO}	参考时刻对应的周内秒	13*	2^{-51}	—	s/s
6	A_{2BGTO}	参考时间周计数	7*	2^{-68}	—	s/s^2

* 为 2 进制补码，最高有效位是符号位(+或−)；

** 除非在“有效范围”栏中另有说明，否则参数的有效范围是所给定的位数与比例因子共同确定的最大范围。

其他的卫星导航系统用下面的数字来区分，其含义如下：

000 为无效，表示本组数据不可用；

001 表示 GPS；

010 表示 Galileo系统；

011 表示 GLONASS；

100～111 为预留。

在一帧中播发的 WN_{0BGTO}、t_{0BGTO}、A_{0BGTO}、A_{1BGTO}、A_{2BGTO} 是针对本帧中 GNSS ID 标识的系统，不同帧中播发的 GNSS 可能不同，用户应当区分接收。

2.2.8 卫星导航定位中的时间表示方法

1. 历法(日历表示法)

历法又称为日历表示法,从古至今都是规范人们日常生活和生产的重要手段。历法的本质是一种计时的方法,将年、月、日的相互关系进行精确的说明。不同的历法表现形式也不相同,与人们生活密切相关的历法建立在地球绕太阳公转和月球绕地球公转的基础上,这种历法符合季节的变化和昼夜的更替,如某年某月某日某时某分某秒。这种历法表示是非连续的,并且每一层次的进制也不相同,如 60 秒是 1 分、24 小时是 1 天等,这样不利于数学表达和计算。也可以采用连续的历法表示,例如选取某一天为起始点,然后以某个尺度(如秒)进行连续的计数,这样便得到一种可以用于计算的历法表达方式。目前常见的历法包括儒略历和格里历。

儒略历接近于现在的公历。一个历年包含 12 个历月,规定每 4 年中前 3 年为平年(365 日),第 4 年为闰年(366 日)。儒略历每年平均长度为 365.25 日,比回归年约长 0.0078 日,每经 128 年就比回归年多约 1 天,可见儒略历还不够精确。因此,公元 1582 年罗马教皇格里高利修改了儒略历,改革后的新历称为格里历(公历)。与儒略历相比,格里历每 400 年减少了 3 个闰年,于是格里历的历年平均长度减为 365.2425 平太阳日,仅比回归年长度多 0.0003 日,累积 3300 年才差 1 天,所以更加精确。

儒略日(Julian day,JD)是天文学上为了计算较长一段时间而采用的特殊的计日方法。它以公元前 4713 年 1 月 1 日格林尼治正午(世界时 12 时)为起算点,其后连续不断累积日数。例如,公元 2010 年 3 月 25 日 0 时的儒略日记为 JD2455280.5。1973 年国际天文学联合会提出了简约儒略日(MJD):MJD=JD−2400000.5。简约儒略日实际上给出的是 1858 年 11 月 17 日(儒略日为 2400000.5)开始计算的天数。

2. 卫星导航系统时

GPS 时的零点定义为 1980 年 1 月 6 日 00:00:00,其标示方法为从 1980 年 1 月 6 日 0 时开始起算的周数加上秒数被称为周内时间(time of week,TOW)。例如,2004 年 5 月 1 日 10 时 5 分 15 秒应为第 1268 周 554715 秒。

北斗时零点是 2006 年 1 月 1 日 00:00:00。北斗周和 GPS 周相差 1356 周,北斗秒和 GPS 秒相差 14s。如果用儒略日的方法计算北斗时,那么在计算的 GPS 时上减去 1356 周和 14s。

参 考 文 献

[1] 胡友健,罗昀,曾云. 全球定位系统(GPS)原理与应用[M]. 武汉:中国地质大学出版

社，2003.
[2] 徐绍铨，张华海，杨志强，等. GPS 测量原理及应用[M]. 修订版. 武汉：武汉大学出版社，2003.
[3] 王惠南. GPS 导航原理与应用[M]. 北京：科学出版社，2003.
[4] 熊志昂，李红瑞，赖顺香. GPS 技术与工程应用[M]. 北京：国防工业出版社，2005.
[5] 李天文，等. GPS 原理及应用[M]. 3 版. 北京：科学出版社，2015.
[6] 皮亦鸣，曹宗杰，闵锐. 卫星导航原理与系统[M]. 成都：电子科技大学出版社，2011.

第3章 卫星导航定位系统介绍

3.1 概 述

卫星导航定位系统利用围绕地球运行的导航卫星所提供的位置、速度、时间等信息来完成对地球表面以及地球附近各种目标的定位、导航、监测和管理，属于星基无线电导航定位系统，与惯性导航、天文导航等导航技术相比，受外界条件(如昼夜、季节、气象条件等)的限制较小，导航定位精度高、速度快，导航误差不随时间增长，能够为大量用户提供导航信息，具有良好的应用市场。

比较成熟的国际公认的四个全球卫星导航系统包括美国的GPS、俄罗斯的GLONASS、中国的北斗导航系统和欧盟的Galileo系统。目前世界上应用最多的是美国的GPS，并且随着GPS现代化的发展，该系统性能将进一步优化和提高。正在建设阶段的欧洲Galileo系统，是在充分考虑GPS优缺点的基础上研制开发的，因而将具有更优良的导航定位性能，其应用前景也更加广阔。俄罗斯的GLONASS由于受全球战略变化以及经济问题的影响，健康星数目较少，目前正在进行恢复工作。我国的北斗导航系统自2000年以来成功发射了3颗北斗导航试验卫星，覆盖我国及周边地区，确定了由5颗静止轨道卫星和30颗非静止轨道卫星组成北斗卫星导航系统空间段方案，使无源化进程不断加快;2007年初发射了两颗北斗二号导航卫星。2011年12月27日起，开始向中国及周边地区提供连续的导航定位和授时服务。2012年12月27日，《北斗系统空间信号接口控制文件正式版1.0》正式公布，北斗导航业务正式对亚太地区提供无源定位、导航、授时服务。2013年12月27日，北斗卫星导航系统正式提供区域服务一周年新闻发布会在国务院新闻办公室新闻发布厅召开，正式发布了《北斗系统公开服务性能规范(1.0版)》和《北斗系统空间信号接口控制文件(2.0版)》两个系统文件。2017年11月5日，北斗三号第一、二颗组网卫星以“一箭双星”方式成功发射，开启了北斗卫星导航系统全球组网的新时代。

除了以上四个全球性的系统外，还有一些区域性卫星导航系统，如日本的QZSS和印度的IRNSS等。下面分别对这几类卫星导航系统进行介绍。

3.2　全球卫星导航系统

3.2.1　GPS

全球定位系统(global positioning system,GPS)是美国国防部为满足军事部门对高精度导航和定位的要求而建立的。GPS 能够为陆、海、空三大领域提供实时、全天候和全球性的导航服务,并能够用于情报收集、核爆监测和应急通信等一些军事目的。该系统真正始建于 1973 年,经过方案论证、工程研制和发射组网三个阶段,历经二十余年,耗资三百多亿美元,于 1994 年建成全球覆盖率高达 98%的 24 颗 GPS 卫星星座。

GPS 作为继美国子午星导航系统后发展起来的新一代卫星导航与定位系统,提供具有全球覆盖、全天时、全天候、连续性等优点的三维导航和定位能力,作为先进的测量、定位、导航和授时手段,已经融入了国家安全、经济建设和民生发展的各个方面。

1. GPS 组成

GPS 由三部分构成,即空间卫星部分、地面监控部分和用户接收部分。

1)空间卫星部分

空间卫星部分又称为空间段,由 21 颗 GPS 工作卫星和 3 颗在轨备用卫星组成,构成完整的 21+3 形式的 GPS 卫星工作星座。GPS 共有 6 个轨道面,分别编号为 A、B、C、D、E、F,每个轨道面上均匀分布着 4 颗卫星。轨道面相对于赤道平面的倾角为 55°,各个轨道平面之间的夹角为 60°。这样的星座构型可保证在地球上任何地点、任何时刻均能观测到至少 4 颗且几何关系较好的卫星用于定位。GPS 卫星的平均轨道高度为 20200km,每 11h59min(恒星时)沿近圆形轨道运行一周。

2)地面控制部分

地面控制部分又称为地面段,GPS 的地面监控部分由分布在全球的一个主控站、3 个注入站和若干个监测站组成。主控站位于美国科罗拉多州斯平士(Colorado Springs)的联合空间执行中心(Consolidated Space Operation Center, CSOC),它的作用是接收世界各地监测站对 GPS 的观测数据,并计算出 GPS 卫星的星历和卫星时钟的改正参数,将这些数据编辑成导航电文。主控站生成的导航点位通过注入站以 S 波段发送给 GPS 卫星,然后由 GPS 卫星将经过载波和测距满调制以后的导航电文实时地播发给用户。主控站还担负着控制 GPS 卫星的功能,例如当工作卫星出现故障时,主控站负责调度备用卫星以替代故障卫星工作。

3)用户接收部分

用户接收部分又称为用户段,GPS 的空间部分和地面控制部分作为基础设施,向广大军用和民用用户提供导航、定位和授时服务,广泛应用于各个领域。用户通过 GPS 信号接收机,接收解算卫星信号来实现导航、定位和授时功能。GPS 接收机通过天线接收卫星信号,利用射频前端对信号进行转换,通过基带部分对观测量进行数据处理,利用导航算法解算得到导航、定位和时间信息。

以上三个部分共同组成完整的 GPS。

2. GPS 卫星信号

GPS 卫星发射两种频率的载波信号,即 L1 和 L2 载波,两种载波的频率分别为 1575.42MHz 和 1227.60MHz,其波长分别为 19.03cm 和 24.42cm。在 L1 和 L2 载波上又分别调制了测距码和导航电文,这些信号包括:

(1)C/A 码。C/A 码(coarse/acquisition code)又称为粗码,它被调制在 L1 载波上,是 1MHz 的伪随机噪声(pseudo random noise,PRN)码,其码长为 1023 位,周期为 1ms,是普通民用用户测量接收设备到卫星距离的主要信号。

(2)P 码。P 码(precision code)又称为精码,它被调制在 L1 和 L2 载波上,是 10MHz 的伪随机噪声码,其周期为 7 天,只有美国的军用用户或特许用户才能使用。

(3)导航电文。导航电文中含有 GPS 卫星的轨道参数、卫星钟改正数、卫星历书以及其他一些系统参数,它被调制在 L1 载波上,其信号频率为 50Hz。用户通过导航电文中的星历参数计算 GPS 卫星在轨道上的瞬时位置以及通过星钟改正数计算时间。

GPS 所广播的信号种类较多,因此在实际的导航定位使用中,可以采用一种或几种信号同时进行处理,一般使用 L1 和 L2 载波相位观测值,分别调制在 L1 和 L2 载波上的 C/A 码和 P 码伪距以及 L1 和 L2 载波的多普勒频移。对于不同的应用要求,除了使用载波和 PRN 码以外,还会使用以上观测值的不同组合形式,如载波相位的单差、双差和三差观测值、宽巷(wide-lane)观测值、窄巷(narrow-lane)观测值等。

随着 GPS 现代化计划的不断推进,GPS 的民用信号从原来的单一 L1C/A 码信号,增加到 4 个,即在 L2C、L5 和 L1C 载波上加载民用码。其中,L2C 信号的频点为 1227.6MHz,该信号用于民用双频接收机的电离层时延改正。由于 L2C 信号有效功率更高,因此能够更快地实现信号捕获,提高导航定位的可靠性。L5 信号的频点为 1176.45MHz,该信号是为航空安全服务的无线电保护频段,通过与 L1C/A 信号组合能够为机载 GPS 接收机提供双频电离层修正以提高导航定位的精度和可靠性。L1C 信号的频点为 1575.42MHz,该信号是为了与欧洲联盟的 Galileo 系统实现互操作而设计的,它与现有的 L1 频点上的信号实现后向兼容,改进了目前民用信号受遮挡情况下接收机的导航定位效果。

3. GPS 的优缺点

1)GPS 定位的优点

GPS 的基本原理是测时-测距，即通过测量信号的传播时间来得到信号的传播距离，从而进行定位和导航。系统以高精度的原子钟为核心，通过广播特定的信号提供大范围的被动式定位和导航。因此，GPS 具有如下优点：

(1)全球覆盖。GPS 的空间段有 24 颗卫星，星座设计合理，卫星均匀分布，轨道高达 20200km，因此能够保证在地球上和近地空间的任何一点，均可同步观测 4 颗以上卫星，从而实现全球、全天候连续导航定位。

(2)高精度三维定位。GPS 能连续地为陆海空天各类用户提供三维位置、三维速度和精确时间信息。通过 PRN 码可以实现 5～10m 的单点定位精度，通过伪距差分、载波相位差分等方式可以实现亚米级、厘米级甚至毫米级的定位精度，可以满足不同应用的精度要求。

(3)被动式导航定位。GPS 卫星在不断地广播信号，因此用户设备只需被动的接收信号就可进行导航定位，而不需要向外界发射任何信号。被动式导航定位不仅隐蔽性好，而且理论上可容纳无限多用户。

(4)实时导航定位。GPS 接收机定位时间短，能够实现 1～100Hz 的实时定位，能够满足某些高动态用户的需求。

(5)抗干扰性能好、保密性强。GPS 采用码分多址技术，利用不同的伪随机噪声码区分卫星。尤其是 P 码，其采用了较大的功率、较长的码长和保密措施，因此具有良好的抗干扰性和保密性。

2)GPS 定位的缺点和改进途径

GPS 的优点很明显，但是也存在如下问题：

(1)缺少通信链路。GPS 是被动式导航定位系统，各个用户间没有通信链路。因此无法满足某些特殊工作环境的需要，如应急救援、航空管制、位置报告等。在实际应用中，一般采用 GPS 与卫星通信、GPS 与移动通信相结合的方案和技术。

(2)信号易受遮挡。受卫星信号广播功率的限制，GPS 卫星信号从太空播发到地面接收机时已经非常微弱，因此容易受到高大建筑物、树木等遮挡，造成导航定位精度下降。在实际应用中，一般采用 GPS 和惯性导航系统(INS)组合的方案。另外，美国通过 GPS 现代化计划将研发新型 GPS 卫星，提升信号功率，改善信号易受遮挡的状况。

(3)信号无入水能力。GPS 信号属于 L 波段，无入水能力。因此，各类潜器必须浮出水面来使用 GPS 导航，或向水面释放浮漂天线。为解决此问题，可以采用 GPS/INS 或 GPS/无线电等组合导航系统。

3.2.2 GLONASS

全球卫星导航系统(global navigation satellite system,GLONASS)是苏联建设的导航系统,该系统吸取了美国GPS的部分经验,于1982年10月12日开始发射第一颗卫星,于1996年1月18日完成设计卫星数(24颗)并开始整体运行。随着苏联的解体,目前GLONASS由俄罗斯空间局负责管理维护。GLONASS与GPS类似,同样能够为陆海空天的民用和军队用户提供全球范围内的实时、全天候三维连续导航、定位和授时服务。

1. GLONASS 构成

与GPS类似,GLONASS也由空间段、地面段、用户段三大部分组成,但各部分的具体技术与GPS有较大差别。

1)空间段

GLONASS的星座也是由24颗GLONASS卫星组成,其中正常工作卫星为21颗,备份卫星3颗。随着俄罗斯对GLONASS的不断维护,目前组成星座的21颗卫星都为GLONASS-M卫星或GLONASS-K卫星。具体卫星星座的分布如表3.1所示,24颗卫星均匀地分布在3个轨道面上,这3个轨道面互成120°夹角,轨道倾角为64.8°,轨道高度约19100km,轨道偏心率为0.01,运行周期11h15min,每个轨道上均匀分布8颗卫星。由于GLONASS卫星的轨道倾角大于GPS卫星的轨道倾角,因此GLONASS卫星在50°以上的高纬度地区的可见性较好。因为GLONASS在设计建设时主要考虑俄罗斯处于高纬度地区的国土面积较大,为了确保全面覆盖,其卫星轨道必须有别于GPS的6个轨道面。在GLONASS星座完整的前提下,可以保证在地球上任何地方任何时刻都能收到至少4颗卫星,确保用户能够可靠地获取导航定位信息。

每颗GLONASS卫星上都有铯原子钟以产生高稳定的时间和频率标准,并向所有星载设备提供高稳定的同步信号。星载计算机对地面控制部分上传的信息进行处理,生成导航电文、测距码和载波向用户广播,地面控制部分传给卫星的控制信息用于控制卫星在空间的运行。导航电文包括卫星的星历参数、卫星时钟相对GLONASS UTC时的偏移值、卫星健康状态和GLONASS卫星历书等。与GPS类似,GLONASS卫星同时发射民用码和军用码。

表 3.1 GLONASS 卫星星座分布

轨道号		卫星分布(—表示没有卫星)							
轨道1	卫星号	1	2	3	4	5	6	7	8
	频率号	01	−4	05	06	01	—	05	06

续表

轨道号		卫星分布(一表示没有卫星)							
轨道 2	卫星号	9	10	11	12	13	14	15	16
	频率号	—2	—7	00	—	—2	—7	00	—
轨道 3	卫星号	17	18	19	20	21	22	23	24
	频率号	04	—3	03	02	04	—3	03	02

2)地面段

GLONASS地面监控部分用以实现对GLONASS星座和卫星信号的整体维护和控制。它包括系统控制中心(位于莫斯科的戈利岑诺)和分散在俄罗斯整个领土上的跟踪控制站网。地面监控部分负责跟踪、处理GLONASS卫星的轨道和信号信息,并向每颗卫星发射控制指令和导航电文。随着苏联的解体,GLONASS由俄罗斯航天局管理,地面支持段已经减少到只有俄罗斯境内的场地。地面控制部分包含如下6个组成单元:系统控制中心(SCC)、遥测跟踪指挥站(TT&C)、上行站(ULS)、监测站(MS)、中央时钟(CC)、激光跟踪站(SLR)。

地面监控部分的作用主要包括如下6方面:①测量和预测各颗卫星的星历;②进行卫星跟踪、控制与管理;③将预测的星历、时钟校正值和历书信息注入每颗卫星,以便卫星上生成导航电文;④确保卫星时钟与GLONASS系统时同步;⑤计算GLONASS系统时和UTC(SU)之间的偏差;⑥监测GLONASS导航信号。

3)用户段

GLONASS的用户设备(即接收机)能接收卫星发射的导航信号,包括伪随机噪声码和载波相位,并测量其伪距和伪距变化率,同时从卫星信号中提取并处理导航电文。通过对导航电文和伪距信息的处理来计算用户所在的位置、速度和时间信息。GLONASS提供的单点绝对定位水平方向精度约为16m,垂直方向约为25m。

GLONASS用户设备发展比较缓慢,除了因为历史原因导致的GLONASS星座不完善、系统运行不稳定外,还因为GLONASS采用频分多址技术,用户设备比较复杂,并且前苏联对其技术保密,致使GLONASS接收机的研制和生产成本较高,结果造成了接收机种类少、功能有限、功耗大、便携性差、可靠性差等劣势,市场占有率低。但是作为与GPS同期发展并且功能相当的全球卫星导航系统,其应用潜力随着俄罗斯对GLONASS的不断完善而不断增加。由于GLONASS与GPS在系统构成、工作频段、定位原理、星历数据结构及信号调试方式等方面相同或类似,因此从原理上可以将GPS与GLONASS接收机进行组合,共同接收卫星信号。目前,GPS/GLONASS组合接收机也得到了广泛应用,多颗卫星带来的冗余提升了之前利用单一卫星导航系统接收机的可靠性。

GPS/GLONASS组合接收机具有如下优点：用户同时可接收的卫星数目极大增加，可以明显改善观测卫星的几何分布，提高定位精度；由于可接收卫星数目增加，在一些对信号遮挡较严重的地区，如城市峡谷、森林等，进行测量、导航和监控时能够具有更好的可靠性；另外，利用两个独立的卫星定位系统进行导航和定位测量，可以相互校验，带来更高的可靠性和安全性。

2. GLONASS 时间系统

GLONASS时间是整个系统的时间基准，它属于 UTC 时间系统，但是和 GPS 不同，GLONASS是以俄罗斯维持的世界协调时 UTC(SU)作为时间度量基准。UTC(SU)与国际度量衡标准局维持的国际标准 UTC 相差 1μs 以内。GLONASS 时间与 UTC(SU)之间存在 3h 的整数差，两者相差 1ms 以内。GLONASS 卫星播发的导航电文中有 GLONASS 时间与 UTC(SU)的相关参数。

UTC 是以原子时秒长为基础，在时刻上尽量接近世界时的一种时间系统。受地球极移和其自转不均匀性的影响，两者之间存在着差别，并且随着时间在不断地积累。为了确保两者的差别不至于过大，UTC 存在跳秒现象，又称闰秒（leap second）。因为 GLONASS 时间属于 UTC，所以也存在闰秒。GLONASS 时间根据国际时间局(BIPM)的通知进行闰秒改正。由于 GPS 不存在闰秒，在进行 GPS 和 GLONASS 组合测量时，需要考虑两者时间的差别。

GLONASS 时间系统中包含两套时间尺度：GLONASS 系统时和 GLONASS 卫星时。GLONASS 系统时是由 GLONASS 地面监控系统中的中央同步器时标生成，而 GLONASS 卫星时是由星上装备的铯原子钟产生，是一种原子时。由于闰秒的存在，GLONASS 系统时和 GLONASS 卫星时并不完全相同，GLONASS 卫星时相对于 GLONASS 系统时与 UTC(SU)的修改在 GLONASS 地面综合控制站计算，并每两天向卫星注入一次。

3. GLONASS 的坐标系统

GLONASS 在 1993 年以前采用苏联的 1985 年地心坐标系(SGS-85)，1993 年后使用 PZ-90 坐标系。PZ-90 坐标系属于地心地固(ECEF)坐标系。GLONASS 坐标系统在 2006 年底已由 PZ-90 更新到 PZ-90.02，且与国际地球参考框架(ITRF)的差异保持在分米级。PZ-90.02 与 ITRF2000 两者之间只有原点平移，在 X、Y、Z 方向分别为 −36cm、+8cm、+18cm。

GLONASS 所公布的接口控制文件(ICD)对 PZ-90 坐标系的定义如下：①坐标原点位于地球质心；②Z 轴指向 IERS 推荐的协议地极原点(即 1900～1905 年的平均北极)；③X 轴指向地球赤道与 BIH 定义的零子午线交点；④Y 轴满足右手坐标系。由于不可避免地存在测轨跟踪站站址坐标误差和测量误差，定义的坐标系与实际使用的坐标系存在一定的差异。PZ-90 坐标系采用的参考椭球参数和其他参数如表 3.2 所示。

表 3.2　PZ-90 坐标系参数

地球旋转角速度	7292115×10^{-11} rad/s
地球引力常数 GM	$398600.44\text{km}^3/\text{s}^2$
大气引力常数 f_{M_a}	$0.35\times10^9\text{m}^3/\text{s}^2$
光速 C	299792458m/s
参考椭球长半径 a	6378136m
参考椭球扁率 f	1/298.257839303
重力加速度(赤道)	978032.8mGal①
由大气引起的重力加速度改正值(海平面)	−0.9mGal
重力位球谐函数二阶带谐系数 J_2	108262.57×10^{-8}
重力位球谐函数四阶带谐系数 J_4	-0.23709×10^{-5}
参考椭球正常重力位 u_0	$62636861.074\text{m}^2/\text{s}^2$

① $1\text{Gal}=1\text{cm/s}^2$。

4. GLONASS 卫星信号

与 GPS 类似，GLONASS 卫星同样发射 L 波段的 L1、L2 两种载波信号。GLONASS 的 L1 信号上调制有 P 码、C/A 码和导航电文，L2 上调制有 P 码和导航电文。C/A 码用于向民间提供标准定位，而 P 码提供给俄罗斯军方或某些授权用户。2005 年以后，应国际电信联盟的要求，俄罗斯已将 GLONASS L1 载波频率转移到 1598.0625～1606.5MHz，L2 载波频率转移到 1242.9376～1249.6MHz。

GLONASS-M 卫星是第二代 GLONASS 导航卫星，与第一代卫星相比，它具有精度高、使用寿命长、增设 L2 民用码及发送更多导航电文信息等优势。它的使用在很大程度上提高了 GLONASS 的工作性能。GLONASS-K 卫星是第三代 GLONASS 导航卫星，它的使用寿命将延长至 10～12 年，并添加第三个民用 L3 频段。

GLONASS 采用频分多址方式来识别不同卫星，即每颗卫星播发的导航信号载波频率是不同的。但是，相邻卫星之间的频率间隔是相同的，其中 L1 载波的频率间隔为 0.5625MHz，L2 载波的频率间隔为 0.4735MHz。由于采用 FDMA 方式存在多个频点，因此会占用较宽的频段，24 颗 GLONASS 卫星的 L1 频道需占用频宽约为 14MHz。由于空间频率资源有限，应国际电信联盟要求，俄罗斯将在同一个轨道面上位置相对的两颗 GLONASS 卫星使用同一个载波频率，从而将卫星载波频率通道数减少到 12 个，实现了降低带宽、减少频率通道数的要求。

5. GLONASS 与 GPS 的比较

GLONASS 和 GPS 是目前最完善的两个全球性卫星导航系统，两者在系统组成、信号结构、信号类型、坐标系统和时间系统等方面有一定程度的异同。两个系统相似之处主要包括以下方面：①在系统组成上，两个系统均由空间段、地面段和用户段组成；②在卫星星座上，两个系统的卫星数相同；③在信号频段上，两个系统的频段相差不超过 30MHz，因此可共用一个天线和一个带宽前置放大器来接收两个信号；④在定位精度上，GLONASS 和 GPS 都提供两个精度等级，其中高精度供军用和特殊用户使用，低精度供民众使用。⑤在应用范围上，两者都可以用于陆海空天运载体的导航、定位和授时。

虽然 GLONASS 和 GPS 有很多相似之处，但在关键的坐标系统、时间系统和调制方式等方面，两个系统却截然不同，主要体现在以下方面：

(1)卫星轨道不同。GPS 的星座为 6 个轨道面，GLONASS 为 3 个轨道面，同时两者的卫星轨道高度也不相同。

(2)参考时间系统不同。两个系统虽然都属于原子钟系统，但 GPS 时间系统采用的是华盛顿的协调世界时 UTC(USNO)，是一个没有跳秒的连续计时系统；而 GLONASS 时间系统采用的是苏联的协调世界时 UTC(SU)，是一个有同步跳秒的非连续计时系统。GPS 系统时＝UTC＋跳秒；GLONASS 系统时＝UTC＋3.00h。因此，GLONASS 时间与 UTC(SU)之间仅相差 3h 和小于 $1\mu s$ 的系统差，而没有跳秒差。

(3)参考坐标系统不同。GPS 采用的是 WGS-84 世界大地坐标系，而 GLONASS 采用的是 PZ-90 世界大地坐标系，两者之间存在换算关系。

(4)导航电文内容不同。GPS 以开普勒轨道根数形式播发导航星历，每隔 2h 更新一次；依据开普勒轨道方程，并考虑卫星的摄动，计算 GPS 卫星在 WGS-84 坐标系中的瞬时位置。GLONASS 是直接给出参考历元的卫星位置、速度，以及日月对卫星的摄动加速度，每隔 30min 更新一组星历参数，计算 GLONASS 卫星在 PZ-90 坐标系中的瞬时位置。

(5)卫星识别方式不同。GPS 采用码分多址方式，每颗卫星使用相同的载波频率发射信号，GLONASS 是采用频分多址方式，每颗卫星使用不同的频率发射信号。2005 年前 GLONASS 卫星的频段已超越国际电信联盟的规定，俄罗斯在国际电信联盟的要求下开始实施 GLONASS 改频计划，并已于 2005 年完成转移频率计划。与 GPS 信号发射采用双频段一样，GLONASS 的信号也是用 L1 和 L2 两个频段发射的，并且 L2 频段的信号也采用了特殊码调制，以保证军用和特殊用户使用。

具体的 GLONASS 与 GPS 比较如表 3.3 所示。

表 3.3　GLONASS 和 GPS 比较

参数	GPS	GLONASS
星座卫星数	24	24
轨道面个数	6	3
轨道高度	20183km	19130km
轨道半径	26560km	25510km
运行周期	11h58min00s	11h15min40s
轨道倾角	55°	64.8°
载波频率	L1:1575.42MHz L2:1227.60MHz	L1:1598.0625～1606.5MHz L2:1242.9376～1249.6MHz
传输方式	码分多址	频分多址
调制码	C/A 码和 P 码	C/A 码和 P 码
卫星星历数据格式	开普勒轨道参数	地心直角坐标系参数
系统时间参考系	UTC(USNO)	UTC(SU)
坐标系统	WGS-84	PZ-90
码速率	C/A 码:1.023Mbit/s P 码:10.23Mbit/s	C/A 码:0.511Mbit/s P 码:5.11Mbit/s
SA	已解除	无
导航电文格式	每篇电文一个 30s 的主帧,每个主帧 5 个 6s 的子帧,每个子帧 30 位	每篇电文一个 150s 的超帧,包括 5 个 30s 的帧,每帧 15 个 2s 的串,每串 100 位
电文发送率	500baud	50baud
超帧时间长度	2.5min	12.5min

3.2.3　北斗卫星导航系统

北斗卫星导航系统(BeiDou navigation satellite system,BDS)是中国正在实施的自主研发、独立运行的全球卫星导航系统,与美国的 GPS、俄罗斯的 GLONASS、欧盟的 Galileo 系统并称为全球四大卫星导航系统[1]。北斗卫星导航系统于 2012 年 12 月 27 日起启动区域性导航定位与授时正式服务,由 16 颗导航卫星组成的北斗二号系统服务包括我国及周边地区在内的亚太大部分地区。目前,正在进行北斗三号系统卫星的发射。

1. 北斗卫星导航系统组成

20 世纪 80 年代,随着 GPS 的建设,我国提出了建立自主的卫星导航系统的构想，并于2003年完成了北斗卫星试验系统——北斗一号的建设。2004年，我国已决定在北斗试验系统的基础上建设和运行北斗全球卫星导航系统。与其他全球卫星导航系统相比，北斗系统除了能够完成导航、定位、授时功能，还具有一项特殊的功能，就是短报文通信。

北斗卫星导航系统是我国自主建设、维护和运营的新一代全球卫星定位系统。区别于之前的北斗试验系统，北斗卫星导航系统采取被动式无源定位方法，克服了北斗一号有源定位、区域覆盖、系统生存能力差等诸多缺点。完全建成的北斗卫星导航系统是一个类似于GPS和GLONASS的全球卫星导航系统，北斗卫星导航系统的发展战略分三个阶段。

第一阶段，建成北斗卫星导航试验系统。我国从2000年开始，三年内成功发射了3颗北斗卫星，建成了双星定位结构的北斗试验系统，包括2颗工作卫星和1颗备份卫星。该系统能够提供基本的定位、授时和短报文通信服务。但采取的是有源方式，用户需要向卫星发送定位请求信号，使用不便且生存能力差。

第二阶段，实现北斗卫星导航系统的区域服务。2007年4月，北斗卫星导航系统的首颗MEO(COMPASS-M1)卫星成功发射，确保了轨道和频率资源，并完成了大量技术试验。2009年4月15日，北斗卫星导航系统的首颗GEO卫星(COMPASS-G2)由长征三号丙运载火箭成功发射，验证了GEO导航卫星相关技术。随着多颗北斗导航卫星的发射，北斗导航系统的建设也在稳步前进。目前，北斗区域导航系统已经建设完成，于2012年12月27日对亚太地区提供导航、无源定位、授时等运行服务。

第三阶段，于2018年服务“一带一路”沿线国家，于2020年之前完成对全球的覆盖，向各类用户提供高精度、高可靠性的授时、定位和导航服务。

北斗卫星导航系统建设的基本原则是开放性、自主性、兼容性、渐进性。所谓开放性，就是对世界开放，提供免费高质量服务；自主性，是指北斗卫星导航系统由我国独立自主发展和运行；兼容性，是指实现与其他卫星导航系统的兼容与互操作；渐进性，是指结合我国经济和科技的发展实际，遵循循序渐进的模式发展，通过改进系统性能，确保系统建设阶段平稳过渡，最终实现为用户提供连续的长期的服务。

北斗卫星导航系统计划为用户提供两种全球服务和两种区域服务。两种全球服务包含定位精度为10m、授时精度为50ns、测速精度为0.2m/s的免费开放服务，以及更高精度、复杂条件下可靠性更高的授权服务；两种区域服务包含定位精度为1m的广域差分服务和短报文通信的服务。

从北斗卫星导航系统的组成结构来看，与GPS和GLONASS类似，可以分为空间星座部分、地面控制部分、用户终端部分[2]。

(1)地面控制部分包括监测站、上行注入站、主控站。与GPS和GLONASS不同，北斗卫星导航系统的地面站数量及所处位置尚未被官方公示，其功能却是类似的。主控站是地面控制部分的中心，也是整个卫星导航系统的中心，它具有监控卫星星座、维持时间基准、更新导航电文等功能。上行注入站的功能是将从主控站发来的信息和控制指令注入到各个卫星中去。这些信息和指令中包含卫星导航电文、广域差分信息等重要内容。监测站的功能是对卫星进行监测，并完成数据采集，监测站对卫星星座进行连续观测形成监测数据，监测站汇总卫星、气象等信息后传给主控站处理。

(2)空间星座部分由5颗地球静止轨道(geostationary orbit，GEO)卫星和30颗非地球静止轨道(non-geostationary orbit，Non-GEO)卫星组成，完整的北斗卫星导航系统的具体布局是GEO+MEO+IGSO的星座构型。北斗二号区域导航系统的建设，采用了5颗GEO卫星、3颗倾斜地球同步轨道(inclined geosynchronous orbit，IGSO)卫星和4颗中高度圆轨道(medium earth orbit，MEO)卫星的星座方案。其中，5颗GEO分别固定在与地球相对静止的点上，4颗MEO运行在2.15万km的轨道半径上，3颗IGSO分别处于三个半径为3.6万km的不同轨道面上。北斗三号全球导航系统建设，将按照计划由5颗GEO卫星和30颗Non-GEO卫星组成全部35颗卫星。这样的星座设计，保证了在地球上任意一点、任意时刻均能接收到4颗以上导航卫星发射的信号，观测条件良好的地区甚至可以接收到10余颗卫星的信号。

(3)用户终端部分常见的有手机内的定位芯片、手持接收机、车载接收机等。用户终端部分就是整个卫星定位系统中完成位置、速度、时间(position velocity time，PVT)解算这一功能的设备。根据兼容性的建设原则，北斗卫星导航系统用户终端部分将能够很好地对其余全球卫星导航系统如GPS、GLONASS和Galileo系统进行兼容。目前，北斗用户终端已经在市场上得到了广泛应用，相关的政策和标准也已制订。

2. 时间和坐标系统

1)时间系统

卫星导航系统进行定位的基础为距离=速度×时间，即先测时再测距。例如，GPS基于原子时定义了一个专用的时间系统——GPST(global positioning system time)，它与国际标准协调世界时(UTC)的整数秒关系自2006年1月1日起为GPST=UTC+14，并且GPST与UTC之间非整数秒的误差通常被控制在40ns内。

由于卫星信号电磁波传播速度为光速，因此精准的时间系统至关重要，北斗卫星导航系统为自身定义了另一套时间系统，称为BDT(BeiDou time)。BDT的起算历元时间为UTC的2006年1月1日00:00:00，并且BDT与UTC不存在整数秒的差异，只存在小于 100ns 的偏差。

北斗卫星导航系统本着兼容性的建设原则，为了实现与其他系统的兼容，在 BDT 的设计之初就将 BDT 与 GPST 和 Galileo 时之间的互操作考虑进来，BDT 与其他时间系统的时差将会被监测并播发。

2)坐标系统

GPS 目前使用的坐标系是美国国防制图局(DMA)于 1984 年提出的协议地心直角坐标系，称为 WGS-84。GPS 接收机解算出来的卫星速度与位置，都是在 WGS-84 地心地固坐标系上直观地表示出来。

北斗卫星导航系统使用的是中国 2000 大地坐标系统(CGCS2000)。该坐标系统于 2008 年开始使用，过渡期为 8～10 年。该坐标系不仅兼容北斗系统，更与国际地球参考框架(ITRF)保持很高一致性，差异约为 5cm，所以应用起来非常方便，对于大多数的应用而言，基本不用考虑 CGCS2000 与 ITRF 之间的坐标转换。

3. 信号特征

北斗卫星信号结构上与 GPS 和 GLONASS 类似，包含三部分内容，即导航电文(数据码)、伪随机噪声码(分为授权和开放两种服务)和载波。用户需要将卫星导航电文从卫星信号中解读出来，再通过一系列算法计算卫星当前的实时位置。伪随机噪声码，一方面完成对数据码的调制，另一方面用于区分接收到的卫星信号来源。而提供不同服务的伪随机噪声码还会对卫星信号进行加密，完成不同授权用户使用权限的区分。利用伪随机噪声码和载波，可以测量出卫星到接收机间的距离，再利用从导航电文中解算出的卫星位置，即可计算用户的位置和速度信息[3-6]。

由于卫星运行于距地面数万公里的太空，要使卫星信号穿过大气电离层等介质传播到地面，须得在特高频(UHF)频段传输，将经过伪随机码调制的数据码再调制到载波上，就可以达到信号远距离传输的目的。

北斗二号系统卫星申请的载波频段有三个，即北斗信号将以不同的方式调制在 B1、B2、B3 这三个频段上进行传播。具体的频段范围是 B1：1559.052～1591.788MHz；B2：1166.22～1217.37MHz；B3：1250.618～1286.423MHz。

依据北斗卫星导航系统建设的渐进性原则，北斗星座的构成及广播信号在不同的建设阶段会有所不同，如表 3.4 所示。

表 3.4　北斗星座构成及信号发射阶段对应表

年份	星座	信号
2012	5GEO＋3IGSO＋4MEO(区域服务)	主要是北斗系统第二阶段信号
2020	5GEO＋3IGSO＋27MEO(全球服务)	主要是北斗系统第三阶段信号

在中心频点、码传输速率、调制方式、使用权限等诸多方面，北斗二号系统和北斗三号系统之间有很大变化。

表 3.5 所示为北斗二号的信号特征，该阶段重点完成区域导航定位功能，面向亚太地区提供两种不同权限的定位服务。

表 3.5 北斗二号系统信号特征表

信号	中心频点/MHz	码片速率/cps	带宽/MHz	调制方式	服务类型
B1(I)	1561.098	2.046	4.092	QPSK	开放
B1(Q)		2.046			授权
B2(I)	1207.14	2.046	24	QPSK	开放
B2(Q)		10.23			授权
B3	1268.52	10.23	24	QPSK	授权

表 3.6 所示为北斗三号系统卫星信号，与北斗二号信号相比，在建成全球卫星导航系统之后，仅 B3 频段的中心频点及调制方式没有发生变化，其余频段的中心频点和调制方式都发生了变化，调制方式由 QPSK 改为了 BOC 调制方式。

相较北斗二号，北斗三号还新增了多种卫星信号，提供了更多调制方式。在两种使用权限中都新增了多个种类的信号。

表 3.6 北斗三号信号特征表

信号	中心频点/MHz	码片速率/cps	带宽/MHz	调制方式	服务类型
B1-C_D	1575.42	1.023	50/100	MBOC (6,1,1/11)	开放
B1-C_P			No		
B1-A		2.046	50/100	BOC(14,2)	授权
			No		
B2a_D	1191.795	10.23	25/50	AltBOC(15,10)	开放
B2a_P			No		
B2b_D			50/100		
B2b_P			No		
B3	1268.52	10.23	500bps	QPSK(10)	授权
B3-A_D		2.5575	500/100	BOC(15,2.5)	授权
B3-A_P			No		

3.2.4 Galileo 卫星导航系统

Galileo 卫星导航系统是一个正在建设中的全球卫星导航系统，该系统由欧盟通过欧洲太空局和欧洲导航卫星系统管理局建造，总部设在捷克共和国的布拉格。其目的是为欧盟国家提供一个自主的高精度定位系统，该系统的基本服务是免费提供，高精度定位服务仅提供给付费用户。其目标是在水平和垂直方向提供 1m 以内精度的定位服务，并在高纬度地区提供比其他系统更好的定位服务。

Galileo 系统的第一颗实验卫星 GIOVE-A 于 2005 年 12 月 28 日发射，第一颗正式卫星于 2011 年 8 月 21 日发射。到 2016 年 12 月，Galileo 系统在轨卫星达到 18 颗星，于 12 月 15 日投入使用，并免费提供。2017 年 12 月 13 日，Galileo 系统第 19～22 颗卫星发射成功，计划 2020 年实现全部卫星组网，覆盖全球提供导航服务。

1. Galileo 系统组成

Galileo 系统分为空间段、地面段、用户服务三大部分，与 GPS、GLONASS、北斗系统一样，采用测时测距原理进行导航定位。

1)空间段

Galileo 系统的卫星星座是由分布在 3 个轨道上的30颗中等高度轨道卫星(MEO)构成，具体参数如表 3.7 所示。

表 3.7　Galileo 系统的卫星概况

每条轨道卫星个数	10(9 颗工作，1 颗备用)
卫星分布轨道面数	3
轨道倾斜角	56°
轨道高度	23616km
运行周期	14h4min
卫星寿命	20a
卫星质量	625kg
功率	1.5kW
射电频率	1202.025MHz，1278.750MHz 1561.098MHz，1589.742MHz

卫星个数与卫星的布置和 GPS 以及 GLONASS 的星座有一定的相似之处。Galileo 系统的工作寿命为 20a，中等高度轨道卫星(MEO)星座工作寿命设计为 15a。

Galileo 系统的卫星时钟有两种类型：铷钟和被动氢脉塞时钟。在正常工作状况下，氢脉塞时钟将被用作主要振荡器，铷钟也同时运行作为备用，并时刻监视被动氢脉塞时钟的运行情况。

2)地面段

地面段由完好性监控系统、轨道测控系统、时间同步系统和系统管理中心组成。该系统有两个地面操控站,分别位于德国慕尼黑附近的奥博珀法芬霍芬(Oberpfaffenhofen)和意大利的富齐诺(Fucino);29个分布于全球的伽利略传感器站;另外还有分布全球的5个S波段上行站和10个C波段上行站,用于控制中心与卫星之间的数据交换。控制中心与传感器站之间通过冗余通信网络连接。

地面操控站主要功能是:控制卫星星座、保证星上原子钟的同步、完好性信号处理、监控卫星及其提供的服务,同时还进行内部与外部信息的处理。

3)用户服务

部分Galileo系统能够为用户提供多种服务,包括:

(1)公开服务。Galileo系统的公开服务能够免费提供用户使用的定位、导航和时间信号。此服务对于大众化应用,如车载导航和移动电话定位。当用户处在一个固定的地方时,此服务也能提供精确时间服务(UTC)。

(2)商业服务。商业服务相对于公开服务提供了附加的功能,大部分与以下内容相关联:分发在开放服务中的加密附加数据;非常精确的局部差分应用,使用开放信号覆盖PRS信号E6;支持Galileo系统定位应用和无线通信网络的良好性领航信号。

(3)生命安全服务。生命安全服务的有效性超过99.9%。Galileo系统和当前的GPS相结合,或者将来新一代的GPS和EGNOS相结合,将能满足更高的要求。应用还将包括船舶进港、机车控制、交通工具控制、机器人技术等。

(4)公众特许服务。公众特许服务将以专用的频率向欧共体提供更广的连续性服务,主要有:用于欧洲国家安全,如一些紧急服务、政府行为和执行法律;一些控制或紧急救援、运输和电信应用;对欧洲有战略意义的经济和工业活动。

2. Galileo系统信号特征

Galileo系统提供的10个信号分布在3个频段上,分别为E5A与E5B(1164~1215MHz)、E6(1215~1300MHz)、L1(1559~1592MHz)。

(1)E5A上调制2个信号,包括低速率的导航信息和辅助导航信息;E5B上也调制2个信号,包括导航信息、完备性信息、SAR数据和辅助导航信息。

(2)E6上调制3个信号,包括加密的导航信号、商用信号、辅助导航信息。

(3)L1上调制有3个信号,包括加密的导航信号,导航信息、完备性信息和SAR数据,辅助导航信息。

3. Galileo系统特点

1)卫星发射信号功率大

Galileo系统的卫星发射信号功率比GPS大,可以在一些GPS不能实现定位的区域完成定位，如果某一区域用户需要附加的服务，Galileo 系统也可以通过使用虚拟卫星来提供。当用户接收到的信号不满足定位要求时（4 个不同的卫星信号），可以通过虚拟卫星转发卫星信号来补充。

2）TCAR 技术

三载波相位模糊度解算 TCAR（three-carrier-phase-ambiguity resolution），Galileo 系统载波相位测量定位原理与 GPS 相同，但是 Galileo 系统至少有 3 个载波频率，欧洲太空局提出了使用三载波的 TCRA 方案，可以很好地解决整周模糊度的问题。

3）系统通信

Galileo 系统在定义初期提出了通信功能，计划通过地面已有的通信网络来实现其通信功能，主要考虑使用欧洲的全球移动通信系统（UMTS）。对此，Galileo 系统提出一项 Galileo 系统和 S-UMTS 协作系统（GAUSS）计划，GAUSS 计划中的接收机可以同时接收、处理通信信号和导航信号，完成通信和导航功能。

4）SAR 服务

Galileo 系统还提供一种搜索和救援服务（SAR），此服务通过用户接收机和卫星完成，用户向卫星发射救援信号，信号由卫星发给 COSPAS/SARSAT 地面同步卫星，然后转发到地面救援系统，地面站救援系统接收到救援信号，确认后原路反馈信息给用户，同时展开救援行动。

3.3 区域卫星导航系统

除了以上四个全球卫星导航系统外，还有一些其他已完成或正在建设的区域性卫星导航系统，如日本的 QZSS、印度的 IRNSS 等。

3.3.1 日本 QZSS

日本卫星导航系统即准天顶系统（quasi-zenith satellite system，QZSS）现由日本卫星定位研究和应用中心负责研发管理。

1. 系统组成

QZSS 由卫星、地面运行控制段及用户接收机三部分组成。系统空间段由三颗 IGSO 卫星组成，卫星采用大椭圆轨道，3 个轨道平面半长轴 $a=42164$km，偏心率 $e=0.099$，倾角 $i=45°$，升交点赤道 Ω 相差 120°。这种轨道可使卫星在日本上空运行较长时间，星下点轨迹像一个不对称的“8”字。QZSS 的地面控制段由 GPS 主监测站、QZSS 和 GPS 联合主监测站、遥测遥控及导航电文上行注入站组成。

2. 系统功能

QZSS 主要为移动用户提供基于通信(视频、音频和数据)和定位服务。定位服务可以视为是 GPS 的增强服务,类似 WASS。QZSS 通过两种方式增强 GPS 的服务,一种是系统可用性增强,即改善 GPS 导航无线电信号;另一种是系统性能增强,即通过提高定位解算精度来改善 GPS 的可靠性和定位精度。

3. 参数坐标

QZSS 的时间系统 QZSST,即 QZSS 时间定义:

(1)一秒钟的长度与国际原子时(international atomic time,TAI)相同;

(2)同 GPS 时一样,相对国际原子时偏置滞后 19s;

(3)与 GPS 时的接口:星载原子钟与 GPS 卫星星载原子钟一样,均受控于 GPS 时;

(4)QZSS 卫星导航系统的坐标系统 JGS,即日本卫星导航地理系统,与 GPS 所采用的 WGS-84 地理坐标参考系统之间的误差小于 0.02m。

4. 定位精度

QZSS 系统的预期定位精度(表 3.8)如下:

(1)空间用户测距误差——空间用户测距误差小于 1.6m(95%),包含时间和地理坐标误差;

(2)用户定位误差——是指同时利用 GPS 的 L1C/A 码和 QZSS 的 L1C/A 码进行定位的单频接收机的用户定位误差,以及同时利用 L1C/A 码和 L2C/A 码进行定位的双频接收机的用户定位误差。

表 3.8　QZSS 预期定位精度

误差项	技术误差	结果
空间用户测距误差	1.6m(95%)	1.5m(95%)
单频接收机用户定位误差	21.9m(95%)	7.02m(95%)
双频接收机用户定位误差	7.5m(95%)	6.11m(95%)

5. 服务范围

QZSS 是一个区域定位系统,主要是提高日本及其周边地区的 GPS 定位功能。目前,它只是作为 GPS 的一个辅助和增强系统。随着系统内卫星数量和密度的不断增加,QZSS 技术上可能升级为独立的卫星导航系统,提供完整的卫星导航功能。

3.3.2　印度 IRNSS

印度卫星导航系统(Indian regional navigation satellite system，IRNSS)由印度空间研究组织(India Space Research Organization，ISRO)和印度机场管理局(Airports Authority of India，AAI)联合组织开发，它是一个独立的区域导航系统。覆盖印度领土及周边 1500km 范围内，提供定位精度优于 20m 的服务。IRNSS 提供 SPS(标准定位服务)和 RS(限制服务)两种服务。

IRNSS 空间段由 7 颗卫星组成，3 颗 GSO 卫星分别位于东经 32.5°、东经 83°和东经 131.5°；4 颗 IGSO 卫星轨道倾角为 29°，升交点分别位于东经 55°、111.75°。

IRNSS 空间采用 3 个频段作为载波：C 频段、S 频段和 L 频段。其中 C 频段频率主要用于测控，使用 L5 频段和 S 频段发射卫星下行导航信号，中心频点分别为 1176.45MHz、2492.028MHz，SPS 服务采用 BPSK-R(1)调制，RS 服务采用 BOC(5，2)调制，分为导频和数据两个通道。

IRNSS 地面段包括 9 个卫星控制地球站(IRNSS satellite control earth stations，SECS)、2 个导航中心(navigation center，INC)、2 个卫星控制中心(satellite control center，SCC)、17 个测量与完好性监测站(range & integrity monitoring stations，IRIMS)、2 个时间中心(network timing，IRNWT)、4 个 CDMA 测距站(CDMA ranging stations，IRCDR)、2 个数据通信网(data communication network，IRDCN)以及 1 个激光测距站(laser ranging station，LRS)。

3.4　星基增强系统

卫星导航系统增强系统是由于美国 GPS 实施选择可用性(SA)政策而发展起来的。2000 年美国取消了 SA 政策，导航定位精度有了一定程度的提高，随着全球卫星导航系统应用的不断推广和深入，现有卫星导航系统在定位精度、可用性、完好性等方面还是无法满足一些高端用户的要求。为此，各种卫星导航增强系统应运而生[7,8]。

3.4.1　美国 WAAS

广域差分增强系统(wide area augmentation system，WAAS)是根据美国联邦航空局(FAA)导航需求而建设的 GPS 星基增强系统。WAAS 应该包含三部分内容，一是提供 L 波段测距信号，二是提供 GPS 差分改正数据，三是提供完好性信息，以此为基础用于改进单一 GPS 的导航精度、系统完好性和可用性。

WAAS 于 2003 年 7 月正式开始运行，现由 38 个参考站(其中 9 个在非美国的北美地区)、3 个主控站、4 个地面地球站、两个控制中心及两颗地球同步卫星(不属于GPS编制)组成。其中,两颗地球同步轨道卫星分别位于西经133°和西经107.3°。25个地面站按其需求分布在美国境内,负责搜集GPS卫星的一切数据。其中,3个主控站分别位于美国的东西部沿海,负责搜集卫星的轨道误差、星上原子钟误差,校正由于大气及电离层传播所造成的信号延时等数据,将得到的数据通过两颗地球同步卫星广播出去。

WAAS并不具有像GPS那样的功能,它空间部分为两颗地球同步卫星,所以覆盖范围不是全球性的。目前WAAS在美国本土提供信号。WAAS的目标是改善GPS的标准定位信号(SPS)完好性、可用性、连续服务性和提高精度,可以为民航、车辆以及个人用户提供服务[9,10]。

3.4.2 欧洲EGNOS

欧洲地球静止导航重叠服务(European geostationary navigation overlay service,EGNOS)系统的联合建设工作由欧洲太空局、欧洲空间导航安全组织和欧盟委员会提出。EGNOS系统实施阶段始于1998年,其卫星实验平台从2000年2月投入使用。

EGNOS系统在原理上和美国的WAAS是一样的,覆盖区域则是整个欧洲。EGNOS系统能够为欧洲无线电导航用户提供高精度的导航和定位服务,系统包括3颗地球静止轨道卫星和一个地面站网络。卫星发送的定位信号类似于GPS和GLONASS卫星的信号,但EGNOS信号加入了完好性信息,包括每颗GPS和GLONASS卫星的位置、星上原子钟的精度以及可能影响定位精度的电离层干扰信息。3颗卫星分别是IN-MARSAT AOR-E(西经15.5°)、ARTEMIS(西经21.3°)和IN-MARSAT IOR-W(东经65.5°),地面部分由34个测距与完好性监测站(RIMS)、4个控制中心和6个导航地面站组成。该系统的稳定性和精度得到了高度评价。在实际应用中,该系统定位精度优于1m,可靠性达到99%。EGNOS系统已经成功应用于环法自行车大赛等领域。

3.4.3 日本MSAS

日本多功能卫星增强系统(multi-functional satellite augmentation system,MSAS)由日本气象厅和日本交通厅组织实施。它是一种类似于美国WAAS的GPS外部增强系统,不同的是MSAS采用日本自行发射的“多功能传输卫星”(MTSAT),主要目的是为日本飞行区的飞机提供全程通信和导航服务。MTSAT卫星装有导航信号转发器,转发由地面基准站播发的导航增强信号。系统覆盖日本、澳大利亚等地区。

MTSAT卫星是一种地球静止卫星,定位于东经40°和东经145°。MSAS的MTSAT 1R卫星已于2005年2月26日发射,MTSAT 2于2006年2月18日发射。

MTSAT 卫星采用 Ku 波段和 L 波段两个频点，其中，Ku 波段频率主要用来播发高速的通信信息和气象数据，L 波段频率与 GPS 的 L1 频率相同，用于导航服务。

3.4.4 印度 GAGAN

印度 GPS 辅助增强导航(GPS aided GEO augmented navigation，GAGAN)系统目的是满足日益增长的空中交通导航的需要，加强空导航能力。GAGAN 系统将增强安全性，改善恶劣天气条件下的机场和空域使用状况，增强可靠性，减少飞行延误。

GAGAN 系统由印度机场管理局(AAI)、印度空间研究组织(ISRO)与美国雷声公司联合组织开发。AAI 负责建造地面基础设施，包括基站、上行链路地面站和主控中心。GAGAN 系统建设主要包括两个阶段：技术验证(TDS)阶段和最后操作运行(FOP)阶段。在 TDS 阶段主要完成系统指标分配、系统联调和在轨测试，该阶段测试内容主要是系统的精度指标，不包括完好性信息和生命安全服务(SOL)的测试。FOP 阶段是在 TDS 内容完成的基础上，采用 3 颗静地卫星对 GPS 进行增强，完成最后的集成并投入运行，且能对系统的完好性信息和 SOL 服务进行论证。

GAGAN 由空间段和地面段组成。空间段是 GSAT 4 卫星上的 GPS 双频(L1 与 L5)导航有效载荷，卫星采用 C 波段和 L 波段频率作为载波。其中，C 波段主要用于测控，L 波段 L1、L5 频率与 GPS 的 L1(1575.42MHz)和 L5(1176.45MHz)完全相同，并可与 GPS 兼容和互操作。空间信号覆盖整个印度大陆，能为用户提供 GPS 信息和差分改正信息。地面段由 8 个印度基站、1 个印度主控中心(INMCC)、1 个印度陆地上行链路站(INLUS)及相关导航软件和通信链路组成。

3.4.5 俄罗斯 SDCM

俄罗斯差分校正与监视系统(system of differential correction and monitoring，SDCM)类似于美国 WAAS 和欧洲 EGNOS 系统，它将能够监视 GPS 和 GLONASS 的完好性，提供 GLONASS 的差分校正和分析等。该系统由两部分组成：地基参考站网络和两颗地球静止轨道中继卫星。其水平定位精度可达 1～1.5m，垂直定位精度可达 2～3m，基站附近(200km 范围内)的实时定位精度可以达到厘米级。SDCM 地面参考站计划建设 19 个，空间部分的两颗中继卫星即“射线”5A/5B 由位于克拉斯诺亚尔斯克的列舍特涅夫研究与产品中心研制，这两颗卫星将能够提供 GLONASS 校正数据，分别部署在西经 16°和东经 95°。

SDCM 可覆盖俄罗斯联邦全境。目前，俄罗斯计划在俄罗斯境外建立监测站，以改善 GLONASS 的完好性、精度和可靠性。

3.5　地基增强系统

地基增强系统(GBAS)是卫星导航系统建设中的一项重要内容,可以大大提高系统服务性能,地基增强系统综合使用了各种不同增强效果的导航增强技术,最终实现了其增强卫星导航服务性能的目的。

从增强效果上看,地基增强系统所使用的卫星导航增强技术主要包括精度增强技术、完好性增强技术、连续性和可用性增强技术。其中,精度增强技术主要运用差分原理,包括局域差分技术、局域精密定位技术;完好性增强技术主要运用完好性监测原理,包括系统完好性监测技术、局域差分完好性监测技术;连续性和可用性增强技术主要是增加导航信号源,包括地基伪卫星增强技术。下面介绍具有代表性的国内外地基增强系统。

3.5.1　国外地基增强系统

1. LAAS

局域增强系统(local area augmentation system,LAAS)是一种能够在局部区域内提供高精度 GPS 定位的导航增强系统。其原理与广域增强系统(WAAS)类似,只是用地面的基准站代替了 WAAS 中的 GEO 卫星,通过这些基准站向用户发送测距信号和差分改正信息,可以实现飞机的精密进场。

2. HA-NDGPS

NDGPS 是由美国联邦铁路管理局、美国海岸警卫队和联邦公路管理局经营和维护的地面增强系统,它为地面和水面的用户提供更精确和完全的 GPS。现代化的工作包括正在开发的高精度 NDGPS(HA-NDGPS),用来加强性能使整个覆盖范围内的精确度达到 10～15cm。NDGPS 按照国际标准建造,世界上五十多个国家已经采用了类似的标准。

3. IGS

国际 GNSS 服务(International GNSS Service)组织,简称 IGS,前身为国际 GPS 服务组织。IGS 提供的高质量数据和产品被用于地球科学研究等多个领域。IGS 组织由卫星跟踪站、数据中心、分析处理中心等组成,它能够在网上几乎实时地提供高精度的 GPS 数据和其他数据产品,以满足广泛的科学研究及工程领域的需要。

4. CORS 站

连续运行参考站系统(CORS)是一种广泛使用的地基增强手段。其原理是在同一批测量的 GNSS 点中选出一些点位可靠，对整个测区具有控制意义的测量站，采取较长时间的连续跟踪观测，通过这些站点组成的网络解算，获取覆盖该地区和该时间段的"局域精密星历"及其他改正参数，用于测区内其他基线观测值的精密解算。

CORS 站很好地解决了长距离、大规模的厘米级高精度实时定位的问题，CORS 在测量中扩大了覆盖范围、降低了作业成本、提高了定位精度和减少了用户定位的初始化时间。

3.5.2　北斗地基增强系统

北斗地基增强系统是国家重大的信息基础设施，用于提供北斗卫星导航系统增强定位精度和完好性服务[11]。

北斗地基增强系统由北斗基准站系统、通信网络系统、国家数据综合处理系统与数据备份系统、行业数据处理系统、区域数据处理系统和位置服务运营平台、数据播发系统、北斗/GNSS 增强用户终端等分系统组成。

北斗地基增强系统通过在地面按一定距离建立的若干固定北斗基准站接收北斗导航卫星发射的导航信号，经通信网络传输至数据综合处理系统，处理后产生北斗导航卫星的精密轨道和钟差、电离层修正数、后处理数据产品等信息，通过卫星、数字广播、移动通信方式等实时播发，并通过互联网提供后处理数据产品的下载服务，满足北斗卫星导航系统服务范围内广域米级和分米级、区域厘米级的实时定位和导航需求，以及后处理毫米级定位服务需求。

本书 4.3 节将会详细介绍北斗地基增强系统。

参考文献

[1] 杨元喜．北斗卫星导航系统的进展、贡献与挑战[J]．测绘学报，2010(01)：1-6.

[2] 曹冲．北斗与 GNSS 系统概论[M]．北京：电子工业出版社，2016.

[3] 谭述森．广义 RDSS 全球定位报告系统[M]．北京：国防工业出版社，2011.

[4] 谭述森．卫星导航定位工程[M]．北京：国防工业出版社，2007.

[5] 中国卫星导航系统管理办公室．北斗卫星导航系统空间信号接口控制文件公开服务信号(2.1 版)[R]．2016.

[6] 中国卫星导航系统管理办公室．北斗卫星导航系统空间信号接口控制文件公开服务信号 B1C、B2a(测试版)[R]．2017.

[7] 刘基余．GPS 卫星导航定位原理与方法[M]．北京：科学出版社，2007.

[8] 曾庆化，刘建业，赵伟，等．全球导航卫星系统[M]．北京：国防工业出版社，2014.

[9] 赵爽．国外卫星导航增强系统发展概览[J]．卫星应用，2015(4)：34-35.

[10] 刘建业，曾庆化，赵伟，等．导航系统理论与应用[M]．西安：西北工业大学出版社，2010.

[11] 中国卫星导航系统管理办公室．北斗地基增强系统服务性能规范(1.0 版)[R]．2017.

第 4 章　北斗卫星导航系统

本书在 3.2.3 节系统地介绍了北斗卫星导航系统的发展战略安排、系统组成结构、时间和坐标系统、卫星信号特征。本章节将详细介绍北斗卫星导航系统服务与应用。

北斗卫星导航系统服务，是指利用北斗卫星导航系统播发的公开服务信号，来确定用户位置、速度、时间的无线电导航服务。北斗系统于 2012 年 12 月 27 日完成区域阶段部署，可为亚太大部分地区提供公开服务。计划 2018 年，面向“一带一路”沿线及周边国家和地区提供基本服务；2020 年前后，完成 35 颗卫星发射组网，为全球用户提供服务。

4.1　北斗系统服务性能

4.1.1　北斗系统服务区

北斗系统服务区指满足水平和垂直定位精度优于 10m（置信度 95%）的服务范围。北斗系统已实现区域服务能力，现阶段可以连续提供公开服务的区域包括 55°S～55°N，70°E～150°E 的大部分区域[1]。

4.1.2　北斗系统空间信号性能

1. 空间信号覆盖范围

北斗系统公开服务空间信号覆盖范围用单星覆盖范围表示。单星覆盖范围是指从卫星轨道位置可见的地球表面及其向空中扩展 1000km 高度的近地区域。指标如表 4.1 所示。

表 4.1　北斗系统服务空间信号（单星）覆盖范围指标

卫星类型	覆盖范围指标
GEO/IGSO/MEO 卫星	覆盖范围内（高度 1000km）100%；用户最低接收功率大于－161dBW

2. 空间信号精度

空间信号精度采用误差的统计量描述，即任意健康的卫星在正常运行条件下的误差统计值(95%置信度)。空间信号精度主要包括四个参数:用户距离误差(URE)、URE的变化率(URRE)、URRE的变化率(URAE)、协调世界时偏差误差(UTCOE)。指标如表4.2～表4.5所示。

表4.2 北斗系统服务空间信号URE精度指标

卫星类型	空间信号精度参考指标(95%置信度)	约束条件
GEO/IGSO/MEO	URE≤2.5m	公开服务健康空间信号; 忽略单频电离层延迟模型误差

表4.3 北斗系统服务空间信号URRE精度指标

卫星类型	空间信号精度参考指标(95%置信度)	约束条件
GEO/IGSO/MEO	URRE≤0.006m/s	公开服务健康空间信号; 排除单频电离层延迟模型误差; 排除导航数据切换带来的伪距阶跳对URRE的影响

表4.4 北斗系统服务空间信号URAE精度指标

卫星类型	空间信号精度参考指标(95%置信度)	约束条件
GEO/IGSO/MEO	URAE≤0.002m/s^2	公开服务健康空间信号; 排除单频电离层延迟模型误差; 排除导航数据切换带来的伪距阶跳对URAE的影响

表4.5 北斗系统服务空间信号UTCOE精度指标

卫星类型	空间信号精度参考指标(95%置信度)	约束条件
GEO/IGSO/MEO	UTCOE≤2ns	公开服务健康空间信号

3. 空间信号连续性

北斗系统公开服务空间信号连续性是指一个健康的公开服务空间信号能在规定时间段内不发生非计划中断而持续工作的概率。空间信号连续性与非计划中断密切相关。指标如表4.6所示。

表4.6 北斗系统服务空间信号连续性指标

卫星类型	空间信号连续性参考指标	约束条件
GEO	≥0.995/h	假设每1h开始时空间信号可用; 统计每类在轨运行卫星的年统计值
IGSO	≥0.995/h	
MEO	≥0.994/h	

4. 空间信号可用性

北斗系统公开服务空间信号可用性采用单星可用性表示。单星可用性是指北斗星座中规定轨道位置上的卫星提供健康空间信号的概率。指标如表 4.7 所示。

表 4.7　北斗系统服务空间信号可用性指标

卫星类型	空间信号可用性参考指标	约束条件
GEO	≥0.98	统计每类在轨运行卫星的年统计值
IGSO	≥0.98	
MEO	≥0.91	

4.1.3　北斗系统服务性能特征

1. 用户使用条件

北斗系统定位、测速和授时等性能指标是基于规定用户条件提出的。该用户条件大致如下。

(1)用户接收机符合 BDS-SIS-ICD-2.0 的相关技术要求:用户接收机可以跟踪和正确处理公开服务信号,进行定位、测速或授时解算。

(2)截止高度角为 10°。

(3)在 CGCS2000 坐标系中完成卫星位置和几何距离的计算。

(4)仅考虑与空间段和地面控制段相关的误差,包括卫星轨道误差、卫星钟差和 TGD 误差。

2. 服务精度

北斗系统公开服务的服务精度包括定位、测速和授时精度。定位精度指在规定用户条件下,北斗系统提供给用户的位置与用户的真实位置之差的统计值,包括水平定位精度和垂直定位精度。测速精度指在规定用户条件下,北斗系统提供给用户的速度与用户真实速度之差的统计值。授时精度指在规定用户条件下,北斗系统提供给用户的时间与 UTC 之差的统计值。指标如表 4.8 所示。

表 4.8　北斗系统服务区内服务定位/测速/授时精度指标

服务精度		参考指标(95%置信度)	约束条件
定位精度	水平	≤10m	服务区任意点 24h 的定位/测速/授时误差的统计值
	垂直	≤10m	
测速精度		≤0.2m/s	
授时精度(多星解)		≤50ns	

3. 服务可用性

服务可用性指可服务时间与期望服务时间之比。可服务时间是指在给定区域内服务精度满足规定性能标准的时间。北斗系统公开服务的服务可用性包括位置精度因子(position dilution of precision,PDOP)可用性和定位服务可用性。PDOP可用性指规定时间内,规定条件下,规定服务区内 PDOP 满足 PDOP 限值要求的时间百分比。指标如表 4.9 所示。

表 4.9　北斗系统服务区内服务 PDOP 可用性指标

服务可用性	参考指标	约束条件
PDOP 可用性	≥0.98	PDOP≤6;服务区任意点,任意 24h

定位服务可用性指规定时间内,规定条件下,规定服务区内水平和垂直定位精度值满足定位精度限值要求的时间百分比。指标如表 4.10 所示。

表 4.10　北斗系统服务区内服务定位服务可用性指标

服务可用性	参考指标	约束条件
定位服务可用性	≥0.95	水平定位精度优于 10m(95%置信度); 垂直定位精度优于 10m(95%置信度); 规定用户条件下的定位解算; 服务区任意点,任意 24h

目前,北斗系统除在上述服务区提供相应指标的服务外,还可在 55°S～55°N,55°E～160°E的大部分区域内提供不低于水平和垂直定位精度为 20m 的导航服务,以及在 55°S～55°N,40°E～180°E 的大部分区域内提供不低于水平和垂直定位精度为 30m 的导航服务。离开服务区越远的用户,精度越低,可用性也随之下降。

4.2　北斗短报文通信服务

北斗卫星导航系统最大特点在于短报文通信服务。北斗系统是目前唯一可以进行短报文通信的导航系统,从诞生之初就开创性地把定位、导航、授时和位置报告短报文融为一体,这是其他系统不具备的[2]。一般用户机可一次传输 36 个汉字,申请核准后可达到 120 个汉字。目前在生命救援、特殊行业中都发挥了重要的作用,如 2008 年的汶川地震救援、2012 年的黄岩岛事件中,都是通过北斗系统把位置信息通报到救援中心。

4.2.1 北斗短报文通信特点

1. 通信链接

北斗短报文通信通过无线卫星互相连接，用户通过北斗卫星与其他用户建立通信链接，类似于互联网通信的链路层。“卫星 TCP/IP 传输技术”中定义的链路层不仅仅指整个系统的通信链接，还在其基础上高了一个层次。其实际链路中并没有实现链路控制功能，存在数据丢失和传播延迟，也存在信息往返不对称性。

2. 通信频度和通信量的限制

北斗短报文服务早期的用户通信频率为 36 汉字/次，目前可支持用户通信频率为 120 汉字/次，时间频率为 1 次/min。

3. 数据格式的类型

北斗短报文通信的数据格式分为两种：一种是汉字通信采用的 ASCII 码的方式，另一种为 BCD 码方式。

4. 通信过程中干扰和制约因素

北斗短报文通信易受天气等环境因素影响，其通信长度和频率制约其灵活性，数据传输误码率较大，更适用于紧急救援等特殊行业。

4.2.2 北斗短报文通信方式

1. 用户机与用户机通信

北斗用户机发送的短报文通过卫星通道直接到达北斗用户机，用户机可分为主卡和子卡，子卡发送的短报文会同时向主卡指挥机发送一份短报文，主卡指挥机可以向所有子卡广播短报文，类似于短信群发的功能。此功能可应用在海洋船舶系统中的天气播报、紧急通知等。由于北斗短报文通信频率限制为 1 次/min，一般用户机内将会以队列的方法控制短报文按顺序一条条地发送。但是指挥机端或用户机接收端的接收短报文无时间限制。

2. 用户机与普通手机通信

北斗用户机需要经过指挥机端的通信服务进行转发，才能向普通手机发送短信。首先北斗用户机发送短报文至指挥机，指挥机端的通信服务通过串口收到短报文。判断短报文内容的前 11 位为手机号码时，北斗指挥机端通过识别手机号，将其短报文通过网络推送至短信网关，再由短信网关发至目标手机，以实现无信号无网络覆盖地的北斗用户机与普通的手机之间的短报文通信功能。

相反，普通手机也可以向北斗用户机发送短报文。指挥机端的通信服务收到来自手的短信之后，通过识别短信内容的前 6 位判断其发送目标，通过调用指挥机端的接口，采用指挥机发送至用户，实现普通手机发送短信至用户机的功能。

3. 紧急救援通信

北斗系统设置了北斗短报文紧急通道，此通道可以按照设定的时间间隔，不断发出求救信息，不受时间限制。一般紧急救援的短报文发送提供设备按钮或者软件按钮，以最简便快捷的方式提供给用户，以便紧急情况下使用。

4.2.3 北斗短报文服务应用

北斗系统在定位、授时、导航功能外提供的短报文服务，可以将用户的位置信息发送出去，使得第三方可以了解用户的情况，具有非常重要的军用和民用价值，应用前景广阔。服务应用涉及应急通信、位置监控、数据传输等。包括渔船位置监控、野生动物位置追踪、户外及海上应急救援、气象监测、电力抄表、水利水文监测、武警边防、森林巡检、油井油田数据监测等，每个应用都可以充分利用北斗短报文可在无手机信号的盲区实现卫星通信以及通信低成本的特点，通过终端产品及业务系统的定制，形成各种解决方案，将短报文技术真正结合到具体的应用场景中，解决实际应用中的痛点问题。

目前北斗短报文技术与移动互联网技术相结合，开阔了更多的应用场景，真正实现了北斗短报文的民用通信功能。如以手机 APP 形式，解决无公网信号区域的通信，用户下载安装与之相匹配的 APP 之后，使用自己的手机通过蓝牙与装有 RD 模块小巧的北斗终端连接即可使用。可以解决海员、渔民在海上与亲友联系困难的问题。除此之外还可扩展到向紧急救援服务单位提供移动信号中断，如地震、灾难时的紧急救援的文字信息等。或者提供喜欢去偏远地区远足的人提供查询最近的停车位、餐厅、旅馆等，以及无信息覆盖的遇险情况下的求救服务等。当在无信号覆盖的沙漠、偏远山区以及海洋等人烟稀少地区进行搜索救援时，也可以通过终端机及时报告所处位置和受灾情况，有效提高救援搜索效率。

4.3 北斗地基增强系统服务

北斗地基增强系统由地面北斗基准站系统、通信网络系统、数据综合处理系统、数据播发系统等组成[3]。

北斗基准站接收北斗、GPS、GLONASS 的卫星观测数据、星历数据等，通过通信网络系统实时传输到国家数据综合处理系统，经过处理后生成北斗基准站观测数据、广域增强数据产品、区域增强数据产品、后处理高精度数据产品等，利用卫星广播、数字广播、移动通信等手段播发至北斗/GNSS 增强用户终端，满足北斗地基增强系统服务范围内增强精度和完好性的需求。

4.3.1 北斗地基增强系统组成

1. 北斗基准站网

北斗基准站网包括框架网和区域加强密度网两部分。框架网基准站大致均匀地布设在中国陆地和沿海岛礁，满足北斗地基增强系统提供广域实时米级、分米级增强服务以及后处理毫米级高精度服务的组网要求。

区域加强密度网基准站以省、直辖市或自治区为区域单位布设，根据各自的面积、地理环境、人口分布、社会经济发展情况进行覆盖，满足北斗地基增强系统提供区域实时厘米级增强服务、后处理毫米级高精度服务所需的组网要求。

2. 通信网络系统

通信网络系统包括从框架网和区域加强密度网到国家数据综合处理系统/数据备份系统，从国家数据综合处理系统到行业数据处理系统、北斗综合性能监测评估系统、位置服务运营平台、数据播发系统间的通信网络及相关设备，实现数据传输、网络配置与监控等功能。

3. 国家数据综合处理系统

北斗地基增强系统的国家数据综合处理系统负责从北斗基准站网实时接收北斗、GPS、GLONASS 卫星的观测数据流，生成北斗基准站观测数据文件、广域增强数据产品、区域增强数据产品、后处理高精度数据产品等，并推送至行业数据处理系统、位置服务运营平台、数据播发系统。

4. 行业数据处理系统

行业数据处理系统包括交通运输部、国家测绘地理信息局、中国地震局、中国气象局、国土资源部及中国科学院共 6 个行业数据处理子系统以及国家北斗数据处理备份系统。

交通运输部、国家测绘地理信息局、中国地震局、中国气象局、国土资源部及中国科学院共6个行业数据处理子系统接收国家数据综合处理系统的北斗基准站观测数据和生成的增强数据产品，针对行业应用特点进行增强数据产品的再处理，形成支持各自行业深度应用的增强数据产品。

北斗地基增强系统的国家数据处理备份系统，为北斗地基增强系统基准站网观测数据提供基本的远程数据备份服务，确保当国家数据综合处理系统观测数据丢失或损坏后，能够从远程备份系统进行恢复。

5. 数据播发系统

数据播发系统接收国家数据综合处理系统生成的各类增强数据产品，针对各类数据产品播发需求进行处理和封装，再通过各类播发手段将处理封装后的增强数据产品传输至用户终端/接收机，供用户使用。

数据播发系统利用卫星广播、数字广播和移动通信等方式播发增强数据产品。

6. 北斗/GNSS增强用户终端

北斗/GNSS增强用户终端（接收机）用于接收北斗卫星导航系统的导航信号和数据播发系统播发的增强数据产品，实现所需的高精度定位、导航功能。

4.3.2 北斗地基增强系统服务产品

北斗地基增强系统现提供广域增强服务、区域增强服务、后处理高精度服务共三类服务，分别对应广域增强数据产品、区域增强数据产品、后处理高精度数据产品共三类产品。广域增强数据产品、区域增强数据产品通过移动通信方式提供服务，后处理高精度数据产品通过文件下载方式提供服务。

1. 广域增强数据产品

广域增强数据产品包括：北斗/GPS卫星精密轨道改正、钟差改正数、电离层改正数等。

2. 区域增强数据产品

区域增强数据产品包括：北斗/GPS/GLONASS区域综合误差改正数。

3. 后处理高精度数据产品

后处理高精度数据产品包括：北斗/GPS事后处理的精密轨道、精密钟差、EOP、电离层产品等。

4.3.3　北斗地基增强系统服务性能指标

1. 服务范围

(1)广域增强精度服务范围为播发范围内中国陆地及领海。

(2)区域增强精度服务范围参照区域加强密度网站点分布，以区域服务系统发布的服务范围为准。

(3)后处理高精度服务范围为播发范围内中国陆地及领海。

2. 定位精度

定位精度是指在约束条件下，各服务范围内用户使用相应产品后所获得的位置与用户的真实位置之差的统计值，包括水平定位精度和垂直定位精度。

北斗地基增强系统定位精度指标见表 4.11～表 4.14，未说明连续观测时间要求的默认为连续观测 24h 后的定位精度指标。

表 4.11　北斗广域定位精度指标

产品分类	定位精度(95%)	约束条件
广域增强数据产品	单频伪距定位： 水平≤2m 垂直≤4m	北斗有效卫星数>4 PDOP<4
	单频载波相位精密单点定位： 水平≤1.2m 垂直≤2m	北斗有效卫星数>4 PDOP<4
	双频载波相位精密单点定位： 水平≤0.5m 垂直≤1m	北斗有效卫星数>4 PDOP<4 初始化时间 30～60min

表 4.12　北斗 GPS 组合广域定位精度指标

产品分类	定位精度(95%)	约束条件
广域增强数据产品	单频伪距定位： 水平≤2m 垂直≤3m	北斗有效卫星数>4 GPS 有效卫星数>4 PDOP<4
	单频载波相位精密单点定位： 水平≤1.2m 垂直≤2m	北斗有效卫星数>4 GPS 有效卫星数>4 PDOP<4
	双频载波相位精密单点定位： 水平≤0.5m 垂直≤1m	北斗有效卫星数>4 GPS 有效卫星数>4 PDOP<4 初始化时间 30～60min

表 4.13　区域定位精度指标

产品分类	定位精度(RMS)	约束条件
区域增强数据产品	水平≤5cm 垂直≤10cm	北斗有效卫星数>4 或 GPS 有效卫星数>4 或 GLONASS 有效卫星数>4 PDOP<4 初始化时间≤60s

表 4.14　后处理定位精度指标

产品分类	定位精度(RMS)	约束条件
后处理高精度数据产品	水平≤5mm±1ppm. D 垂直≤10mm±2ppm. D	北斗有效卫星数>4 或 GPS 有效卫星数>4 PDOP<4 连续观测 2h 以上

4.4　北斗卫星导航系统精准服务

北斗地基增强系统是北斗卫星导航系统的重要组成部分，是北斗系统的重要延伸。为更好地拓展北斗应用，推广提供北斗精准服务，全国各地掀起了建设北斗地基增强网的热潮。本节重点介绍两个覆盖范围广、影响力大的北斗地基增强网，即国家测绘地理信息局建设的全国卫星导航定位基准服务系统和中国卫星导航定位协会主导建设的国家北斗精准服务网。

4.4.1　全国卫星导航定位基准服务系统

全国卫星导航定位基准服务系统是由国家测绘地理信息局统一建立的，是目前我国规模最大、覆盖范围最广的卫星导航定位服务系统，能够向公众提供实时亚米级的导航定位服务，并向专业用户提供厘米级乃至毫米级的定位服务。目前已经在诸如国土、交通、水利、农业等多个领域得到了广泛应用，并且逐步深入到公众生活当中。

1. 系统构成

全国卫星导航定位基准服务系统从 2012 年 6 月启动建设，于 2017 年全面完成，系统共计 2700 多座基准站，包括 410 座国家卫星导航定位基准站，省级测绘地理信息部门和地震、气象等部门建设的 2300 余座卫星导航定位基准站，1 个国家数据中心和 30 个省级数据中心，共同组成了全国卫星导航定位基准服务系统。该系统能够兼容北斗、GPS、GLONASS、Galileo 等卫星导航系统信号，具备了覆盖全国的导航定位服务能力，定位速度快、精度高、范围广。

2. 系统服务精度

服务系统利用大量卫星导航定位基准站接收卫星信号，并通过专网实时发送至数据中心，经过计算后生产高精度的卫星轨道、钟差和电离层数据，将这些数据通过有线或无线网络播发给终端用户，用户利用这些数据能够有效地削弱卫星信号传播过程中的误差，从而起到大幅提高定位精度的效果。系统目前可提供三种精度服务。

(1)亚米级服务。面向公众提供，亚米级服务可以满足大众日常生活需要，如车道级导航。

(2)厘米级服务。面向专业用户提供，如测绘工作者。

(3)毫米级服务。面向特殊、特定用户提供，此服务不能实时获取，需要专业的软件进行精密后处理，如桥梁变形监测、沉降监测。

其中，由国家级数据中心面向社会公众提供开放式的亚米级导航定位服务。省级数据中心面向专业用户或者特殊用户提供厘米级和毫米级服务。

4.4.2　国家北斗精准服务网

中国卫星导航定位协会是我国卫星导航与位置服务领域的全国性行业协会，在推广北斗民用过程中，实施了北斗“百城百联百用行动计划”，计划实施过程中通过建设和统筹整合区域与行业内的北斗精准服务站，形成了覆盖全国的国家北斗精准服务网，目前已经面向城市燃气、供热、电网、供水排水、智慧交通、智慧养老等方面提供北斗精准位置、精准授时及短报文通信服务[4]。

国家北斗精准服务网的每座服务站都拥有唯一的身份编码，通过组网优化，完成对各服务区域的不同精度要求的服务覆盖，提供 24h 不间断的精准位置服务。目前，国家北斗精准服务网已经为全国 400 多个城市提供北斗精准服务。

1.“百城百联百用”行动计划

“百城百联百用”行动计划已经遴选出上百个成熟的北斗及位置服务应用项目，根据项目的对接程度选定百余个城市进行位置网互联互通，并在每个城市开展百余个北斗及位置服务应用项目的推广及普及。

“百城”“百联”是在全国选择具有较好基础设施和便于实施的百余个城市，按照国家相关规定，实现国家北斗精准服务网发射的差分信号标准化，对差分信号赋予识别码，统一接收差分数据的格式，使用户采用一款接受设备实现跨城和跨区域导航定位。同时，在国家北斗精准服务网的基础上推动室内外无缝导航的应用。

“百用”是在“百城”范围内大力推广多行业、多领域、多层次的应用。

2. 国家北斗精准服务网行业应用

(1)燃气行业应用。北斗精准服务已经应用在燃气管网施工管理、燃气管线巡检、燃气泄漏检测、燃气防腐层探测、燃气应急救援快速部署、液化天然气槽车监控调度。

(2)电力行业应用。北斗精准服务已经应用在营销业务、应急指挥抢修、电力勘察设计、电力授时服务。

(3)供热行业应用。北斗精准服务已经应用在热网信息采集、供热管网运检、供热管线探伤与泄漏检测、供热应急救援。

(4)给排水行业应用。北斗精准服务已经应用在雨中巡检、给排水精准巡检、雨水井/排污口/排水泵采集、防汛抢险指挥调度。

(5)交通行业应用。北斗精准服务已经应用在车道级导航、驾驶员培训考试、无人驾驶综合评测、城市电动车防盗管理、城市公交智能站牌管理、出租车(网约车)运营管理、城市特殊车辆精准监控管理、跨境口岸车辆精准定位管理、交通基础设施建设与管理、铁路列车运行精确控制、船舶靠泊辅助、船舶避碰辅助、船舶过闸管理、航标遥测遥控、航道疏浚。

(6)建(构)筑物监测方面的应用。北斗精准服务已经应用在超高层和高耸建筑监测、桥梁监测、大跨度建筑监测、危险房屋变形监测、历史建筑和文物建筑变形监测。

(7)安全应急方面的应用。北斗精准服务已经应用在自然地质灾害区域监测、人为地质灾害区域监测、城市优先通行、无人机远程激光、可燃气体探测、应急救援室内外一体化人员定位与管理、应急救援车辆指挥调度。

(8)机场管理领域的应用。北斗精准服务已经应用在民航安全导航、机场车辆定位管理、机场人员定位与管理。

(9)市政行业应用。北斗精准服务已经应用在市政道路公共设施管理、路灯信息管理。

(10)智慧养老关爱应用。北斗精准服务已经应用在位置服务助力智慧养老、定位老人活动范围与位置、构建老人安全保护圈、结合智能终端协助子女远程了解老人健康状况、医疗精准服务、老人异地养老、政府养老服务监管。

(11)工程机械作业引导监控应用。北斗精准服务已经应用在打桩作业引导监控、塔吊作业引导监控、挖掘作业引导监控、平地作业引导监控。

详细的技术方案将在本书第 8 章进行介绍,也可参考《国家北斗精准服务网应用指南》。

参 考 文 献

[1] 中国卫星导航系统管理办公室．北斗卫星导航系统公开服务性能规范(1.0 版)[R]. 2013.
[2] 北斗系统最大特色——短报文服务深度解析[EB/OL]. [2016-11-01/2017-12-24]. http://news.yikexue.com/archives/20573.
[3] 中国卫星导航系统管理办公室．北斗地基增强系统服务性能规范(1.0 版)[R]. 2017.
[4] 中国卫星导航定位协会．国家北斗精准服务网应用指南(2017 版)[R]. 2017.

第 5 章　卫星导航系统定位原理

5.1　卫星导航系统信号结构

5.1.1　卫星导航系统信号基础

卫星导航系统(GNSS)是一种无线电导航定位系统,导航卫星播发的信号被用户 GNSS 接收机接收,经过相关处理后测定卫星载波信号相位在传播路径上变化的周数,或测定由卫星到接收机的信号传播时间延迟,解算出卫星与接收机之间的距离(因含误差而被称为伪距 ρ),然后利用三球交汇原理实现导航定位功能。因此,深入了解 GNSS 卫星发射信号的特点、GNSS 用户接收到的信号和数据,是卫星导航定位的基础[1]。

GNSS 信号一般由以下三部分组成。

(1)载波信号。载波是未受调制的周期性振荡信号,它可以是正弦波,也可以是非正弦波(如周期性脉冲信号)。用调制信号去控制载波参数的过程叫做载波调制,经过载波调制后的信号称为已调信号。例如,GPS 含有两个载波信号 L1 和 L2,频率分别为 1572.42MHz 和 1227.60MHz。

(2)导航数据。导航数据是由一组二进制的数码序列构成的导航电文。多种与导航有关的信息都包括在内,如卫星的星历、卫星钟的钟差改正参数、测距时间标志及大气折射改正参数等。

(3)扩频序列。扩频是一种信息传输技术,是利用与传输信息无关的码对被传输信号扩展频谱,使之占有远远大于被传输信息所必需的最小带宽。例如,GPS 是将基带信号(导航数据)经过伪随机码扩频组成组合码,再经过二进制相移键控(BPSK)调制后由 GPS 天线发射出去。

5.1.2　GPS 信号结构

GPS 信号是 GPS 卫星向广大用户发送的用于导航定位的已调波,其调制波是测距码和卫星导航电文的组合码。GPS 信号包括三种信号分量:载波(L1 和 L2)、数据码(或叫导航电文)和测距码(C/A 码和 P(Y)码)[2]。GPS 信号的构成如图 5.1 所示。

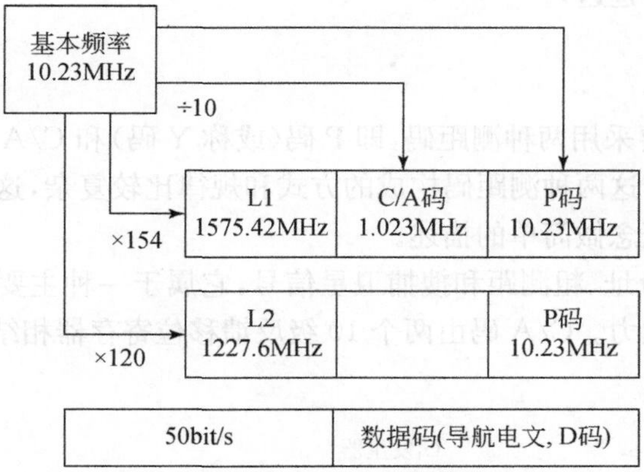

图 5.1　GPS 信号构成

GPS 卫星的基准频率 f_0 由卫星上的原子钟直接产生，频率为 10.23MHz。卫星信号的所有成分均是该基准频率的倍频或分频：$f_{L1}=154\times f_0=1575.42$MHz，$\lambda_{L1}=19.03$cm，$f_{L2}=120\times f_0=1227.60$MHz，$\lambda_{L2}=24.42$cm，C/A 码码率 $=f_0/10=1.023$MHz，P 码码率 $=f_0=10.23$MHz，卫星（导航）电文码率 $=f_0/204600=50$Hz。

1. 载波

载波的主要作用是搭载其他的调制信号、测定多普勒频移和测距。目前主要有 L1 和 L2 两种载波。如图 5.2 所示，L1 的频率为 1575.43MHz，波长为 19.03cm；L2 的频率为 1227.60MHz，波长为 24.42cm。GPS 现代化后增加了 L5，其频率为 1176.45MHz，波长为 25.48cm。

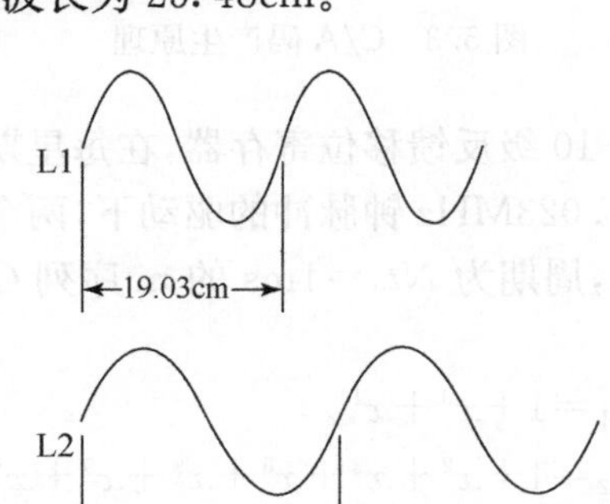

图 5.2　载波波长

GPS 所选择的载波的频率有利于减弱信号所受的电离层折射影响，有利于测定多普勒频移。选择两个频率可以很好地消除信号的电离层折射延迟（信号的频率影响电离层折射延迟)。

2. 测距码

GPS 卫星主要采用两种测距码,即 P 码(或称 Y 码)和 C/A 码,它们均属于伪随机噪声码。由于这两种测距码构成的方式和规律比较复杂,这里仅就其产生、特点和作用等有关概念做简单的描述。

C/A 码用于分址、粗测距和搜捕卫星信号,它属于一种主要用于民用的明码,具有一定抗干扰能力。C/A 码由两个 10 级反馈移位寄存器相结合而产生,其原理如图 5.3 所示。

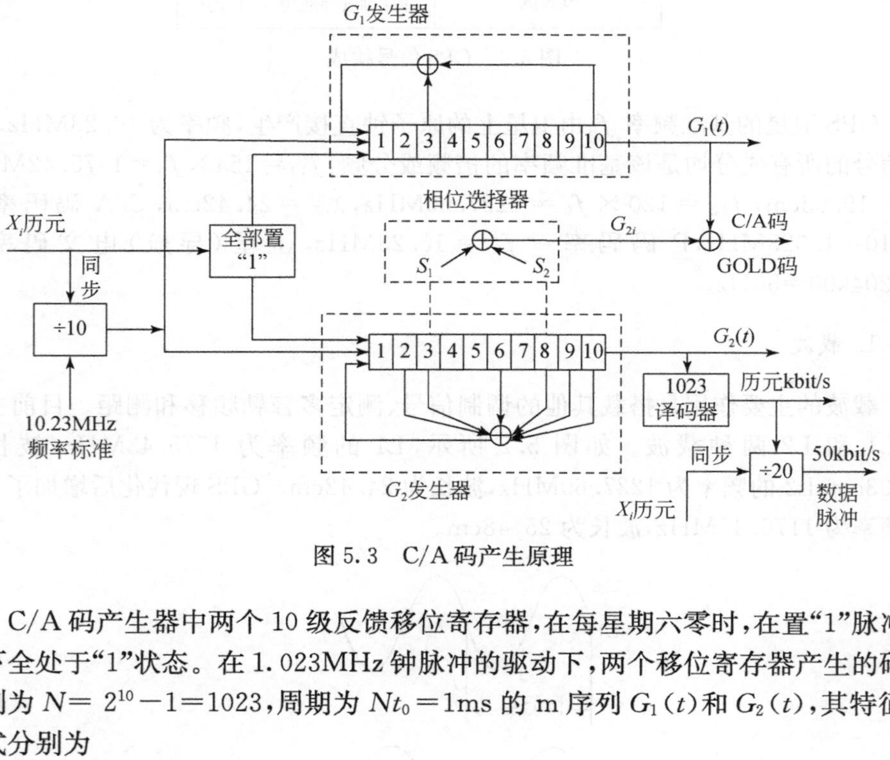

图 5.3　C/A 码产生原理

C/A 码产生器中两个 10 级反馈移位寄存器,在每星期六零时,在置"1"脉冲作用下全处于"1"状态。在 1.023MHz 钟脉冲的驱动下,两个移位寄存器产生的码长分别为 $N=2^{10}-1=1023$,周期为 $Nt_0=1\text{ms}$ 的 m 序列 $G_1(t)$ 和 $G_2(t)$,其特征多项式分别为

$$\begin{cases}G_1=1+x^3+x^{10}\\ G_2=1+x^2+x^3+x^6+x^8+x^9+x^{10}\end{cases}\tag{5.1}$$

为了让不同卫星具有不同的 C/A 码,这两个移位寄存器的输出采用了非常特别的组合方式。其中 $G_1(t)$ 直接提供输出序列;$G_2(t)$ 先选择某两个存储单元的状态进行模 2 相加后再输出,由此可以得到一个与 $G_2(t)$ 平移等价的 m 序列 G_{i2},再将其与 $G_1(t)$ 进行模 2 相加,结构不同的 C/A 码便可产生,亦称为 Gold 码。由于 $T=Nt_0=1\text{ms}$ 的码元共有 1023 位,故 $G_2(t)$ 可能会有 1023 种平移等价序列,1023

种平移等价序列与 $G_1(t)$ 模 2 相加后，可以产生 1023 种 m 序列，即 1023 个不同结构的 C/A 码。这完全可以覆盖 24 颗卫星分址需求。

这组 C/A 码的码长、数码率和周期均相同，即码长为 $N=2^{10}-1=1023\text{bit}$，码元宽度为 $t_0=1/f=0.97752\ \mu\text{s}$（距离约为 293.1m），周期为 $T=Nt_0=1\text{ms}$，码率为 1.023MHz。

由于 C/A 码的码长很短，只有 1023bit，所以易于捕捉。为了捕捉 C/A 码，在测定卫星信号的传播延时，我们通常需要对 C/A 码逐个进行搜索。若以 50 码/s 的速度对 C/A 码进行搜索，对于只有 1023 个码元的 C/A 码，搜索时间只需要 20.5s。利用 C/A 码捕获卫星后，我们即可获得导航电文，通过导航电文的信息，可以很容易地捕捉 GPS 的 P 码。所以，C/A 码一般也称为捕获码。

C/A 码的码元宽度较大，假设两个序列的码元的误差为码元宽度的 1/100～1/10，则利用 C/A 码测距，测距误差为 2.93～29.3m。由于精度较低，所以 C/A 码也被叫做粗码。

P 码是一种精密码，主要是应用于军事，当 AS 启动后 P 码便被加密以构成所谓的 Y 码。P 码和 Y 码码片速率是一样的，通常将该精密码简记为 P(Y)。两组各有两个 12 级反馈移位寄存器结合起来就产生了 P(Y)码，产生 P(Y)码的原理如图 5.4 所示。

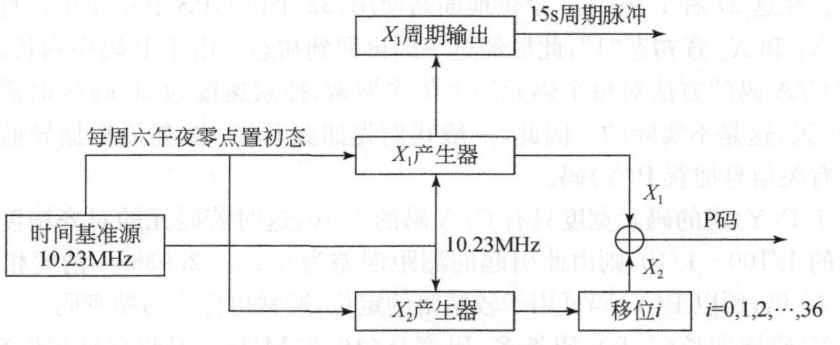

图 5.4 产生 P(Y)码的原理图

12 级反馈移位寄存器产生的 m 序列的码元总数为 $2^{12}-1=4095$。通过截短法将两个 12 级 m 序列截短为一周期中码元数互为素数的截短码，如 X_{1a} 码元数为 4092，X_{1b} 码元数为 4093，将 X_{1a} 和 X_{1b} 通过模 2 相加，我们就得到了周期为 4092×4093 的长周期码。再对乘积码进行截短，截出周期为 1.5s、码元数 $N_1=15.345\times10^6$ 的 X_1，如图 5.5 所示。

通过相同的步骤，在另外一组中，两个 12 级反馈移位寄存器产生 X_2，只是 X_2 码比 X_1 码周期稍微长一些，为 $N_2=15.345\times10^6+37(\text{bit})$。

N_1 和 N_2 乘积码的码元数为 $N=N_1\cdot N_2=23546959.765\times10^3\ \text{bit}$，相应周期

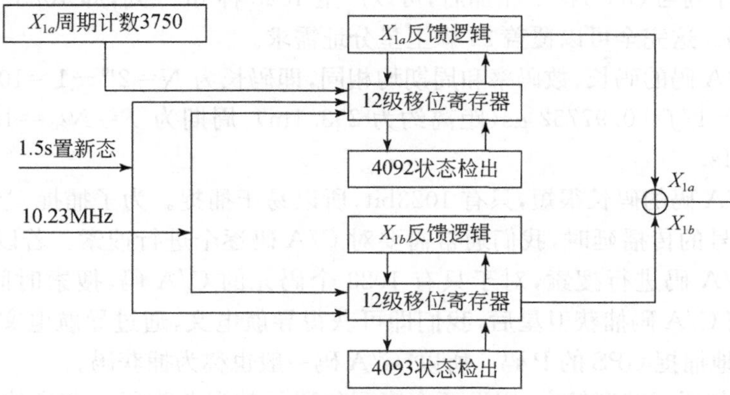

图 5.5　产生 X_1 码的原理

为 $T=N/10.23\times10^6\times86400=266.4$(天)≈38(周)。

乘积码 $X_1(t)\cdot X_2(t+i\times t_0)$，$t_0$ 为码元宽度，i 可取 0，1，…，36，共 37 种数值，可以产生 37 种乘积码。截取乘积码中周期为一星期的一段，可产生 37 种周期相同、结构相异(均为一周)的 P(Y)码。对于 GPS 的 24 颗卫星来讲，每颗卫星都可以采用 37 种 P(Y)码中的一种，那么每颗卫星所使用的 P 码均互不相同，实现了码分多址。在这 37 种 P 码中，5 个供地面站使用，32 个供 GPS 卫星使用。每星期六零点将 X_1 和 X_2 置初态“1”，此后经过一周再回到初态。由于 P 码序列长，如果采用搜索 C/A 码的方法对每个码元逐个依次搜索，搜索速度为 50 码/s 时需要花费 14×10^5 天，这是不实际的。因此，一般我们先捕获 C/A 码，然后根据导航电文中给出的有关信息捕获 P(Y)码。

由于 P(Y)码的码元宽度只有 C/A 码的 1/10，这时若码元的对齐精度仍为码元宽度的 1/100～1/10，则由此引起的测距误差为 0.29～2.936m，精度相比 C/A 码提高 10 倍，所以 P(Y)码可用于较精密的定位，通常也称之为精密码。

P(Y)码周期长(7 天)、码类多、码率高(10.23MHz)，因此它是用做精测距、抗干扰及保密的军用码。根据美国国防部规定，P(Y)码是专门为军用。目前，只有特许用户接收机才能接受 P(Y)码，且价格昂贵。因此，开发研究无码接收机、Z 技术、平方技术，以便充分挖掘 GPS 信息资源就成了一个极具实用价值的研究方向。

3. GPS 导航电文

1)导航电文格式

导航电文是指包含导航信息的数据码。导航信息包括卫星星历、卫星历书、卫星工作状态、星钟改正参数、时间系统、大气折射改正参数、轨道摄动改正参数、遥测码以及由C/A确定P(Y)码的交换码等,是用户利用GPS进行导航定位的数据基础。

导航电文是二进制编码文件,按照规定的格式组成数据帧向外播发,其格式如图5.6所示。每帧电文包含5个子帧,含有1500bit。每个子帧含有10个字,含300bit,每个字为30bit。导航电文的播送速度是50bit/s,每个子帧播送时间是6s。

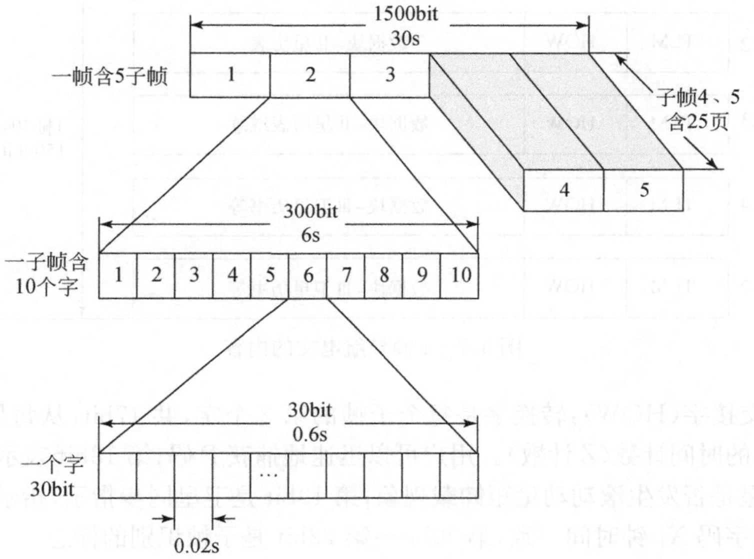

图5.6 导航电文格式

每30s子帧1、子帧2和子帧3循环一次;而子帧4和子帧5有25种形式,各含25页;子帧1、子帧2、子帧3和子帧4、子帧5的每一页,均构成1帧。整个导航电文共有25帧,共有37522bit,需要12.5min才能播完。

子帧1、子帧2和子帧3中含有单颗卫星的卫星钟修正参数和广播星历,其内容每小时更新一次;子帧4、子帧5是全部GPS卫星的星历,它的内容仅在地面站注入新的导航数据后才更新。

2)导航电文内容

每帧导航电文中,各子帧的内容如图5.7所示,各子帧由交接字(HOW)、遥测字(TLW)以及数据块三部分构成。第1帧的第3字~第10字组成数据块Ⅱ,第4子帧和第5子帧的第3字~第10字组成数据块Ⅲ。

(1)遥测字(TLW):TLW是每个子帧的第一个字,作为捕获导航电文的前导,为各子帧提供了一个用于同步的起点。TLW共30bit,帧头(同步码)为第1bit~第8bit;遥测电文为第9bit~第22bit,包括地面监控系统注入数据时的状态信息、诊断信息和其他信息；预留位为第 23bit、第 24bit；奇偶校验位为第 25bit～第 30bit。

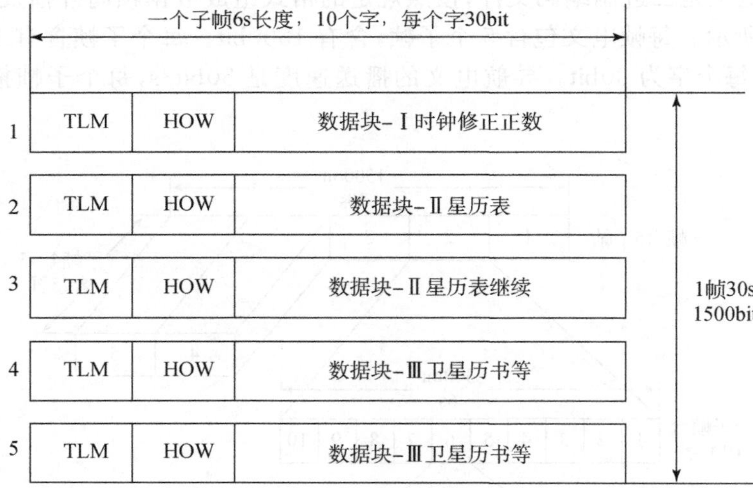

图 5.7　1 帧导航电文的内容

(2)交接字(HOW)：转换字是每个子帧的第 2 个字，共 17bit，从每周六/周日子夜起算的时间计数(Z 计数)。用户可以迅速地捕获 P 码；第 18bit 表示从信息注入后，卫星是否发生滚动动量矩卸载现象；第 19bit 是卫星同步指示，指示数据帧时间是否与字码 X_1 钟时间一致；第 20bit～第 22bit 是子帧识别的标志。

(3)数据块Ⅰ：数据Ⅰ主要包含健康状态数据和卫星时钟，主要内容如下。

①卫星时间计数器(WN)：从 1980 年 1 月 5 日协调世界时 UTC 零时算起的星期数称 GPS 周，位于第 3 字的第 1bit～第 10bit。

②调制码标识：第 3 字的第 11bit～第 12bit，“10”为 C/A 码调制，“01”为 P 码调制。

③卫星测距精度(URA)：第 3 字的第 11bit～第 12bit，“10”为 C/A 码调制，“01”为 P 码调制。

④第 3 字的第 17bit 表示导航数据是否正常，第 18bit～第 22bit 指示信号编码正确性。

⑤电离层延迟改正参数(T_{GD})：L1、L2 载波的电离层时延差改正，占用第 7 字的第 17bit～第 24bit，为单频接收机用户提供粗略的电离层折射修正(双频接收机无须此项改正)。

⑥时钟数据龄期(AODC)：时钟改正数的外推时间间隔，它是卫星钟改正参数的参考时刻 t_{oc} 和计算该改正参数的最后一次测量时间 t_L 之差，即 AODC$=t_{oc}-t_L$。

⑦卫星钟改正参数：用于将每颗卫星上的钟相对于 GPS 时的改正。虽然 GPS

星钟采用了精度很高的铯钟和铷钟，但仍有偏差。另外由于相对论效应，卫星钟比地面钟走得快，每秒差 448ps（每天相差 3.87×10^{-5} s）。我们将卫星标称频率 10.23MHz 减少到 10.22999999545MHz 的实际频率去消除这一影响，但相对论效应所产生的时间偏移不是常数，同时各个钟的品质不同，所以星钟指示的时间与理想的 GPS 时之间有误差，称为星钟误差，即

$$\Delta t=a_0+a_1(t-t_{oc})+a_2(t-t_{oc})^2 \tag{5.2}$$

式中，a_0 是在星钟参考时刻 t_{oc} 星钟对于 GPS 时的偏差（零偏）；a_1 是在星钟参考时刻 t_{oc} 星钟相对于实际频率的频偏（钟速）；a_2 是星钟频率的漂移系数（钟漂）。t_{oc} 占第 8 字的第 9bit～第 24bit，a_0 占第 10 字的第 1bit～第 22bit，a_1 占第 9 字的第 9bit～第 25bit，a_2 占第 9 字的第 1bit～第 8bit。

（4）数据块Ⅱ：数据块Ⅱ又叫做卫星星历，是导航电文中的核心部分。数据块Ⅱ包含了计算卫星运行位置的信息，GPS 接收机根据卫星星历的参数进行实时的导航定位计算。卫星每 30s 发送一次，每小时更新一次。

（5）数据块Ⅲ：数据块Ⅲ含有全部 GPS 卫星的星历数据，它是各颗卫星星历的概略形式，主要内容为：①第 54 子帧的第 1 页～第 24 页提供了第 1 颗～24 颗卫星的星历；②第 5 子帧的 25 页提供了第 1 颗～第 24 颗卫星的健康状况和 GPS 星期编号；③第 4 子帧的第 2 页～第 10 页面提供了第 25 号～第 32 号卫星的星历；④第4 子帧的第 25 页提供了 32 颗卫星的反电子欺骗的特征符（AS 关闭或接通）以及第 25 颗～第 32 颗卫星的健康状况；⑤第 4 子帧的第 18 页提供了电离层延时改正模型 α_0、α_1、α_2、α_3、β_0、β_1、β_2、β_3，还给出 GPS 时间和 UTC 时间的相互关系参数 Δt_G，用下式计算：

$$\Delta t_G=A_0+A_1(t-t_{01})+\Delta t_{LS} \tag{5.3}$$

式中，t_{01} 为参考时刻；Δt_{LS} 为跳秒引起的时间变化。

当用户 GPS 接收机捕获到某颗卫星后，利用数据块Ⅲ所提供的其他卫星的概略星历、码分地址、时钟改正数以及卫星工作状态等数据，可以较快地捕获到其他卫星信号并选择最合适的卫星。

5.1.3　GLONASS 卫星信号

1. GLONASS 信号结构

GLONASS 卫星与 GPS 卫星一样，都是发送 L1 和 L2 两种载波信号，并且在载波上采用 BPSK 调制用于定位的导航电文和测距的伪随机码。与 GPS 的码分多址（CDMA）复用技术所不同的是，GLONASS 采用了频分多址（FDMA）的方式，每颗卫星都在不同的频率发射相同的 PRN 码，接收机可根据所要接收的某颗卫星信号，将接收的频率调谐到所希望接收的卫星频率上。

因为处理多频所需要的前端部件更加复杂，FDMA 方式通常造价昂贵而且会使接收机的体积增大；而 CDMA 方式的信号处理可以共用同一前端部件。但 FDMA 抗干扰能力明显增强，一般情况下干扰信号源只能干扰一个 FDMA 信号，而且 FDMA 不需要考虑多个信号之间的干扰效应(互相关)。因此 GLONASS 的抗干扰可选方案要多于 GPS，而且具有更简单的选码准则。

GLONASS 卫星信号的产生原理如图 5.8 所示，每颗卫星以两个分立的 L1 和 L2 载波为中心发射信号。与 GPS 类似，GLONASS 的 PRN 测距码也由军用的 P 码和民用的 C/A 码组成；不同的是，GLONASS 包含两种导航电文，分别对应于 P 码和 C/A 码。L1 载波上调制 P 码⊕P 码电文、C/A 码⊕C/A 码电文，L2 载波上调制 P 码⊕P 码电文。

GLONASS 现代化后的 GLONASS-M 型卫星增加了导航电文，为了提高民用导航精度，在 L2 载波上也调制了 C/A 码。

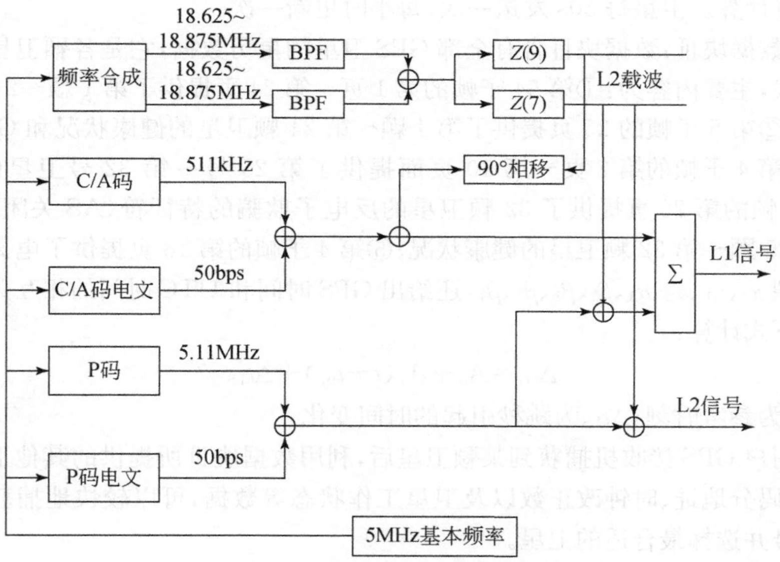

图 5.8　GLONASS 信号产生原理

2. GLONASS 信号频率

GLONASS 卫星采用了 FDMA 方式，按照系统的初始设计，每颗卫星发送的 L1 和 L2 载波信号的频率是互不相同的，每颗 GLONASS 卫星根据下式确定相应的载波频率(MHz)：

$$f=(178.0+K/16)\cdot Z \tag{5.4}$$

式中，K 为 GLONASS 卫星发送信号的频率，取正整数；Z 为倍乘系统，L1 载波取

9,L2 载波取 7。因此,可以进一步得到每颗 GLONASS 卫星的载波频率为(MHz)

$$\begin{cases} f_{K1}=1602+0.5625 \cdot K \\ f_{K2}=1246+0.4375 \cdot K \end{cases} \tag{5.5}$$

由上式可以看出,L1 频段上相邻频率间隔为 0.5625MHz,L2 上相邻频率间隔为 0.4375MHz。

在 GLONASS 卫星发展的过程中,其频率计划是有所改变的。设计之初,GLONASS 卫星的频道 K 取值 0～24,可以识别 24 颗卫星。但所得到的频率与射电天文研究的频率(1610.6～1613.8MHz)存在一定的交叉干扰;另外国际电讯联合会已将频段 1610.0～1626.5MHz 分配给近地卫星移动通信,因此俄罗斯计划减少 GLONASS 卫星的频率和载波带宽。频率修改计划分两步走:1998～2005 年间,频道号为 $K=-7$～12;2005 年以后频道号为 $K=-7$～4。

频率改变后,最终配置将只使用 12 个频道($K=-7$～4),但卫星有 24 颗,因此计划让处于地球两侧的卫星共享同样的 K 值。因为地球上任何一个地方,不可能同时看见在同一轨道平面上位置相差 180°的两个卫星,这两颗卫星可以采用同一频率而不至于产生相互干扰。该频率计划是在正常条件下的建议值,俄罗斯也有可能分配其他的 K 值,用于某些指挥或控制等特殊情况。

3. GLONASS 信号码特性

GLONASS 与 GPS 卫星类似,都采用了伪随机码,方便进行伪码测距。每颗卫星用两个 PRN 码调制其 L 波段的载波,一个称为 C/A 码的序列供民用,另一个称为 P 码的序列留作军用,并辅助捕获 P 码。GLONASS 卫星采用了 FDMA 方式,因此其具体的伪随机码设计及其特性与 GPS 卫星有所不同。

GLONASS 卫星的 C/A 码采用了最大长度 9 级反馈移位寄存器来产生 PRN 码序列,码的重复周期为 1ms,码长为 511bit,码率为 0.511Mbit/s。

GLONASS 卫星的 C/A 码使用这种高时钟速率下的相对较短的码,主要优点是可以快速的捕获,同时高的码率有利于增强距离的分辨率;缺点是该短码会以 1kHz 的频率产生一些不想要的频率分量,造成与干扰源之间的互相关,进而削弱了扩频的抗干扰性能。但是 GLONASS 的频率是分开的,因此可以显著降低卫星信号之间的相关性。

GLONASS 卫星的 P 码采用了最大长度 25 级反馈移位寄存器来产生 RRN 码序列,码长为 33554432bit,码率为 5.11Mbit/s,重复周期为 1s(实际重复周期为 6.57s,但码片序列截短为 1s 重复一次)。

与 C/A 码相比,P 码由于每秒仅重复一次,虽然会以 1Hz 的间隔产生不想要的频率分量,但其相关问题并不像 C/A 码那样严重。同样,FDMA 技术实际上消除了各卫星信号之间的互相关性问题。虽然 P 码在相关特性和保密性方面具有优势，但在捕获方面做出了牺牲。P码含有511×10^6个码相移的可能性，因此接收机一般要先捕获C/A码，然后再根据C/A码协助捕获P码。

4. GLONASS导航电文

与GPS有所不同的是，GLONASS的导航电文由P码导航电文和C/A码导航电文组成。两种导航电文的数据流均为50bit/s，并以模2相加的形式分别调制到P码和C/A码上。导航电文主要用于提供频道分配信息和卫星星历，另外还提供卫星健康状况、历元定时同步位等信息。此外，俄罗斯还计划提供有利于GLONASS与GPS组合使用的数据，如WGS-84与PZ-90之差、两种卫星导航系统的系统时之差等信息。

1)C/A码导航电文

GLONASS卫星的导航电文按照汉明码方式编码向外播送，是一种二进制码。一个完整的导航电文一般包括由5个帧组成的超帧，每帧含有15行，每行100bit。图5.9表示C/A码导航电文格式。每帧播放重复时间为30s，整个导航电文播放时间2.5min。

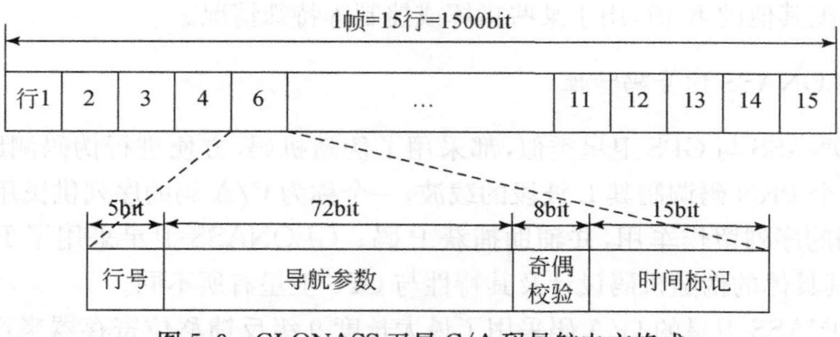

图5.9　GLONASS卫星C/A码导航电文格式

每帧的前3行为卫星实时数据，包含卫星轨道参数、被跟踪卫星的详细星历和卫星时钟改正参数等；其他各行包含GLONASS星座中其他卫星的概略星历信息，以及近似时间改正数、所有卫星健康状态等非实时数据，其中每帧含有5颗卫星的星历。

2)P码导航电文

由于P码为军用码，俄罗斯没有公开有关P码电文的细节。国际上一些独立的机构或组织通过研究接收到的GLONASS卫星信号，公布了一些P码的特性。这些信息并不能对其连续性等给出保证，俄罗斯可能会随时不事先通知而对P码进行改变。

P码导航电文由5个帧组成的超帧，每帧含有5行，每行100bit。每帧播放重复时间为10s，整个导航电文播放时间12min。每帧前3行含有被跟踪卫星的详细信息，其他各行包含GLONASS星座其他卫星的概略星历。

P码电文与C/A码电文的最大区别在于，前者获得所有卫星近似星历与实时星历分别需要12min和10s，而后者分别需要2.5min和30s。

5.1.4 Galileo卫星信号

1. Galileo频率规划

Galileo系统主要是为满足不同用户需求而设计的，它定义了独立于其他卫星导航系统的五种基本服务：公开服务(OS)、生命安全服务(SOL)、商业服务(CS)、公共特许服务(PRS)以及搜寻救援服务(SAR)，在不同的频带上发射不同类型的数据，因此Galileo系统是个多载波的卫星导航系统。

Galileo系统将在E5频段(1164～1215MHz)、E6频段(1260～1300MHz)、E2-L1-E1频段(1559～1300MHz)上提供6种右旋圆极化(RHCP)的导航信号。其中E5频段又可以划分为E5a、E5b两个频段，E2-L1-E1频段是对GPS卫星L1频段的扩展，方便起见也可以表示为L1。

Galileo系统所有的频段都位于无线电导航卫星服务(RNSS)频段内，同时在国际上E5和L1频段已被分配给了航空无线电导航服务(ARNS)，因此该频段的信号可以应用于专门的与航空相关且安全性要求高的服务。

在L1频段(E2-L1-E1)采用了与GPS的L1频段相同的中心频率1175.42MHz，而E5a和E5b频段的中心频率分别为1176.45MHz和1207.14MHz。这样是为了保持与GPS卫星的兼容性。

2. Galileo信号设计

由Galileo信号所在的频段命名Galileo信号的名称，每颗卫星将发射6种导航信息：L1F、L1P、E6C、E6P、E5a、E5b，另外还包括专门用于搜寻救援服务(SAR)的L6信号。各种信号分别说明如下。

(1)L1F信号：位于L1频段，是一个可公开访问的信号，包括一个无数据通道(称为导频通道)和一个数据通道。它调制有未加密的测距码和导航电文，可供所有用户接收，另外还包含加密的商业信息和完好性信息。

(2)L1P信号：位于L1频段，是一个限制访问的信号，其电文和测距码采用官方的加密算法进行加密。

(3)E6C信号：位于E6C频段，是一个供商业访问的信号，包括一个导频通道和一个数据通道，其测距码和电文采用商业的加密算法。

(4)E6P信号：位于E6频段，是一个限制访问的信号，其电文和测距码采用官方的加密算法进行加密。

(5)E5a 信号:位于 E5 频段,是一个可公开访问的信号,包括一个导频通道和一个数据通道。它调制有未加密的测距码和导航电文,可供所有用户接收,传输的基本数据用于支持导航和授时功能。

(6)E5b 信号:位于 E5 频段,是一个可公开访问的信号,包括一个导频通道和一个数据通道。它调制有导航电文和未加密的测距码,可供所有用户接收,另外数据流中还包含加密的商业数据和完好性信息。

(7)L6 信号:在 406～406.1MHz 的频带检出求救信息,并用 1544～1545MHz 频带(称为 L6,保留为紧急服务使用)传播给专门的地面接收站。

3. Galileo 扩频码

Galileo 信号不仅采用了新的调制体制,在其扩频码中也使用了新技术。Galileo 信号中所使用的扩频码(测距码)分为主码和副码两种,前者同时用于导频通道和数据通道,而后者仅用于导频通道。主码即为通常卫星信号中用于扩频所使用的伪随机码,副码是 Galileo 信号中的一个创新点,它在主码基础上对信号再次进行调制,从而构成层状结构的码型。主码产生器是基于传统的 Gold 码,其线性反馈移位寄存器最多达到 25 级,副码的预定义序列长度最大为 100bit。目前,Galileo信号最终使用的码参数仍处于试验与优化调整过程中。

Galileo 信号的扩频码设计,在抗干扰保护和捕获时间之间提供了很好的折中考虑。对于接收到的卫星信号,当信号信噪比较高时,只须对主码进行相关解扩就可获得所需的相关增益,当信号信噪比较低时,可以进一步对二级码进行相关解扩,获得进一步的相关增益。

4. Galileo 导航电文

Galileo 导航电文采取了一种固定的帧格式,使给定的电文数据内容(完好性、历书、星历、时钟改正数、电离层改正数等)在子帧上的分配具有灵活性。为了提高传输效率的有效性,分别针对不同的信号,其帧格式的研究正在开展中。

完整的导航电文在各个数据通道上以超帧的形式传输,一个超相帧包含若干个子帧,子帧由数据域、同步字(UW)、循环冗余校验(CRC)位、尾比特等构成导航电文的基本结构,导航电文的基本构成如图 5.10 所示。

子帧的同步字 UW 可以让接收机完成对数据域边界的同步,在发送端同步码采用未编码的数据符号;CRC 校验覆盖了整个子帧的数据域(除了尾比特和同步字);所有子帧通过前向纠错(FEC)编码后,对所有子帧(不包含同步码)进行块交织的方式进行保护。

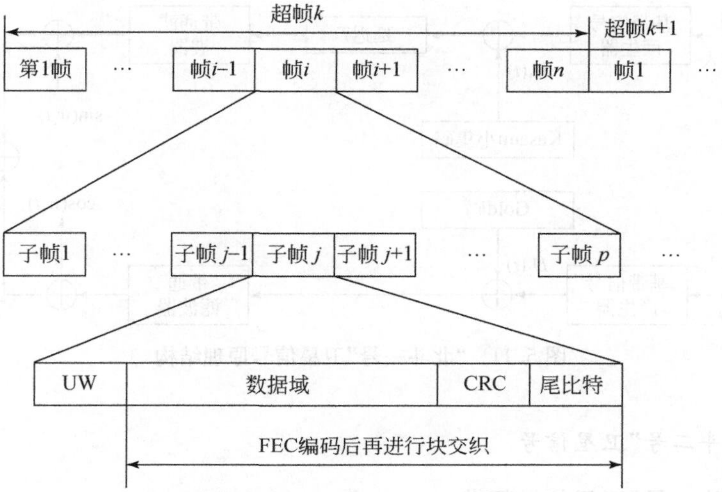

图 5.10　Galileo 导航电文结构

5.1.5　北斗卫星信号结构

1.“北斗一号”卫星信号结构

1)交错正交相移键控(OQPSK)调制

“北斗一号”卫星信号采用了 OQPSK 的调制方式。OQPSK 是 QPSK 之后发展起来的一种恒包络数字调制技术,它是一种改进的 QPSK 调制。当 I、Q 两个信道上只有一路数据的极性发生变化时,QPSK 信号相位发生变化为90°,当两路数据同时发生变化时(如由 00 变为 11),信号相位将发生180°的突变。

OQPSK 方式可以解决 QPSK 方式的相位突变问题。OQPSK 将同向支路(I)与正交支路(Q)的数据流在时间上错开半个码元周期,各支路数据流经过差分编码,然后分别进行 BPSK 调制,最后经过合成器进行矢量合成输出,便得到 OQPSK 信号。

2)“北斗一号”卫星信号结构

“北斗一号”卫星的原理如图 5.11 所示。首先,I 支路和 Q 支路信息分别通过基带信号产生器进行编码,包括对两路信息加 CRC 校验位和数据帧头,生成 8Kbit/s 的数据流,并采用编码长度为 7、编码效率为 1/2 的(2,1,7)卷积编码方式,生成码速率为 16Kbit/s 的非归零双极性信号。然后分别与码速率为 4.08Mbit/s 的 Kasami 序列和 Gold 序列相乘,产生扩频信号。I 支路扩频信号经过半个码片的时间延迟后,进行 BPSK 正弦调制,Q 支路扩频信号直接进行 BPSK 余弦调制,最后相加后进入信道。

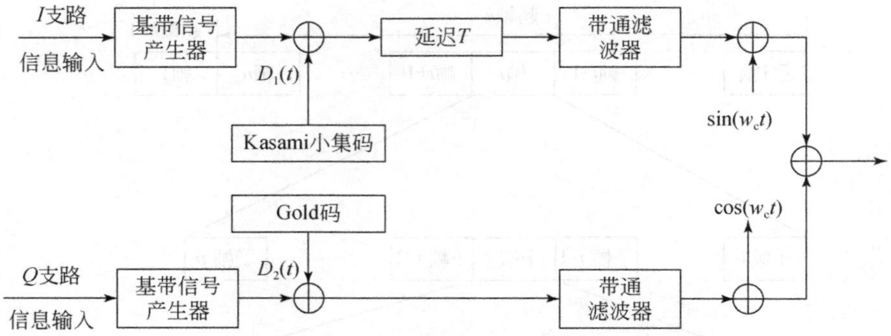

图 5.11　“北斗一号”卫星信号原理结构

2.“北斗二号”卫星信号

1)“北斗二号”卫星信号频带

2009 年 7 月在维也纳全球卫星导航系统国际委员会(ICG)关于未来导航系统兼容性工作组会议期间,我国为卫星导航向国际电信联盟申请了多个频带,分别为 B1、B2 和 B3,共发射 B1-C、B1、B2、B3、B3-A 五种导航信号。其中,B1 频段为 1559～1563MHz和 1587～1591MHz,分别与 Galileo 卫星的 E2-L1-E1 频段中的 E2、E1 频段重叠;B2 频段为 1164～1215MHz,与 Galileo 卫星的 E6 频段部分重叠。

2)“北斗二号”卫星信号特点

我国卫星导航定位应用管理中心(CNAGA)相关负责人,在维也纳工作组会议上公布了未来“北斗二号”卫星所使用的方式和频段。“北斗二号”卫星将广泛使用 BOC 调制及其衍生的调制方式。B2a 的中心频率为 1176.45MHz,因此“北斗二号”接收机可以兼容 Galileo E5a 信号或者 GPS L_5。

“北斗二号”将提供授权服务(AS)和公开服务(OS)两种服务类型,其中 AS 服务在一个更高安全级别上提供高精度导航定位,并包含系统完好性信息,服务对象为付费及军事用户;OS 服务供全球用户免费使用,其指标为:定位精度 10m、测速精度 0.2m/s、授时精度 50ns。

5.2　卫星导航定位原理

5.2.1　伪距法测量

1. 伪距的概念

伪距法定位是根据 GNSS 接收机在某一时刻得到的 4 颗或 4 颗以上 GNSS 卫

星的伪距以及已知的卫星位置,采用空间距离交会的方法求得接收机天线所在点的三维坐标。所测伪距就是由卫星发射的测距码信号到达GNSS接收机的传播时间乘以光速所得出的测量距离。由于卫星时钟、接收机的误差以及无线电信号经过电离层和对流层中的延迟等因素的影响,实际测出的距离 ρ' 与卫星到接收机天线的几何距离 ρ 有一定的差值,因此一般称测量出的距离为伪距[3-6]。

通过测量GNSS卫星发射的测码距信号到达用户接收机的传播时间,可算出接收机到卫星的距离,即

$$\rho' = \Delta t \cdot c \tag{5.6}$$

式中,Δt 为传播时间;c 为光速。

上式求出的距离为伪距 ρ',其与几何距离 ρ 之间的关系可用下式表示:

$$\rho' = \rho + \delta\rho_1 + \delta\rho_2 + c\delta t_i - c\delta t^j \tag{5.7}$$

式中,$\delta\rho_1$ 与 $\delta\rho_2$ 分别表示电离层与对流层的改正项;δt_i 表示接收机时钟相对于标准时间的偏差;δt^j 表示卫星时钟相对于标准时间的偏差。

伪距法定位一次定位精度虽然不高(定位误差约为10m),但是由于伪距法定位具有无多值性问题、定位速度快等优点,仍然是GNSS定位系统进行导航的基本方法。同时伪距又可以作为载波相位测量中解决整周期模糊度的辅助。因此,了解伪距测量以及伪距定位的基本原理和方法还是非常必要的。

2. 伪距测量

伪距定位中最关键的步骤是进行伪距测量,其基本过程如下。

GNSS卫星依据自己的时钟发出某一结构的测距码,该测距码经过 τ 时间的传播后到达接收机。接收机在自己的时钟控制下产生一组结构与卫星发出的测距码完全相同的码——复制码,并通过时延器使其延迟时间 τ',将这两组测距码进行相关处理,若自相关系数 $R(\tau') \neq 1$,则继续调制延迟时间 τ' 直至自相关系数 $R(\tau') = 1$ 为止,此时接收到的GNSS卫星测距码与接收机所产生的复制码完全对齐,延迟时间 τ' 即为GNSS卫星信号从卫星传播到接收机所用的时间 τ,卫星至接收机的距离即为 τ' 与 c 的乘积。

伪距测量原理如图5.12所示,自相关系数 $R(\tau')$ 的测定由接收机锁相环中的积分器和相关器来完成。由卫星时钟控制的测距码 $a(t)$ 在GNSS时间 t 时刻自卫星天线发出,穿过电离层、对流层经时间延迟 τ 到达GNSS接收机,接收机所接收到的信号为 $a(t-\tau)$。由接收机时钟控制的本地码发生器产生一个与卫星发出的测距码相同的本地码 $a(t+\Delta t)$,Δt 为接收机时钟控制与卫星时钟的钟差。经过码移位电路将本地码延迟 τ',并送至相关器与所接收到的卫星信号进行相关运算,经过积分器后,即可得到自相关系数

$$R(\tau') = \frac{1}{T}\int a(t-\tau)a(t+\Delta t-\tau')\mathrm{d}t \tag{5.8}$$

式中，T 为测距码的周期。

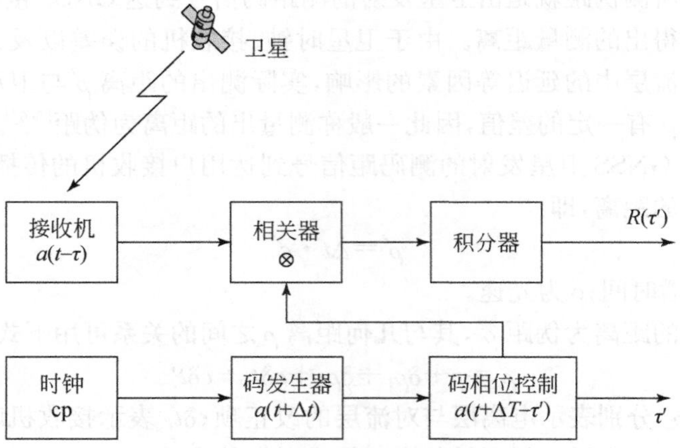

图 5.12　伪距测量原理

调整延迟时间 τ'，可使相关输出达到最大值，从而得到伪距 ρ'。

由于 GNSS 卫星发射出的测距码是按照一定规律排列的，在一个周期内每个码对应着某一特定的时间，识别出每个码的形状特征，即可推算出时延 τ' 进而得到伪距，所以伪距测量中可以采用码相关技术来确定伪距。但实际上每个码在产生过程中都带有随机误差，并且信号经过长距离传送后也会产生形变，所以根据码的形状特征来推算时延 τ' 就会产生较大的误差。而采用码相关技术在自相关系数 $R(\tau')=\max$ 的情况下确定信号的传播时间 τ'，就排除了随机误差的影响，实质上就是采用了多个码特征来确定 τ' 的方法。由于复制码和测距码在产生过程中均不可避免地带有误差，而且测距码在传输过程中还会由于各种外界干扰而产生变形，因而自相关系数往往不可能达到“1”，只能在自相关系数为最大的情况下来确定伪距，也就是本地码与接收码基本上对齐了，这样可以最大限度地消除各种随机误差的影响，以达到提高精度的目的。

5.2.2　伪距观测方程及定位计算

1. 伪距观测方程的建立

在 GNSS 定位中，观测方程主要用来描述观测值与位置参数之间的函数关系。把测距码信息（C/A 或 P 码）的距离延迟作为观测量的观测方程叫做伪距测量观测方程，也称伪距观测方程。

在建立伪距测量方程之前，我们先做一些符号上的约定。

(1)t^j(GNSS)：卫星 S^j 发射信号时的理想 GNSS 时刻；

(2)t_i(GNSS):接收机 T_i 收到该卫星信号时的理想 GNSS 时刻;

(3)t^j:卫星 S^j 发射信号时的卫星时钟的时刻;

(4)t_i:接收机 T_i 收到该卫星信号时接收机时钟的时刻;

(5)Δt_i^j:卫星信号到达观测站的传播时间;

(6)δt^j:卫星时钟相对于理想 GNSS 时刻的钟差;

(7)δt_i:接收机时钟相对于理想 GNSS 时刻的钟差。

则有

$$\begin{aligned} t^j &= t^j(\text{GNSS}) + \delta t^j \\ t_i &= t_i(\text{GNSS}) + \delta t_i \end{aligned} \tag{5.9}$$

信号从卫星传播到观测站的时间为

$$\Delta t_i^j = t_i - t^j = t_i(\text{GNSS}) - t^j(\text{GNSS}) + \delta t_i - \delta t^j \tag{5.10}$$

假设卫星至观测站的几何距离为 ρ_i^j,在忽略大气影响的情况下可得相应的伪距

$$\tilde{\rho}_i^j = \Delta t_i^j \cdot c = c \cdot \Delta \tau_i^j + c \cdot \delta t_i^j = \rho_i^j + c \cdot \delta t_i^j \tag{5.11}$$

式中,$t_i(\text{GNSS}) - t^j(\text{GNSS}) = \Delta \tau_i^j$;$\delta t_i - \delta t^j = \delta t_i^j$。当卫星时钟与接收机时钟严格同步时,$\delta t_i - \delta t^j = \delta t_i^j = 0$,上式确定的伪距即为站星之间的几何距离。

通常 GNSS 卫星的钟差可从卫星发播的导航电文中获得,经钟差改正后,各卫星之间的时间同步差可保持在 20ns。如果忽略卫星钟差影响,并考虑到电离层、对流层折射的影响,可得伪距观测方程的常用形式

$$\tilde{\rho}_i^j(t) = \rho_i^j(t) + c\delta t_i - c\delta t^j + \delta I_i^j(t) + \delta T_i^j(t) \tag{5.12}$$

式中,$I_i^j(t)$ 和 $T_i^j(t)$ 分别指电离层折射改正和对流层折射改正。

2. 定位计算

在式(5.12)中,对流层和电离层折射改正项可以按照一定的模型进行计算,卫星钟差可以从导航电文中得到。假定对流层和电离层折射改正项已经精确求得,且卫星时钟和接收机时钟的改正数也已知,那么一旦测定了伪距,实质上也就等于测定了站星间的几何距离。而几何距离 ρ_i 和卫星坐标(X_i, Y_i, Z_i)与接收机坐标(X, Y, Z)之间的关系如下:

$$\rho_i = \sqrt{(X_i - X)^2 + (Y_i - Y)^2 + (Z_i - Z)^2} \tag{5.13}$$

卫星坐标可以根据卫星导航电文求得,因此上式中有 3 个未知数。若用户同时对三颗卫星进行伪距测量,即可解出接收机的位置(X, Y, Z)。

在上述假设中,任意观测瞬间的时钟改正数精确已知,而这只有对稳定度特别好的原子钟才有可能实现,在数目有限的卫星上配备原子钟是可以办到的;但是在每一个接收机上都安装原子钟是不现实的,这会不仅增加了接收机的体积和重量而且大大增加了成本。

为了解决上面提出的难题,我们将观测时刻接收机的时钟改正数也作为一个未知数,那么在任何一个观测瞬间,用户至少需要同时观测 4 颗卫星,以便计算出这 4 个未知数。

观测站与卫星之间的几何距离是非线性项

$$\rho_i^j(t)=\sqrt{(X^j(t)-X_i)^2+(Y^j(t)-Y_i)^2+(Z^j(t)-Z_i)^2} \tag{5.14}$$

将式(5.14)代入式(5.12)得到伪距

$$\tilde{\rho}_i^j(t)=\sqrt{(X^j(t)-X_i)^2+(Y^j(t)-Y_i)^2+(Z^j(t)-Z_i)^2}+c\delta t_i-c\delta t^j+\delta I_i^j(t)+\delta T_i^j(t) \tag{5.15}$$

如图 5.13 所示,用户同时观测标号分别为#1、#2、#3、#4 的卫星,且假设各个卫星的位置坐标,即(X_i,Y_i,Z_i),$i=1,2,3,4$,是已知的,假设用户的真实位置与其估计位置坐标分别为(X,Y,Z)和(X_{es},Y_{es},Z_{es}),且有

$$\begin{cases}X=X_{es}+\Delta x\\Y=Y_{es}+\Delta y\\Z=Z_{es}+\Delta z\end{cases} \tag{5.16}$$

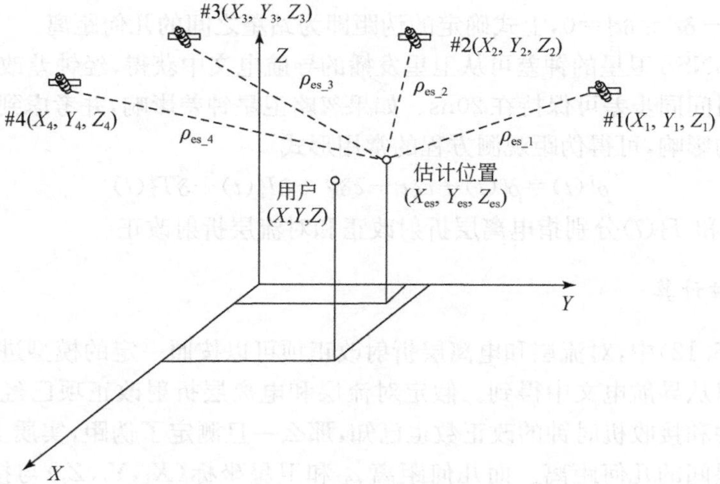

图 5.13 伪距定位

各个卫星到达用户估计位置的距离分别为 ρ_{es_1}、ρ_{es_2}、ρ_{es_3}、ρ_{es_4},因此有

$$\rho_{es\_1}=\sqrt{(X_1-X_{es})^2+(Y_1-Y_{es})^2+(Z_1-Z_{es})^2} \tag{5.17}$$

$$\rho_{es\_2}=\sqrt{(X_2-X_{es})^2+(Y_2-Y_{es})^2+(Z_2-Z_{es})^2} \tag{5.18}$$

$$\rho_{es\_3}=\sqrt{(X_3-X_{es})^2+(Y_3-Y_{es})^2+(Z_3-Z_{es})^2} \tag{5.19}$$

$$\rho_{es\_4}=\sqrt{(X_4-X_{es})^2+(Y_4-Y_{es})^2+(Z_4-Z_{es})^2} \tag{5.20}$$

将上面四式用泰勒公式展开并代入式(5.15),得

$$\tilde{\rho}_i^1=\rho_{es\_1}+\frac{\partial\rho_{es\_1}}{\partial X_1}\cdot\Delta x+\frac{\partial\rho_{es\_1}}{\partial Y_1}\cdot\Delta y+\frac{\partial\rho_{es\_1}}{\partial Z_1}\cdot\Delta z+c\delta t_i^1+\delta I_i^1(t)+\delta T_i^1(t) \tag{5.21}$$

$$\tilde{\rho}_i^2=\rho_{es\_2}+\frac{\partial\rho_{es\_2}}{\partial X_2}\cdot\Delta x+\frac{\partial\rho_{es\_2}}{\partial Y_2}\cdot\Delta y+\frac{\partial\rho_{es\_2}}{\partial Z_2}\cdot\Delta z+c\delta t_i^2+\delta I_i^2(t)+\delta T_i^2(t) \tag{5.22}$$

$$\tilde{\rho}_i^3=\rho_{es\_3}+\frac{\partial\rho_{es\_3}}{\partial X_3}\cdot\Delta x+\frac{\partial\rho_{es\_3}}{\partial Y_3}\cdot\Delta y+\frac{\partial\rho_{es\_3}}{\partial Z_3}\cdot\Delta z+c\delta t_i^3+\delta I_i^3(t)+\delta T_i^3(t) \tag{5.23}$$

$$\tilde{\rho}_i^4=\rho_{es\_4}+\frac{\partial\rho_{es\_4}}{\partial X_4}\cdot\Delta x+\frac{\partial\rho_{es\_4}}{\partial Y_4}\cdot\Delta y+\frac{\partial\rho_{es\_4}}{\partial Z_4}\cdot\Delta z+c\delta t_i^4+\delta I_i^4(t)+\delta T_i^4(t) \tag{5.24}$$

将式(5.17)～式(5.20)代入式(5.21)～式(5.24)，从而得到

$$\tilde{\rho}_i^1=\rho_{es\_1}+\frac{X_{es}-X_1}{\rho_{es\_1}}\cdot\Delta x+\frac{Y_{es}-Y_1}{\rho_{es\_1}}\cdot\Delta y+\frac{Z_{es}-Z_1}{\rho_{es\_1}}\cdot\Delta z+c\delta t_i^1+\delta I_i^1(t)+\delta T_i^1(t) \tag{5.25}$$

$$\tilde{\rho}_i^2=\rho_{es\_2}+\frac{X_{es}-X_2}{\rho_{es\_2}}\cdot\Delta x+\frac{Y_{es}-Y_2}{\rho_{es\_2}}\cdot\Delta y+\frac{Z_{es}-Z_2}{\rho_{es\_2}}\cdot\Delta z+c\delta t_i^2+\delta I_i^2(t)+\delta T_i^2(t) \tag{5.26}$$

$$\tilde{\rho}_i^3=\rho_{es\_3}+\frac{X_{es}-X_3}{\rho_{es\_3}}\cdot\Delta x+\frac{Y_{es}-Y_3}{\rho_{es\_3}}\cdot\Delta y+\frac{Z_{es}-Z_3}{\rho_{es\_3}}\cdot\Delta z+c\delta t_i^3+\delta I_i^3(t)+\delta T_i^3(t) \tag{5.27}$$

$$\tilde{\rho}_i^4=\rho_{es\_4}+\frac{X_{es}-X_4}{\rho_{es\_4}}\cdot\Delta x+\frac{Y_{es}-Y_4}{\rho_{es\_4}}\cdot\Delta y+\frac{Z_{es}-Z_4}{\rho_{es\_4}}\cdot\Delta z+c\delta t_i^4+\delta I_i^4(t)+\delta T_i^4(t) \tag{5.28}$$

式(5.25)～式(5.28)即为测码伪距观测方程的线性化形式，将其写为一般形式：

$$\tilde{\rho}_i^j(t)=(\rho_i^j(t))_0-k_i^j(t)\delta X_i-l_i^j(t)\delta Y_i-m_i^j(t)\delta Z_i+c\delta t_i^j+\delta I_i^j(t)+\delta T_i^j(t) \tag{5.29}$$

式中，k、l、m 是观测站至卫星的方向余弦。

为了求出用户的位置和卫星与接收机的钟差，我们只须计算出 Δx、Δy、Δz、Δt_i^j，由于用户对 4 颗卫星是同时观测，因而 4 颗卫星与接收机钟差 δt_i^j 是相同的，记为 Δt，那么我们可以将式(5.25)～式(5.28)写为如下形式：

$$\begin{bmatrix}\tilde{\rho}_i^1-\rho_{es\_1}\\ \tilde{\rho}_i^2-\rho_{es\_2}\\ \tilde{\rho}_i^3-\rho_{es\_3}\\ \tilde{\rho}_i^4-\rho_{es\_4}\end{bmatrix}=\begin{bmatrix}\frac{X_{es}-X_1}{\rho_{es\_1}} & \frac{Y_{es}-Y_1}{\rho_{es\_1}} & \frac{Z_{es}-Z_1}{\rho_{es\_1}} & c\\ \frac{X_{es}-X_2}{\rho_{es\_2}} & \frac{Y_{es}-Y_2}{\rho_{es\_2}} & \frac{Z_{es}-Z_2}{\rho_{es\_2}} & c\\ \frac{X_{es}-X_3}{\rho_{es\_3}} & \frac{Y_{es}-Y_3}{\rho_{es\_3}} & \frac{Z_{es}-Z_3}{\rho_{es\_3}} & c\\ \frac{X_{es}-X_4}{\rho_{es\_4}} & \frac{Y_{es}-Y_4}{\rho_{es\_4}} & \frac{Z_{es}-Z_4}{\rho_{es\_4}} & c\end{bmatrix}\cdot\begin{bmatrix}\Delta x\\ \Delta y\\ \Delta z\\ \Delta t\end{bmatrix}+\begin{bmatrix}\delta I_i^1+\delta T_i^1(t)\\ \delta I_i^2+\delta T_i^2(t)\\ \delta I_i^3+\delta T_i^3(t)\\ \delta I_i^4+\delta T_i^4(t)\end{bmatrix} \tag{5.30}$$

假设我们忽略上式最后一项，即电离层和对流层的折射修正项，那么就有

$$\begin{bmatrix}\Delta x\\\Delta y\\\Delta z\\\Delta t\end{bmatrix}=\begin{bmatrix}\dfrac{X_{\mathrm{es}}-X_1}{\rho_{\mathrm{es\_1}}} & \dfrac{Y_{\mathrm{es}}-Y_1}{\rho_{\mathrm{es\_1}}} & \dfrac{Z_{\mathrm{es}}-Z_1}{\rho_{\mathrm{es\_1}}} & c\\\dfrac{X_{\mathrm{es}}-X_2}{\rho_{\mathrm{es\_2}}} & \dfrac{Y_{\mathrm{es}}-Y_2}{\rho_{\mathrm{es\_2}}} & \dfrac{Z_{\mathrm{es}}-Z_2}{\rho_{\mathrm{es\_2}}} & c\\\dfrac{X_{\mathrm{es}}-X_3}{\rho_{\mathrm{es\_3}}} & \dfrac{Y_{\mathrm{es}}-Y_3}{\rho_{\mathrm{es\_3}}} & \dfrac{Z_{\mathrm{es}}-Z_3}{\rho_{\mathrm{es\_3}}} & c\\\dfrac{X_{\mathrm{es}}-X_4}{\rho_{\mathrm{es\_4}}} & \dfrac{Y_{\mathrm{es}}-Y_4}{\rho_{\mathrm{es\_4}}} & \dfrac{Z_{\mathrm{es}}-Z_4}{\rho_{\mathrm{es\_4}}} & c\end{bmatrix}^{-1}\cdot\begin{bmatrix}\tilde{\rho}_i^1-\rho_{\mathrm{es\_1}}\\\tilde{\rho}_i^2-\rho_{\mathrm{es\_2}}\\\tilde{\rho}_i^3-\rho_{\mathrm{es\_3}}\\\tilde{\rho}_i^4-\rho_{\mathrm{es\_4}}\end{bmatrix} \tag{5.31}$$

这样就求得了 Δx、Δy、Δz、Δt，对于这种近似计算，考虑到近似坐标精度比较低，坐标改正量($\Delta x,\Delta y,\Delta z$)的值比较大，因此用坐标($X_{\mathrm{es}}+\Delta x,Y_{\mathrm{es}}+\Delta x,Z_{\mathrm{es}}+\Delta x$)代替初始的用户近似位置坐标($X_{\mathrm{es}},Y_{\mathrm{es}},Z_{\mathrm{es}}$)重复上述计算，如此进行迭代，直至两次迭代坐标无明显的差别，最终求出用户的坐标(X,Y,Z)。

5.2.3 载波相位测量

有时候利用测距码测距的精度不能满足精密测量的要求，厘米级甚至毫米级的测量精度必须利用载波相位测量。

1. 载波相位测量原理

为了获得卫星到接收机的距离，接收机需要在同一时刻测量载波在卫星和接收机处的相位，然后再计算二者相位差。如卫星 S 发出一路载波信号，在某一瞬间，该信号在卫星 S 处的相位为 φ_{S}，在接收机 R 处的相位为 φ_{R}。φ_{S} 和 φ_{R} 为从某一点开始计算的包括整周数在内的载波相位，为方便计，均以周为单位，一周对应 360°的相位变化，在距离上对应一个载波波长。若载波的波长为 λ，则卫星 S 至接收机 R 间的距离为

$$\rho=\lambda(\varphi_{\mathrm{S}}-\varphi_{\mathrm{R}}) \tag{5.32}$$

但是在实际工作中，φ_{S} 是无法测得的，代替的办法是由接收机的振荡器产生一个频率和初相与卫星信号完全相同的基准信号，使得在任意一个瞬间，接收机基准信号的相位就等于卫星 S 的信号相位。

在实际进行载波相位测量中，所测得的相位差包括整周部分和不足一个整周的小数部分，即相位观测值为

$$\varphi=\varphi_{\mathrm{S}}-\varphi_{\mathrm{R}}=N+\Delta\varphi \tag{5.33}$$

式中，N 为整周数；$\Delta\varphi$ 为不足一整周的小数部分。但是由于载波是一个单纯的正弦波，不具有任何可辨识的标识，因此无法确切知道正在测量的是第几周的相位。换句话说，N 实际不能测定，这个未知的整数 N 称为整周未知数或整周模糊度。

2. 载波相位观测方程

载波相位观测量是接收机和卫星位置的函数，只有得到了它们之间的函数关系，才能从观测量中求解出接收机的位置。

假设载波信号是正弦波 $y=A\sin(\omega t+\varphi_0)$，卫星发射载波信号的时刻为 t^j，如果接收机时钟无误差，则接收机产生复制信号的时刻也为 t^j，接收机接收到卫星信号的时刻为 t_k，则载波信号传播的时间为 $t_k-t^j=\Delta t+N\cdot T$。于是可得星站间的距离

$$\rho=c(\Delta+N\cdot T)=c\frac{\Delta\varphi'+N\cdot 2\pi}{2\pi f}=\lambda\frac{\Delta\varphi'}{2\pi}+N\cdot\lambda=\lambda\cdot\Delta\varphi+N\cdot\lambda \tag{5.34}$$

式中，$\Delta\varphi'$ 以弧度为单位；而 N 和 $\Delta\varphi$ 以周数为单位。由式(5.34)可得

$$\lambda\cdot\Delta\varphi=\rho-N\cdot\lambda \tag{5.35}$$

当接收机在 t_0 时刻锁定卫星信号并开始测量时，只能测出相位不足一周的小数部分 $\Delta\varphi$，即式(5.35)左端是可测得的；而初始时刻的相位整周数 N 是未知的，即式(5.35)右端两项是未知的。只要卫星不失锁，到 t_i 时刻，卫星与接收机间的相位差将含有三项：一是初始时刻的整周部分，该部分是固定值；二是整周变化部分，该部分可由整波计数器测得；三是不足整周的小数部分。

用 $\varphi(t_i)$ 表示整周变化部分与不足整周部分之和，并考虑接收机钟差的影响，则载波相位观测方程

$$\lambda\cdot\varphi(t_i)=\rho+c\cdot\delta t(t_i)-N\cdot\lambda \tag{5.36}$$

将卫星和接收机的坐标代入上式，并考虑电离层和对流层改正后可得

$$\lambda\cdot\varphi(t_i)=a_k^i\delta X+b_k^i\delta Y+c_k^i\delta Z+c\cdot\delta t(t_i)-N\cdot\lambda+l_0 \tag{5.37}$$

式中的 l_0 包括几何距离近似值及电离层和对流层改正。式中有 5 个未知数，如观测 5 颗卫星则有 9 个未知数。

近似载波相位观测伪距方程

$$\tilde{\rho}_i^j(t)=\rho_i^j(t)+\delta I_i^j(t)+\delta T_i^j(t)+C\delta t_i-C\delta t^j-\lambda N_i^j(t_0) \tag{5.38}$$

线性化之后得到

$$\begin{aligned}\tilde{\rho}_i^j(t)=&(\rho_i^j(t))_0-(k_i^j(t)\delta X_i+l_i^j(t)\delta Y_i+m_i^j(t)\delta Z_i)\\&+\delta I_i^j(t)+\delta T_i^j(t)+C\delta t_i-C\delta t^j-\lambda N_i^j(t_0)\end{aligned} \tag{5.39}$$

3. 载波相位观测的主要问题

载波相位测量中，无法直接测定卫星载波信号在传播路径上相位变化的整周数，存在整周不确定性问题。此外，在接收机跟踪 GNSS 卫星进行观测的过程中，常常由于外界噪声信号干扰、接收机天线被遮挡等原因，可能产生整周跳变现象。有关整周不确定性问题，通常可通过适当的数据处理来解决，但这会使数据处理复杂化。

如果要进行测相伪距绝对定位，观测前应将接收机固定在一点上观测一段时间，以求得整周未知数，这一过程称为初始化，然后才能进行测相伪距动态绝对定位。

载波相位观测时应注意以下两点。

(1)整周数的变化部分由计数器记录，此间信号不能间断，如果此间到达接收机的信号被遮挡造成失锁，遮挡期间整周计数暂停，遮挡移去后继续计数，这就丢掉了遮挡期间的若干整周数，这种情况叫整周跳。引起周跳的另一原因是强电磁干扰。

(2)因各项误差影响，整周模糊度往往不为整数。

5.2.4　卫星导航定位的精度

GNSS 定位精度主要取决于两个因素：卫星的几何分布和测量误差。GNSS 定位误差可以用几何图形精度因子 GDOP 和总的等效距离误差 σ 的乘积来表示。本节我们将讨论测量误差的来源、有关评价定位精度的方法和卫星的几何分布对定位精度的影响等问题。

1. GNSS 测量误差

GNSS 卫星定位是通过地面接收卫星传送的载波相位、伪距和星历数据来确定地面点的三维坐标。GNSS 测量误差主要来源于 GNSS 卫星、信号的传播过程和接收机。在高精度的测量中，定位精度还会受到与地球整体运动有关的负荷潮、固体潮汐以及相对论效应等的影响。

1)与卫星有关的误差(空间段误差)

这部分误差主要包括卫星星历误差和卫星时钟误差，它们是由于 GNSS 地面监控部分不能准确地预测、测量出卫星时钟的钟漂和卫星的运行轨道而引起的。

卫星上虽然使用了高精度的原子钟，但它们仍不可避免地存在着误差。这种误差既包含系统误差(由频偏、钟差、频漂等产生的误差)，也包含随机误差。系统误差要比随机误差大，但可以通过模型加以改正，因而随机误差就成为衡量卫星钟质量的重要标志。

GNSS 地面监控部分用星历参数来描述、预测卫星运行的轨道，但 GNSS 卫星在运行过程中必然会受到各种复杂的摄动力的影响，所以预测的轨道模型与卫星的真实轨道之间必然存在着差异。各个卫星的星历误差一般是相互独立的。

2)与信号传播有关的误差(环境段误差)

GNSS 信号从卫星端传播到接收机需要穿越大气层，大气层对信号传播的影响主要表现为大气时延。大气时延误差通常分为对流层延时和电离层延时。

离地面 70～100km 的大气层称为电离层，电离层中的大气分子在太阳光的照射下会分解成电子和大气电离子。当电磁波穿过充满电子的电离层时，它的传播速度和方向会发生改变，致使GNSS测量结果产生系统性的偏离。

对流层位于大气的底部，其顶部离地面大约40km，对流层集中了大气层99%的质量，其中的氮气、氧气和水蒸气等是造成GNSS信号传播延时的主要原因。卫星信号通过对流层时传播速度要发生变化，从而使测量结果产生系统误差，该误差会受到气压、气温及温度等因素的影响。

此外，接收机天线除了会接收到从GNSS卫星发射后经直线传播的电磁波信号外，还可能接收到一个或多个由该电磁波经周围地物反射一次或多次后的信号，这称为多路径效应。多路径效应同样会对GNSS测量结果产生误差，该误差受接收机天线性能和接收机周围环境影响。

3)与接收机有关的误差(用户段误差)

该部分含义相当广泛，包括接收机的位置误差(接收机天线零相位中心点与接收机位置不重合)、接收机的时钟误差、各部分电子器件的热噪声、信号量化误差、测定码相位与载波相位的算法误差以及接收机软件中的计算误差等。

2. 精度因子

在导航学中，一般采用精度因子(dilution of precision，DOP)来评价定位结果。精度因子也称为精度系数或误差系数，其对定位结果的影响为

$$m_x = \mathrm{DOP} \cdot \sigma \tag{5.40}$$

DOP即是伪距绝对定位中的权系数矩阵中的主对角线元素的函数，权系数矩阵为

$$Q_x = (A_i^{\mathrm{T}} A_i)^{-1} \tag{5.41}$$

或者一般表示为

$$Q_x = \begin{bmatrix} q_{11} & q_{12} & q_{13} & q_{14} \\ q_{21} & q_{22} & q_{23} & q_{24} \\ q_{31} & q_{32} & q_{33} & q_{34} \\ q_{41} & q_{42} & q_{43} & q_{44} \end{bmatrix} \tag{5.42}$$

上式中的元素反映了在一定的几何分布的情况下，不同参数的定位精度及其空间相关性的信息，这是评价定位结果的依据。利用这些元素的不同组合，即可从不同方面对定位精度做出评价。

以上权系数矩阵一般是在空间直角坐标系中给出的，而实际为了估算观测站的位置精度，常采用其在大地坐标系中的表达式。假设在大地坐标系统中，相应点位的权系数矩阵为

$$Q_B = \begin{bmatrix} q_{11} & q_{12} & q_{13} \\ q_{21} & q_{22} & q_{23} \\ q_{31} & q_{32} & q_{33} \end{bmatrix} \tag{5.43}$$

根据方差和协方差传播定律可得

$$Q_B = HQ'_x H^{\mathrm{T}} \tag{5.44}$$

式中

$$Q'_x = \begin{bmatrix} q_{11} & q_{12} & q_{13} \\ q_{21} & q_{22} & q_{23} \\ q_{31} & q_{32} & q_{33} \end{bmatrix} \tag{5.45}$$

$$H = \begin{bmatrix} -\sin B\cos L & -\sin B\sin L & \cos B \\ -\sin L & \cos L & 0 \\ \cos B\cos L & \cos B\sin L & \sin B \end{bmatrix} \tag{5.46}$$

在实际中，根据不同要求，可选用不同的精度评价模型和相应的精度因子，通常如下。

(1)三维位置精度因子 PDOP(position DOP)。

$$\mathrm{PDOP} = (q_{11} + q_{22} + q_{33})^{1/2} \tag{5.47}$$

相应的三维定位精度为

$$m_{\mathrm{P}} = \mathrm{PDOP} \cdot \sigma \tag{5.48}$$

(2)水平分量精度因子 HDOP(horizontal DOP)。

$$\mathrm{HDOP} = (q_{11} + q_{22})^{1/2} \tag{5.49}$$

相应的水平分量精度为

$$m_{\mathrm{H}} = \mathrm{HDOP} \cdot \sigma \tag{5.50}$$

(3)垂直分量精度因子 VDOP(vertical DOP)。

$$\mathrm{VDOP} = (q_{33})^{1/2} \tag{5.51}$$

相应的垂直分量精度为

$$m_{\mathrm{V}} = \mathrm{VDOP} \cdot \sigma \tag{5.52}$$

(4)接收机钟差精度因子 TDOP(time DOP)。

$$\mathrm{TDOP} = (q_{44})^{1/2} \tag{5.53}$$

相应的钟差精度为

$$m_{\mathrm{T}} = \mathrm{TDOP} \cdot \sigma \tag{5.54}$$

(5)几何精度因子 GDOP(geometric DOP)。综合 PDOP 和 TDOP，描述三维位置和时间误差综合影响的精度因子称为几何精度因子

$$\mathrm{GDOP} = (\mathrm{PDOP}^2 + \mathrm{TDOP}^2)^{1/2} = (q_{11} + q_{22} + q_{33} + q_{44})^{1/2} \tag{5.55}$$

相应的时空精度为

$$m_{\mathrm{G}} = \mathrm{GDOP} \cdot \sigma \tag{5.56}$$

3. 卫星的几何分布

精度因子影响 GNSS 绝对定位的误差，而所测卫星的几何分布情况影响精度

因子。由于观测卫星的选择和卫星的运动不同,所测卫星在空间的几何分布图形是变化的,因而精度因子的数值也是变化的。既然卫星的几何分布图形影响精度因子,那么何种分布图形比较适宜,自然是人们关心的问题。理论分析得出:假设观测站与 4 颗卫星构成一个六面体,则精度因子 GDOP 与该六面体体积 V 的倒数成正比,即

$$\mathrm{GDOP} \propto \frac{1}{V} \tag{5.57}$$

也就是说,所测卫星在空间的分布范围越大,六面体的体积就越大,则 GDOP 越小;反之,六面体的体积越小,GDOP 越大。

理论分析表明:如图 5.14 所示,由观测站至 4 颗卫星的观测方向中,当任意两方向之间的夹角接近109.5°时,其六面体的体积最大。但实际观测中,为减弱大气折射的影响,所测卫星的高度角不能过低。因此必须在满足卫星高度角要求的条件下,尽可能使六面体体积接近最大。通常认为,在高度角满足上述条件时,当 1 颗卫星处于天顶,而其余 3 颗相距约120°时,这时候六面体体积接近最大,这可作为实际工作中选择和评价观测卫星分布的参考。

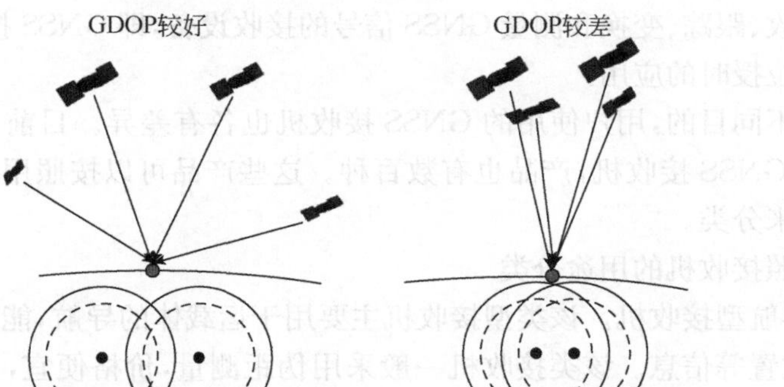

图 5.14　GDOP 比较

5.3　卫星导航接收机工作原理

5.3.1　卫星导航接收机基础

1. 卫星导航接收机简介

卫星导航接收机是 GNSS 各个分系统中直接面向用户的部分,用来接收导航卫星信号并解算和输出导航信息,其主要任务是:当捕获到一定仰角的卫星信号

时，便跟踪这些卫星并持续接收卫星信号，对所接收到的 GNSS 信号进行放大、变频、处理等，测量出 GNSS 信号从卫星到接收机天线的传播时间、解码 GNSS 卫星所发送的导航电文，从而计算出用户的三维位置、速度、时间等导航信息。

随着 GNSS 的发展和升级换代，以及新的 GNSS 不断完善，GNSS 接收机也经过了多年的发展。第一代接收机主要使用模拟器件，价格昂贵且体积庞大；随着第二代 GNSS 卫星的发射，接收机的模拟信号处理逐渐被集成电路和数字信号处理所取代。目前广泛使用的 GNSS 接收机通常是基于专用集成电路(ASIC)结构的终端设备，体积和价格已经大大下降，并且被广泛地应用到各行各业。

当今多个 GNSS 并存兼容的发展，对 GNSS 接收机的性能提出更多的要求，随着基于多星座信号的多模卫星导航接收芯片的不断发展，能够兼容 GPS、GLONASS、北斗、Galileo 四大全球卫星导航系统乃至 QZSS、IRNSS 等区域导航系统的接收机已经被广泛应用。

2. GNSS 接收机类型

GNSS 卫星采用广播方式发送导航定位信号，对于陆海空天的广大用户，只要有能够接收、跟踪、变换和测量 GNSS 信号的接收设备，即 GNSS 接收机，就可以开展导航定位授时的应用。

根据不同目的，用户使用的 GNSS 接收机也各有差异。目前世界上已有很多厂家生产 GNSS 接收机，产品也有数百种。这些产品可以按照用途、载波频率、工作原理等来分类。

1)按照接收机的用途分类

(1)导航型接收机。该类型接收机主要用于运载体的导航，能够实时给出载体的速度、位置等信息。该类接收机一般采用伪距测量，价格便宜，单点实时定位精度较低(10m 左右)，应用广泛。根据应用领域的不同，该类接收机还可以进一步分为航海型(用于船舶等导航定位)、车载型(用于车辆等导航定位)、航空型(用于飞机、导弹等导航定位)，以及星载型(用于卫星等导航定位)，其中航空型通常要求 GNSS 接收机具有高动态性能、高精度，而星载型接收机对环境适应性提出了更高要求。

(2)测量型接收机。该类型接收机主要用于精密工程测量和精密大地测量。该类 GNSS 接收机通常利用高精度天线采用载波相位的观测值进行相对定位，设备结构复杂、定位精度高(能达到毫米级)、价格较贵。

(3)授时型接收机。该类型接收机主要利用 GNSS 卫星提供的高精度时间标准进行授时，常用于通信、金融、电力行业的时间同步。

2)按照接收机的载波频率分类

(1)单频接收机。该类型接收机只能接收单频载波信号(如 GPS 的 L1 载波、北斗的 B1 载波等)进行导航定位。由于不能有效地消除电离层延迟等影响,单频接收机通常只适用于短基线(<15km)的相对定位或者普通单点定位。

(2)多频接收机。该类型接收机可以同时接收多个载波频率(如 GPS 的 L1、L2 载波,北斗的 B1、B2、B3 载波等)的信号进行导航定位。该接收机可用于长达几千公里的精密定位,因为它利用了多频信号可以消除电离层对电磁波信号的延迟的影响。

3)按照接收机工作原理分类

(1)码相关型接收机。该类型接收机利用载波和伪噪声码作为测距信号的接收机,基于码相关技术得到伪距观测值。

(2)平方型接收机。该类型接收机通过载波信号的平方技术去掉调制信号来恢复载波信号,利用相位计数器测定接收到的载波信号和接收机内产生的载波信号之间的相位差,测定伪距观测值。

(3)混合型接收机。该类型接收机综合上述两种接收机的优点,既可以得到载波相位观测值,又可以得到码相位伪距。

(4)干涉型接收机。该类型接收机将 GNSS 卫星作为射电源,采用干涉测量方法测定两个测站间的距离。

3. GNSS 接收机的组成与功能

GNSS 接收机是实现 GNSS 卫星导航定位的终端设备,是一种能够接收、跟踪、变换和测量 GNSS 卫星导航定位信号的无线电接收设备,其主要功能是接收 GNSS 卫星发射的信号,同时进行处理,获取导航电文和载波与伪码的观测量。GNSS 接收机既有捕获、跟踪和处理卫星微弱信号的特性,又具有常用无线电接收设备的共性。

GNSS 接收机如果按其构成部分的功能和性质可分为以下两部分。

(1)硬件部分——主要指天线、处理器和电源等硬件设备。

(2)软件部分——支持接收机硬件实现其功能,并完成各种定位与导航任务的程序。

GNSS 接收机硬件部分的基本组成从功能看,主要有天线单元(有源或者无源,目前大部分的 GNSS 接收机天线是有源的)、射频单元、基带处理单元、人机交互单元和电源单元。

1)天线单元

天线单元的主要功能是接收来自卫星的导航信号。这一单元主要由天线和前置放大器组成。天线的作用主要是将极微弱的 GNSS 卫星电磁波信号转化为相应的电流,而前置放大器则是用来放大 GNSS 卫星信号的微弱电流。

2)射频单元

GNSS 接收机射频单元的主要功能是进行混频，即将 GNSS 的射频信号转换成频率较低的中频信号，同时放大中频信号并进行模数转换，以便后续进行数字化处理。通常将接收机天线送来的输入信号，经过滤波和放大，与本机振荡器产生的正弦波信号进行混频，形成中频信号。GNSS 接收机大部分采用的是精密石英晶体振荡器为基准的频率合成器。中频信号在载波频率上变低，射频信号上所调制的信息也都转移到了中频信号上。

3)基带处理单元

基带处理单元的主要功能是对卫星信号进行解码、跟踪和处理，由信号通道单元、存储单元、微处理器单元和用户接口单元组成，主要完成对射频输出的星历、历书数据进行捕获、跟踪、锁定处理，并对锁定后的数据进行解算，将解算结果输出给人机交互单元。

以上三部分共同组成了 GNSS 接收机的信号通道单元，它是卫星发射的信号通过天线进入接收机进行处理的路径。当所有来自天线水平面以上的卫星信号被接收机的全向天线接收之后，首先通过接收机内若干分离信号的通道来实现信号隔离，以便进行测量和处理。当接收机需跟踪多个卫星信号时，可采用两种跟踪方式：一种是接收机只有一个通道，即一个时刻可同时跟踪多颗卫星，缩短了捕获和跟踪的时间，从而缩短了接收机计算位置、速度和时间信息的时间；另一种是接收机具有多个分离的硬件通道，每个通道都可以连续地跟踪一个卫星信号。GNSS 接收机可为用户提供卫星的方向、位置和高度角信息，以便选用健康的且分布适宜(根据 GDOP 获得)的定位卫星。

存储单元用于存储卫星的历书数据和系统运行的程序。GNSS 接收机可为用户提供导航、定位或其他服务，这些服务需要通过相关的应用程序处理导航数据后才能实现，因此在 GNSS 接收机内需要有一定容量的存储器以存储相关的程序和数据。另外，在某些应用服务中，GNSS 接收机需要存储定位现场所采集的载波相位测量、伪距以及 GNSS 卫星星历等数据。这些数据可以通过外接计算机直接存储到磁盘上或者存储在存储器里面。

4)人机交互单元和电源单元

接收机的人机交互单元的主要功能是显示导航、定位和授时信息，是外界与接收机进行交互的接口，可以通过串口发送和接收数据，也可以通过显示屏幕和键盘等方式与操作人员进行互动。电源单元的主要功能是为接收机的各个部分进行供电，一般由电池、充电设备等组成。GNSS 接收机的电源可以是蓄电池，也可以是外接输入电源或充电电池，对接收机的不同部分供电时其电压可能不同。不同 GNSS 接收机的电池的类型和容量差异很大，电源蓄电池及其充电器往往会制约接收机的质量和大小。

GNSS 接收机的软件部分可分为外部软件和内部软件。其中内部软件是指诸如控制接收机信号通道,按时序列对各卫星信号进行量测的软件,以及固化或存储在中央处理器内的自动操作程序等,这类软件已与接收机融为一体。而外部软件是指观测数据后处理的软件系统,这种软件外置于接收机所连接的服务器中。

接收机的计算部分由机内软件和微处理器组成,机内软件由接收机厂商提供,是实现通道自校自动化、数据采集的重要构成部分,主要用于信号捕获、跟踪和点位计算。微处理器结合机内软件进行下列计算和处理。

(1)接收机开机后,立即命令各个通道进行自检,同时实时地在视屏显示窗内显示各自的自检结果,并测定、校正和存储各个通道的时延值。

(2)接收机对卫星进行捕捉跟踪后,根据跟踪环路所输出的数据码,解译出 GNSS 卫星星历。当同时锁定 4 颗卫星时,连同星历一起将伪距观测值计算出测站的三维位置,并按照预置的位置数据更新率,根据三球交会的原理计算得到用户的位置、速度和时间信息,不断更新用户点的坐标。

(3)用 GNSS 卫星历书和已测得的点位坐标,计算出所有在轨卫星的方位、升降时间和高度角,并选用健康的且分布适宜的定位卫星,可以在上述定位的基础上,获得更加精准的用户位置信息。

综上所述,GNSS 接收机的主要功能是:当 GNSS 卫星在用户视界升起时,能够按一定卫星高度截止角捕获到所选择的待测卫星,并能够跟踪这些卫星的运行。对所接收的 GNSS 信号具有放大、变换和处理功能,以便测量出 GNSS 信号从卫星到接收天线的变化率及其传播时间,解码出 GNSS 卫星所发送的导航电文,实时地计算出测点的三维速度、三维位置和时间。

5.3.2　GNSS 接收机信号原理

1. GNSS 信号捕获

GNSS 接收机基本功能结构图如图 5.15 所示。GNSS 接收机需要对接收到的信号进行捕获。信号捕获是对 GNSS 信号处理的一个重要的环节,它不仅是对 GNSS 信号的载波频率和码特性进行粗略估计的过程,也是解调导航信号的开始,其目的是确定当前接收到的信号里包含了哪些可见星信号(确定可见星),并获取各信号的码相位和载波频率的粗略值。

首先是全向圆极化天线接收卫星发射的一定频率的扩频导航信号,经前置放大后进行变频。前置放大器是带宽低噪声载频放大器,用来改善信噪比。接收通道采用多次变频的方法,这是因为从卫星接收的信号很弱,多次变频可使接收通道得到稳定的高增益,并有利于抑制镜像频率信号干扰。变频器把射频(RF)信号变成中频(IF)信号,经过放大、带通滤波(BPF)送给伪码延时锁定环路和载波锁定环

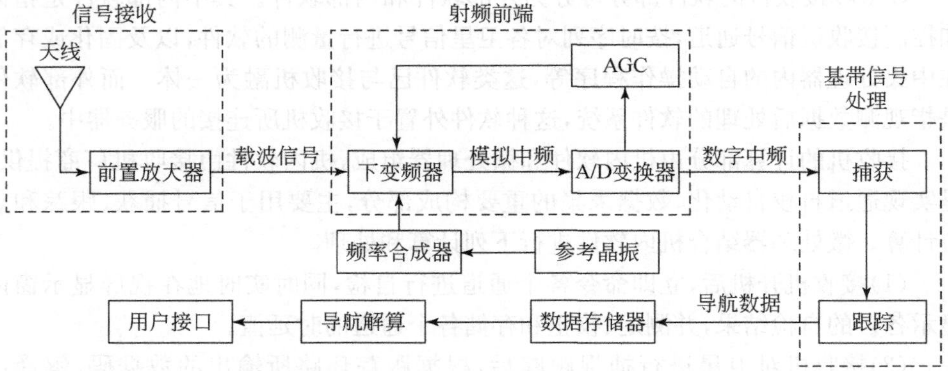

图 5.15　GNSS 接收机基本功能结构图

路。对信号进行解扩、解调，得到基带信号。从载波锁定环路提取与多普勒频移相应的伪距变化率，从伪码延时锁定环路提取伪距。至 A/D 变换之前的接收机通道对卫星信号都是进行模拟信号处理，是典型的超外差接收机电路。A/D 变换器将卫星模拟信号变换为二位数字信号，输入至相关器进一步进行处理。理论上此时 GNSS 信号的标称频率对应于中频信号的标称频率，但由于 GNSS 卫星相对地球运动，会产生多普勒频移，从而使实际的中频值偏离理论中频值。例如，对于 GPS 的 L1 载波和地球上静止的 GNSS 接收机，最大多普勒频移约为±5kHz，而对于高速运动的 GNSS 接收机，多普勒频移可达到±10kHz。

由于多普勒频移和码相位的不确定性，在信号捕获的初始阶段，接收信号的载波频率和伪码相位对接收机而言都是未知的，捕获的目的就是确定这两个未知参量的粗略值。因此，GNSS 信号的捕获实际上包括载波捕获和码捕获两个方面。例如，对于 GPS 卫星 L1C/A 码信号，在 t 时刻接收到的信号 s 是所有 n 颗可见星信号的叠加，即

$$s(t)=s^1(t)+s^2(t)+\cdots+s^n(t) \tag{5.58}$$

可以根据 C/A 码相关性进行信号捕获，当捕获卫星 k 时，将接收机本地产生的卫星 k 的 C/A 码与接收到的信号 s 相乘，由 C/A 码的良好自相关性可以除去其他卫星信号。与本地码相乘后的信号，还要进一步与本地载波进行混频，以滤除接收信号中其他卫星的载波信号。

卫星信号捕获的过程在接收机内部是以搜索方式进行的。以 GPS 为例，对于 C/A 码，共有 1023 种不同的码相位，因此捕获时需要尝试 1023 种码相位；同时接收到的卫星信号频率也会在标称频率一定范围内变化，还需要进一步检测该范围内的不同频率。假设搜索频率的步长为 500Hz，对于高动态的 GNSS 接收机，对标称频率±10kHz 范围内就需要进行 41 次频率搜索；而对于静止接收机，对标称频率的±5kHz 范围内就需要进行 21 次搜索。

通过搜索码相位和频率的所有可能性，由于卫星信号中伪随机噪声码的良好自相关特性，可以找到其中的最大值，当该值超过所设定的门限后，即捕获到了该卫星信号，该最大值对应的码相位和频率即为信号捕获结果。

对于硬件接收机，信号捕获通常在专用集成电路(ASIC)中完成；对于软件接收机，则通过软件方法实现信号捕获。对于 GNSS 信号，根据其特征可以有很多捕获的方法，下面介绍两类基本的 GNSS 捕获方法。

1)连续捕获方法

连续捕获方法是在码相位和载波多普勒频移所构成的二维空间上进行的，先进行码相位搜索，再对多普勒频带进行搜索。采用串行顺序搜索的方式，通常码相位是小于或等于 1 个码片为步进量搜索的，这是因为跟踪算法在进行超前/滞后/门限判断时，通常要求码相位差别在 1 个码片以内；频率搜索范围由应用环境的动态范围和接收机钟差来确定。多普勒搜索频带和码相位搜索步进可构成一个二维搜索单位。从零多普勒开始逐步搜索全部码相位，如不能捕获则跳到下一个多普勒频带继续码相位搜索

具体的实现方式如图 5.16 所示，首先本地产生的伪码序列与接收信号相乘，然后接收信号与本地产生的载波相乘(包括经过 90°相移的载波)。与本地载波相乘后，产生正交的 Q 支路信号和同相的 I 支路信号。I 分量和 Q 分量经过积分后平方相加，其中积分是为了将对应于处理长度的所有点值相加，平方是为了获得信号功率。I^2+Q^2 表示输入信号和本地信号之间的相关性，若 I^2+Q^2 大于判别门限，则表示本地载波频率和码相位与深入信号的载波频率和码相位大致相同。

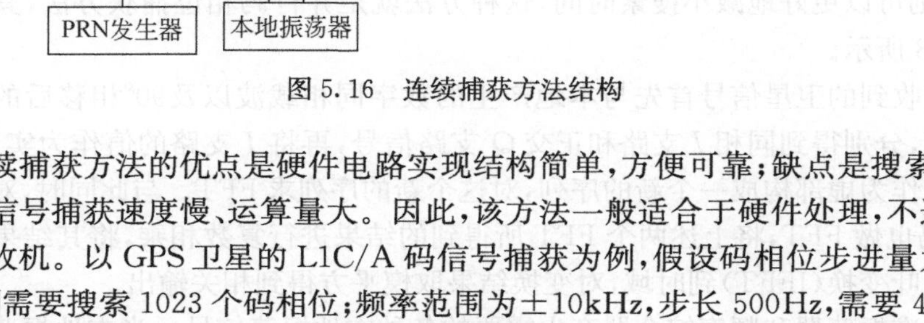

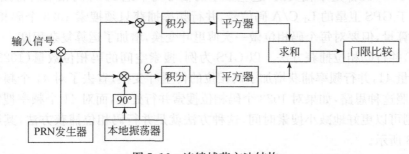

图 5.16　连续捕获方法结构

连续捕获方法的优点是硬件电路实现结构简单，方便可靠；缺点是搜索量大，对卫星信号捕获速度慢、运算量大。因此，该方法一般适合于硬件处理，不适用于软件接收机。以 GPS 卫星的 L1C/A 码信号捕获为例，假设码相位步进量为 1 个码片，则需要搜索 1023 个码相位；频率范围为±10kHz，步长 500Hz，需要 41 次搜索；积分时间 1ms(即 C/A 码周期)，则搜索总数为 1023×41＝41943 次，耗时 41.9s。因此该方法仅适用于静态定位等不需要很高实时性的用户。

2)并行捕获方法

连续捕获的方法是采用串行方式搜索了所有可能的码相位和频率，所以比较耗时。如果在搜索过程中采用一维搜索和并行的方式将可以极大提高捕获的实时性。这种搜索方式就是并行码相位捕获方法和并行频率捕获方法。

(1)并行频率捕获方法。并行频率捕获方法利用傅里叶变换将信号从时域转换到频域，仅对频率参数进行搜索，其实现方法框图如图 5.17 所示。接收到的卫星信号首先与本地产生的伪码序列相乘，将得到的结果通过离散傅里叶变换(DFT)或者快速傅里叶变换(FFT)转换为频域信号后，对其绝对值进行平方计算。

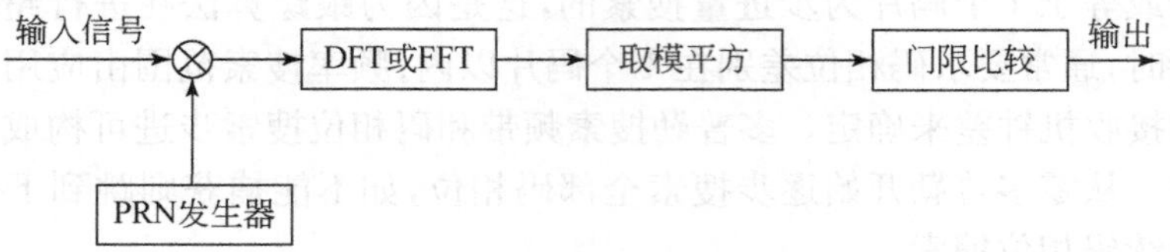

图 5.17　并行频率捕获方法框图

只有当输入的卫星信号码和本地 PRN 码相位一致时，相乘后的波形才是解扩的连续波，傅里叶变换后输出的频域信号波形将显示一个特别峰值，所对应频率轴上的频率就是捕获到的卫星载波频率。如果输入信号中还含有其他卫星的信号，不论是同一个卫星导航系统的卫星还是不同卫星导航系统的卫星，由于各个卫星 PRN 码都是不相关的，这些卫星的信号与本地 PRN 码相乘后将减小。

对于 GPS 卫星的 L_1 C/A 码信号，并行频率捕获只须搜索 1023 个码相位，减少了运算量，但要对每个码相位做一次傅里叶变换，增加了运算复杂程度。

(2)并行码相位捕获方法。以 GPS 为例，搜索空间的码相位数量(1023)大于频率数量 41，并行频率捕获增加了码相位的傅里叶变换，省去了对 41 个频率的搜索。按照这种思路，如果对 1023 个码相位搜索并行处理，而对 41 个频率搜索串行处理，则可以更好地减小搜索时间，这种方法就是并行码相位捕获方法，其原理如图 5.18 所示。

接收到的卫星信号首先与本地产生的数字同相载波以及90°相移后的正交载波相乘，分别得到同相 I 支路和正交 Q 支路信号，再将 I 支路的值作为实部，Q 支路的值作为虚部构成一个新的序列，对这个新的序列求 FFT。与此同时，对由本地 C/A 码也做 FFT，将上述两个 FFT 所得到的结果进行复数相乘，将其结果再进行逆傅里叶变换(IFFT)到时域，对变换结果取模平方得到相关输出。

基准振荡器和频率综合器产生需要的各种本地振荡信号。当本地振荡器产生的数字载波频率与输入中频信号的载波频率基本上一致时，上述相关过程的输出会出现一个相关峰，当该峰值超过捕获门限时，即认为信号捕获完成，这时接收机

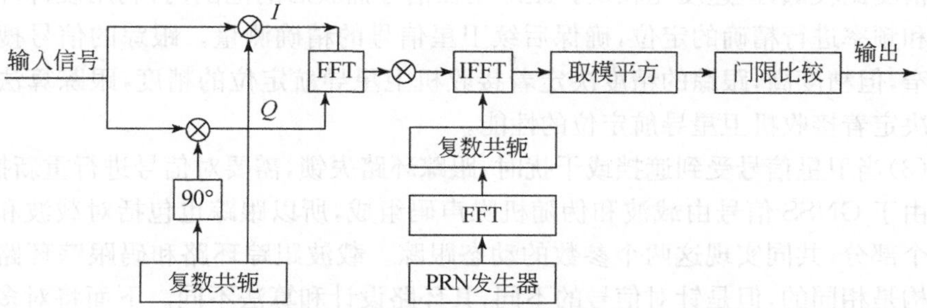

图 5.18　并行码相位捕获框图

转换到跟踪环路。如果小于门限判断没有捕获到信号，这时可以更换多普勒频率重复上述过程，一直到信号捕获为止。

和前面两种捕获方法相比，并行码相位捕获方法的优点在于捕获时间短，该方法把搜索空间减少到了 41 个频率空间，只须做 41 次傅里叶变换和逆傅里叶变换，而无须再做 1023 次码相位移动，所以很明显减少了捕获时间。其缺点在于计算复杂度高，需要更强的硬件技术支撑，然而随着 FPGA 等高速数字信号实时处理技术的快速发展，硬件技术也足以支撑该方法在高动态接收机中快速反应的应用。

2. GNSS 信号跟踪

1)GNSS 信号跟踪概念

上述 GNSS 信号捕获方法实现的只是粗同步，由于卫星一直处于高速运动状态，当接收机捕获到某颗导航卫星的信号后，多普勒效应会引起载波频率发生动态偏移，同时伪随机噪声码的相位也会随着卫星与接收机之间距离的变化而改变，所以 GNSS 卫星信号一直在动态变化中。因此，在捕获到卫星信号后，接收机还必须动态地跟踪载波多普勒频移和码相位的变化，才能保证持续、准确地获得导航电文，进而完成导航定位的解算。

GNSS 信号跟踪的目的就是对捕获到的随时间不断变化的载波相位和粗略的码相位进行细化和跟踪，实现信号载波相位和码相位的精确同步。GNSS 接收机中，信号跟踪和信号捕获是密切相关的，主要特点如下。

(1)捕获和跟踪均需要根据所接收到的卫星信号对载波和本地码进行调整，从而消除本地码及载波和接收到的卫星信号之间的不确定度，这种调整的原理均是基于卫星码信号良好的自相关性。

(2)捕获和跟踪的启动是具有先后顺序的，只有在完成了捕获后跟踪环路才开始工作。捕获是对卫星信号进行时间和频率的二维搜索，能够将接收到的卫星信号和本地复现码及载波的差值限定在一个特定的范围内。捕获仅提供初始同步，它的精度比较低，但速度比较快。跟踪是在信号捕获后的范围内，利用硬件环路对时间和频率进行精确的定位，确保后续卫星信号的精确测量。跟踪的信号搜索范围较窄，但精度高，跟踪的精度决定着接收机卫星导航定位的精度，跟踪算法的效率也决定着接收机卫星导航定位的性能。

(3)当卫星信号受到遮挡或干扰时，跟踪环路失锁，需要对信号进行重新捕获。

由于GNSS信号由载波和伪随机噪声码组成，所以跟踪也包括对载波和码跟踪两个部分，共同实现这两个参数的动态跟踪。载波跟踪环路和码跟踪环路的基本结构是相同的，但是针对信号的不同，其环路设计和算法不同。下面将对多环路的基本结构、载波跟踪环路、码跟踪环路进行介绍。

2)跟踪环路基本构成

信号跟踪环路通常包含鉴别器、环路滤波器以及数控振荡器三个主要部分，基本模型如图5.19所示，它给出了环路误差控制量的反馈关系。鉴别器用来比较k时刻的输入信号$s_i(k)$与压控振荡器(VCO)的输出信号$s_o(k)$，其输出为随误差$e(k)$变化的误差电压u_d。环路滤波器的主要作用是对误差电压的平滑，然后送到压控振荡器里，最后使$s_o(k)$与$s_i(k)$之间的误差控制量越来越小。

图5.19中$F(s)$与$N(s)$分别为环路滤波器与压控振荡器的传递函数，K_d为鉴别器的增益。鉴别器用来比较输入信号与输出信号，然后提取出误差控制量。对于载波和伪随机噪声码，提取的方法是不一样的，因此载波跟踪环路和码跟踪环路也有所不同。

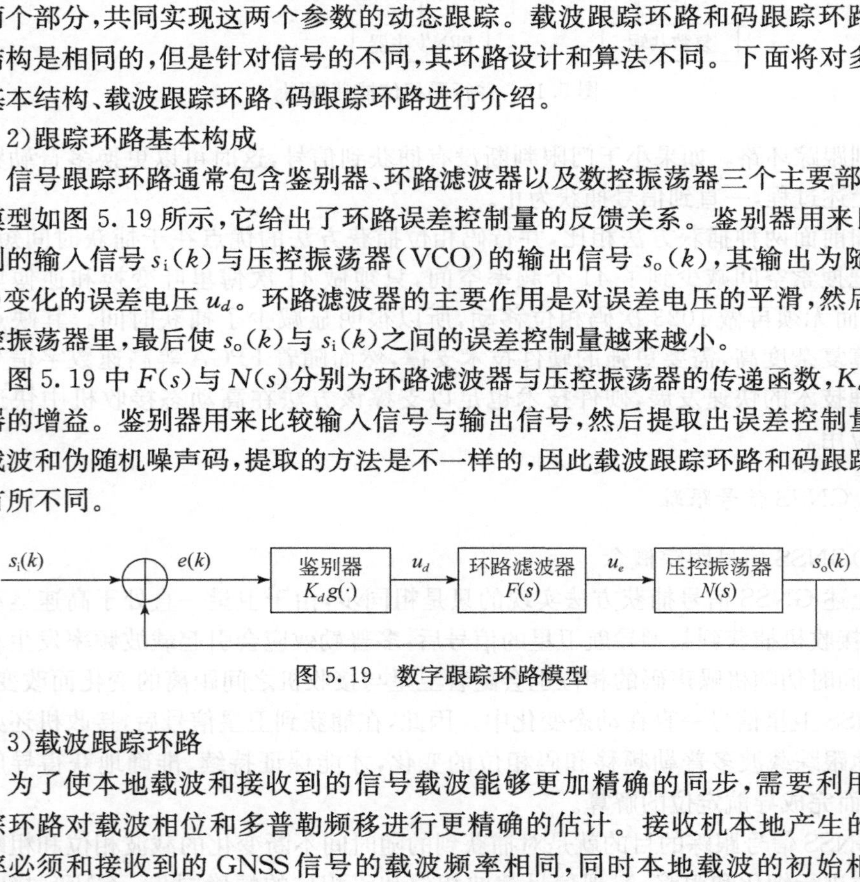

图5.19　数字跟踪环路模型

3)载波跟踪环路

为了使本地载波和接收到的信号载波能够更加精确的同步，需要利用载波跟踪环路对载波相位和多普勒频移进行更精确的估计。接收机本地产生的载波频率必须和接收到的GNSS信号的载波频率相同，同时本地载波的初始相位也要和接收到的载波初始相位一样。所以载波跟踪可分为载波频率跟踪和载波相位跟踪。

根据载波鉴别器提取信号(载波频率和载波相位)误差控制量的不同方法，载波环路通常采用如下类型：锁频环(FLL)、锁相环(PLL)、科斯塔斯锁相环(Costas PLL)。FLL鉴别器输出的是载波频率误差，而PLL和Costas PLL输出的是载波相位误差。GNSS信号中的导航电文与伪随机噪声码均调制在载波上，会导致载波相位的跳变，由于普通的PLL对180°相位跳变敏感，所以GNSS接收机中常采用对 180°相位不敏感的 Costas PLL。

Costas PLL 是扩频通信里一种经典的锁相环，又称同相正交环，其原理框图如图 5.20 所示。其中第一个乘法器剥离了输入信号的 PRN 码，另外两个乘法器分别实现输入信号与本地载波及其经过 90°相移载波的相乘，并将信号能量保留在 I 支路上。记经过捕获后的中频输入信号为 $D(t)\cos(\omega t)$，本地振荡器的载波信号为 $\cos(\omega t+\varphi)$，其中 φ 为相位差，则 I 支路和 Q 支路相乘结果分别为

$$D(t)\cos(\omega t)\cos(\omega t+\varphi)=\frac{1}{2}D(t)\cos\varphi+\frac{1}{2}D(t)\cos(2\omega t+\varphi) \tag{5.59}$$

$$D(t)\cos(\omega t)\sin(\omega t+\varphi)=\frac{1}{2}D(t)\sin\varphi+\frac{1}{2}D(t)\sin(2\omega t+\varphi) \tag{5.60}$$

相乘后的信号分别经过低通滤波器，滤除 2 倍频的分量，则 I 支路和 Q 支路的信号分别为 $I=\frac{1}{2}D(t)\cos\varphi$ 和 $Q=\frac{1}{2}D(t)\sin\varphi$，进而通过载波鉴相器得到相位差为

$$\varphi=\arctan\left(\frac{Q}{I}\right) \tag{5.61}$$

当支路信号趋近零而 I 支路信号最大时相位误差 φ 最小，Costas PLL 使得有用信号能量全部集中在 I 支路信号上。

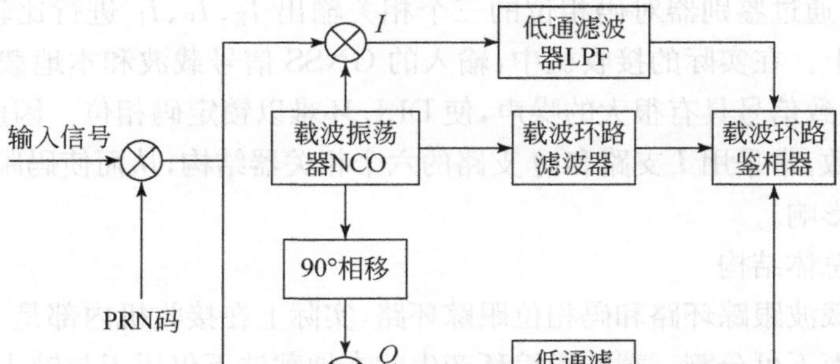

图 5.20　Costas PLL 跟踪环路框图

4）码跟踪环路

码跟踪环路是在码捕获的基础上，为了提高本地码和接收到的卫星信号扩频码之间的相关程度，更加精确地完成对扩频码的解扩，从基带信号得到准确的导航数据（星历参数、卫星时钟校正参量和历书等）。码跟踪环路一般采用超前-滞后延迟锁定环（DLL），将输入信号与本地 PRN 码进行相关处理，其基本构成如图 5.21 所示。

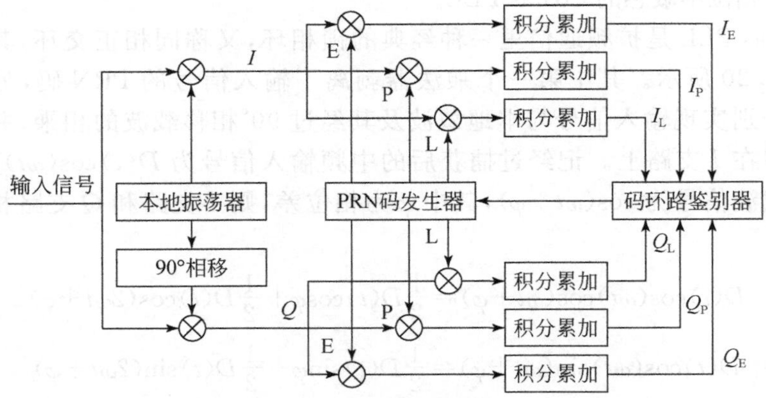

图 5.21　码跟踪环路框图

输入的 GNSS 信号与严格对齐的本地振荡器产生的载波相乘，载波信号解调后得到基带信号，然后分别与本地的 PRN 码相乘。本地码之间的间距通常为±1/2 码片，分别为超前(E)、即时(P)、滞后(L)三条支路，将三路相乘结果分别进行积分累加，则输出的积分值大小表明了本地 PRN 码与输入 GNSS 信号中码的相关程度。同时，将鉴别器输出作为反馈，用于调节本地的 PRN 码相位。

当本地载波的相位和频率正确锁定时，图 5.21 的单独 I 支路跟踪环路即可满足要求，此时通过鉴别器对码相位的三个相关输出 I_E、I_P、I_L 进行比较，来判定是否已经跟踪上。在实际的接收机中，输入的 GNSS 信号载波和本地载波总存在一定的相差，导致信号具有很大的噪声，使 DLL 环难以锁定码相位。因此，可以增加相关器的个数，常采用 I 支路和 Q 支路的六个相关器结构，从而使码跟踪不受本地载波跟踪的影响。

5)跟踪总体结构

前述的载波跟踪环路和码相位跟踪环路，实际上在接收机内部是一个整体，在功能和硬件上不可分割。载波跟踪环产生的本地载波不仅用于与输入的卫星信号载波鉴相，也要用于码相位跟踪环中去除输入的卫星信号载波；码相位跟踪环产生的本地码不仅用于输入卫星信号的相关处理，也用于载波跟踪环中去除输入卫星信号的扩频码。因此，在接收机中，一个完整的 GNSS 信号跟踪环路包含了载波跟踪和码跟踪环路，如图 5.22 所示。

3. GNSS 信号解码

当跟踪环路能够稳定地跟踪 GNSS 信号以后，便可以对信号进行解码。不同的 GNSS 定义了相应的接口控制文件，该文件是接收机设计和算法设计的基础，文件中会详细规定其导航数据的编码、解码的相关接口。下面以 GPS 卫星信号的解

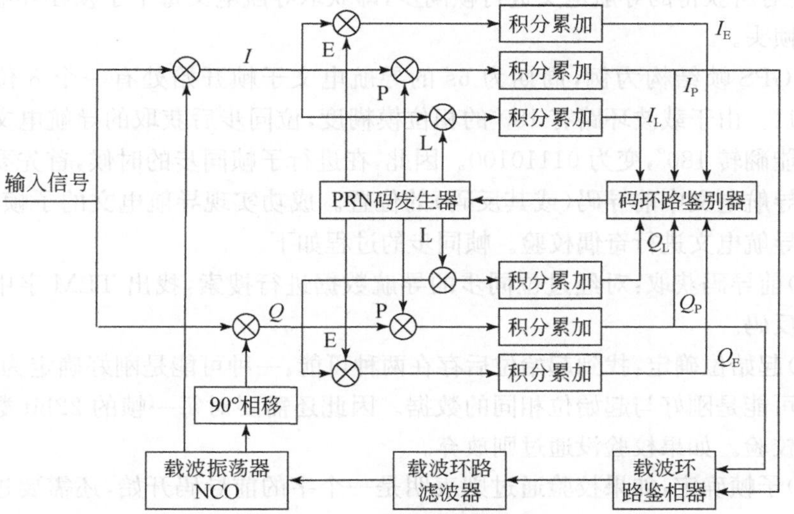

图 5.22　GNSS 信号跟踪环路

码为例进行介绍，其他 GNSS 信号解码过程与之类似，只是相应的接口定义不同。信号解码过程主要包括位同步(用于导航数据恢复)、帧同步与奇偶校验、导航电文提取和导航定位计算四个主要过程。

1)位同步

位同步(也称为比特同步)是数据通信中最基本的同步方式，接收机中位同步的目的是将卫星信号发送的每一个比特都正确地接收下来，这就要在正确的时刻对收到的卫星信号电平根据接口控制文件中的规则进行判决。

例如，GPS 的比特数据流速率是 50bit/s，即一个导航数据位的长度为 20ms，因此，一个 20ms 的数据信号必然包含 GPS 导航电文的位起始点。在进行位同步时，找到这个相位跳变点，也就找到了 GPS 导航电文的起始点，跟踪的信号中其余导航数据位的起始点可以根据数据间隔为 20ms 的关系推出。

当完成卫星信号跟踪后，可以从 I_P 的输出端得到数据信号，其输出为频率 1ms、振幅为±1 的方波。由于导航数据位长度为 20ms，且跟踪信号的输出带有噪声，为了得到导航数据位，可以从比特跳变时刻开始，对每个数据位周期内的 20 个跟踪信号进行中值滤波。

经过位同步，接收机已经将跟踪的数据信号转化为周期为 20ms 的±1 方波数据序列，接收机每 20ms 记录一个数据比特，并连续化存储，提供给后续的帧同步环节。

2)帧同步

通过位同步，接收机可得到 50bit/s 的导航电文。为了提取导航电文的各种参数，需要对所获得的导航电文进行帧同步，即获取导航电文每个子帧在导航电文数据内的帧头。

以 GPS 帧结构为例，周期为 6s 的导航电文子帧开始处有一个 8 位前导码 10001011。由于载波环路有 180°的相位模糊度，位同步后获取的导航电文子帧前导码可能翻转 180°，变为 01110100。因此，在进行子帧同步的时候，首先要搜索所获取的导航电文中前导码（或其反码）的位置。成功实现导航电文的子帧同步后，还要对导航电文进行奇偶校验。帧同步的过程如下。

(1)前导码获取：对经过位同步的导航数据进行搜索，找出 TLM 字中的前导码或其反码。

(2)起始位确定：找到起始位后存在两种可能：一种可能是刚好确定为起始位，另一种可能是刚好与起始位相同的数据。因此还需要对每一帧的 22bit 数据位进行奇偶校验。如果校验没通过则放弃。

(3)子帧确定：如果校验通过则表明是一个字的前导码开始，还需要进一步的检查。如果它确是 TLM 字，随后一定是 HOW 字。在 HOW 字中包括了截断的 Z 计数，Z 计数的前 8bit 也可以作为标志位进行检查。

(4)帧同步确定：同样也需对 HOW 字进行奇偶校验，如果校验没有通过则帧同步应该重新开始。

(5)下一子帧检测：如果准确地检测到 HOW 字，可以先将其保存起来，开始检测下一个子帧。

3)导航电文提取

导航电文是调制在载波和测距码上的二进制文件，以帧的形式向外广播。经过子帧同步和奇偶校验后，即可对导航电文进行提取，得到其中的轨道摄动参数、时间参数、开普勒 6 参数等导航信息。

例如，GPS 导航电文第一数据块中的电离层时延改正参数信息，将子帧 1 的第 197bit 开始的 8 个导航数据位转化为十进制数，同时乘以系数 2^{-31}，即可得到导航电文中真实的电离层时延改正参数信息。

4)GNSS 导航解算

导航解算对以上信息的综合，也是接收机的最终输出。GNSS 接收机在得到导航电文、伪随机噪声码、载波相位等有用信息后，可以采用导航算法进行导航解算。各种 GNSS 的定位原理基本相同，均为三球交会原理，但是不同的应用环境和应用要求会使得不同类型的 GNSS 接收机采用不同的导航解算方法，如根据伪距信息或载波信息，采用静态定位或动态定位方法等。接收机利用得到的卫星轨道参数、测码或测相伪距以及信号的多普勒频移等，以及一些初始参数（如用户初始位置估计、速度估计以及它们的方差等），进行最佳导航星的选择计算和卫星信号的搜索跟踪控制等工作，并进行用户位置和速度的计算。

参考文献

[1] 刘海颖，王慧南，陈志明．卫星导航原理与应用[M]．北京：国防工业出版社，2013.
[2] 皮亦鸣，曹宗杰，闵锐．卫星导航原理与系统[M]．成都：电子科技大学出版社，2011.
[3] 董绪荣，唐斌，蒋德．卫星导航软件接收机原理与设计[M]．北京：国防工业出版社，2008.
[4] 边少锋，李文魁．卫星导航系统概论[M]．北京：电子工业出版社，2005.
[5] 刘大杰，施一民，过静珺．全球定位系统（GPS）的原理与数据处理[M]．上海：同济大学出版社，1996.
[6] 刘基余．全球定位系统原理及应用[M]．北京：测绘出版社，1999.

第 6 章 卫星导航系统误差与消除方法

6.1 卫星导航系统误差分析

卫星导航系统的误差直接影响着卫星导航系统用于导航、定位和授时的精度，这些误差产生的原因与卫星、环境和设备有着直接的关系，本章将对影响卫星导航系统精度的误差及其产生原因进行详细的分析，并介绍相关的误差消除方法。

6.1.1 卫星导航系统误差简介

根据卫星导航定位测量误差产生的原因和性质，卫星导航系统的误差可以分为系统误差（又称偏差）和偶然误差。系统误差是具有系统性特征的误差，对卫星导航系统的影响量级较大，最大可达数百米。系统误差通常与某些变量如时间、位置和温度等有函数关系，因此系统误差的影响可以通过对系统误差源建模的方法消除或抑制。偶然误差包括卫星信号发生部分和接收机信号接收处理部分的随机噪声、观测误差和多路径效应等其他外部某些具有随机特征的影响误差。偶然误差具有随机性，对卫星定位系统影响较小，通常在毫米级至米级[1]。

卫星导航定位中出现的各种误差，从误差源产生的阶段来讲可以分为三类：一是产生于空间段的误差；二是产生于环境段的误差；三是产生于用户段的误差。

(1)在空间段产生的误差主要与卫星本身有关，包括与卫星轨道误差、卫星钟差、地球自转以及相对论效应等原因产生的误差。卫星轨道参数和星钟模型是由卫星广播的导航电文给出的，但实际上卫星并不准确地位于导航电文所预报的位置。卫星时钟即使用导航电文中的星钟模型校正后，也并非与卫星导航系统时间同步。这些误差在各个卫星之间是不相关的，它们对伪距测量和载波相位测量的影响相同。空间段中关于卫星轨道和卫星时钟的误差与地面跟踪台站的位置和数目、卫星导航系统的标准时间、描述卫星轨道的模型以及卫星在空间的几何结构有关。

(2)在环境段产生的误差包括与卫星信号传输路径和观测方法有关的误差，如电离层和对流层延迟、多路径效应误差等。卫星信号在穿越大气层时会在电离层和对流层出现折射，从而导致信号的传输误差。地面附近的高大建筑物和水面等反射面也会对卫星信号造成反射，从而产生多路径效应，带来信号的干涉误差。

(3)在用户段产生的误差主要是接收机时钟偏差、天线相位中心偏差等引起的误差。由于卫星电磁波信号传输速度为光速，接收机的时钟偏差对卫星导航定位会造成极大的影响，一般将其设为未知数求解。在精密测量时，天线本身的相位中心与实际测量的物理中心的不一致也会给测量带来误差。

各种误差源产生的误差有相当复杂的频谱特征和其他特征，而且部分误差源之间可能还是相关的，在进行精密测量时必须分析其复杂的交叉耦合关系。在本书中，为了使读者更清晰地了解各种误差源的产生与消除方法，我们假设误差源是非相关的，并用各自的方程来描述其特性。

以 GPS 为例，主要的误差源及其影响可参考表 6.1。在研究误差对卫星导航系统定位的影响时，往往将误差归算到卫星至观测站的距离，以相应的距离误差表示，称为用户等效误差(UERE)。表 6.1(a)、(b)、(c)所列不同条件下对观测距离的影响，即为相应的等效距离误差。

表 6.1(a)　GPS 误差及对伪距测量的影响(SPS，无 SA)

误差来源	1-sigma 误差，单位 m		
	偏差	随机误差	总误差
星历误差	2.1	0.0	2.1
卫星钟误差	2.0	0.7	2.1
电离层误差	4.0	0.5	4.0
对流层误差	0.5	0.5	0.7
多路径误差	1.0	1.0	1.4
接收机观测误差	0.5	0.2	0.5
用户等效距离误差(UERE)，rms	5.1	1.4	5.3
滤波后的 UERE，rms	5.1	0.4	5.1
1-sigma 垂直误差－VDOP＝2.5	12.8		
1-sigma 水平误差－HDOP＝2.0	10.2		

表 6.1(b)　GPS 误差及对伪距测量的影响(SPS，有 SA)

误差来源	1-sigma 误差，单位 m		
	偏差	随机误差	总误差
星历误差	2.1	0.0	2.1
卫星钟误差	20.0	0.7	20.0
电离层误差	4.0	0.5	4.0
对流层误差	0.5	0.5	0.7
多路径误差	1.0	1.0	1.4
接收机观测误差	0.5	0.2	0.5

续表

误差来源	1-sigma 误差,单位 m		
	偏差	随机误差	总误差
用户等效距离误差(UERE),rms	20.5	1.4	20.6
滤波后的 UERE,rms	20.5	0.4	20.5
1-sigma 垂直误差－VDOP=2.5	51.4		
1-sigma 水平误差－HDOP=2.0	41.1		

表 6.1(c)　GPS 误差及对伪距测量的影响(PPS,双频,P/Y－码)

误差来源	1-sigma 误差,单位 m		
	偏差	随机误差	总误差
星历误差	2.1	0.0	2.1
卫星钟误差	2.0	0.7	2.1
电离层误差	1.0	0.7	1.2
对流层误差	0.5	0.5	0.7
多路径误差	1.0	1.0	1.4
接收机观测误差	0.5	0.2	0.5
用户等效距离误差(UERE),rms	3.3	1.5	3.6
滤波后的 UERE,rms	3.3	0.4	3.3
1-sigma 垂直误差－VDOP=2.5	8.3		
1-sigma 水平误差－HDOP=2.0	6.6		

6.1.2　用户等效距离误差

卫星导航系统中的各种偏差和误差最终都要反映在用户的测量结果上。因此,在许多实际应用中,人们往往把各种偏差投影到距离上来进行分析,所有这些投影偏差的和称为距离偏差,如图 6.1 所示。在消除这些偏差之前,所测量到的距离称为有偏距离,也就是我们常说的伪距。

图 6.1 中的参数意义如下:$d\rho$ 为卫星轨道偏差的等效距离;cdt 为卫星钟偏差的等效距离;$\Delta j_{j,\mathrm{lg}}(t)$为电离层延迟的等效距离;$\Delta j_{j,T}(t)$为对流层延迟的等效距离;$cdT$ 为接收机钟偏差的等效距离;λN 为载波相位整周模糊度的等效距离。

下面以 GPS 为例,给出主要的偏差源引起的最大距离误差。$d\rho$:正常 20m,SA 打开 50～150m;cdt:300km(使用广播电文校正降到 10m);$\Delta j_{j,\mathrm{lg}}(t)$:正常变化 2～50m,异常可达 150m(在水平位置),50m(在天顶位置);$\Delta j_{j,T}(t)$:2～20m(在水平位置上 10°仰角);cdT:10～100m(取决于接收机频率源的类型);λN:任意的。

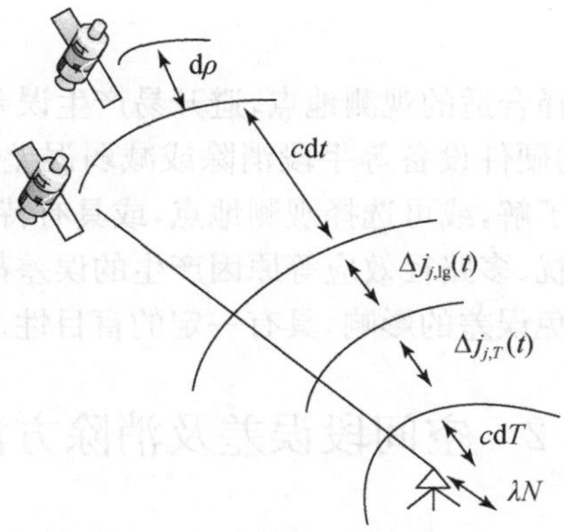

图 6.1　用户等效距离误差

此处，多路径误差 0.2～3m；接收机噪声 0.1～3m。

6.1.3　消除或削弱各种误差影响的方法

根据对各类误差的产生原因和阶段进行分析，我们可以采用适当的方法消除或削弱这些误差的影响，来取得更好的应用效果。常用的方法如下。

1. 模型改正法

模型改正法是利用模型计算出误差影响的大小，直接对观测值进行修正。改正之后的观测值等于原始观测值加上模型改正值。适用于对误差的特性、机制及产生原因有深刻了解，能建立理论或经验公式的情况。卫星导航系统中的相对论效应、电离层和对流层延迟、卫星钟差等原因产生的误差都能通过模型改正法进行消除或削弱，但有些误差也难以模型化。

2. 求差法

求差法是通过观测值间一定方式的相互求差，消去或削弱求差观测值中所包含的相同或相似的误差影响。适用于误差具有较强的空间、时间或其他类型的相关性。对电离层延迟、对流层延迟和卫星轨道误差等原因产生的误差能通过求差法来提高精度。但是误差空间相关性将随着测站间距离的增加而减弱，所以在利用求差法对误差进行消除或削弱时需要考虑观测站的布局。

3. 参数法

参数法是采用参数估计的方法，将系统性误差求取出来。参数法几乎适用于任何情况，但是在采用参数法时不能同时将所有影响均作为参数来估计。

4. 回避法

回避法是指通过选择合适的观测地点，避开易产生误差的环境，或采用特殊的观测方法，或采用特殊的硬件设备等手段消除或减弱误差的影响。适用于对误差产生的条件及原因有所了解，或可选择观测地点，或具有特殊的设备的情况。在卫星导航系统中电磁波干扰、多路径效应等原因产生的误差都能通过回避法来处理。但是回避法无法完全避免误差的影响，具有一定的盲目性。

6.2 空间段误差及消除方法

6.2.1 卫星星历误差及消除方法

卫星星历误差又称为卫星轨道误差，是由星历参数或者其他轨道信息所给出的卫星位置与卫星的实际位置之差[2]。

卫星导航系统的地面监测站所在的位置已知，且站内有原子钟，因此可用分布在不同地区的若干监测站跟踪监测同一颗卫星，进行距离测定，再根据观测方程，确定卫星所在空间的位置。由已知测站的位置求解卫星位置的定位方式，称为反向测距定位(或称定轨)。由主控站将监测站长期测量的数据经过最佳滤波处理，形成星历，注入卫星中，再以导航电文的形式发射给用户。

由于卫星在空中运行受到多种摄动力影响，地面监测站难以充分可靠地测定这些摄动力的影响，使得测定的卫星轨道含有误差。同时监测系统的质量，如跟踪站的数量及空间分布、轨道参数的数量和精度、轨道计算时所用的轨道模型及定规软件的完善程度，亦会导致星历误差。此外，用户得到的卫星星历并非是实时的，是由卫星导航系统用户接收的导航电文中对应某一时刻的星历参数推算出来的，由此也会导致计算卫星位置产生误差[3]。

星历误差对单点定位的影响主要取决于卫星到接收机的距离以及用于定位或导航的卫星导航系统卫星与接收机构成的几何图形。对在测站附近近似坐标(X_0,Y_0,Z_0)处用级数展开，可得如下线性化的观测方程：

$$l_i\mathrm{d}X+m_i\mathrm{d}Y+n_i\mathrm{d}Z+CV_{T_b}=L_i,\quad i=1,2,3,\cdots \tag{6.1}$$

式中，$l_i=\dfrac{X_{si}-X_0}{\rho_0}$；$m_i=\dfrac{Y_{si}-Y_0}{\rho_0}$；$n_i=\dfrac{Z_{si}-Z_0}{\rho_0}$。

$$l_i=\rho_0-[\tilde{\rho}_i+(\delta\rho)_{\text{ion}}+(\delta\rho)_{\text{trop}}-CV_{ta}^i] \tag{6.2}$$

若由于卫星星历误差而使$(\rho_0)_i$有了增量$\mathrm{d}\rho_i$，由此引起的测站坐标误差为$(\delta_X,\delta_Y,\delta_Z)$，引起的接收机钟误差为$\delta_T$，则$(\delta_X,\delta_Y,\delta_Z,\delta_T)$和$\mathrm{d}\rho_i$之间存在如下关系：

$$l_i\delta_X+m_i\delta_Y+n_i\delta_Z+C\delta_T=\mathrm{d}\rho_i,\quad i=1,2,3,\cdots \tag{6.3}$$

式(6.3)表明，星历误差在测站至卫星方向上影响测站坐标和接收机钟改正数中去。影响的大小取决于 $d\rho_i$ 的大小，具体的方式则与卫星的几何图形有关。广播星历误差对测站坐标的影响一般可达数米、数十米甚至上百米。

相对定位时，因星历误差对两站的影响具有很强的相关性，所以在求差时，共同的影响可自行消去，从而获得精度很高的相对坐标。星历误差对相对定位的影响一般采用如下公式估算：

$$\frac{db}{b}=\frac{ds}{\rho} \tag{6.4}$$

式中，b 为基线长度；db 为卫星误差引起的基误差；ρ 为卫星至测站的距离；ds 为星历误差；$\frac{ds}{\rho}$为卫星星历相对误差。

星历误差对不同长度的基线影响如表 6.2 所示。

表 6.2 轨道误差对不同长度的基线影响

轨道误差/m	基线长度/km	基线误差/ppm	基线误差/mm
2.5	1	0.1	0.1
2.5	10	0.1	1
2.5	100	0.1	10
2.5	1000	0.1	100
0.5	1	0.002	0.002
0.5	10	0.002	0.02
0.5	100	0.002	0.2
0.5	1000	0.002	2

以 GPS 为例，GPS 卫星导航电文中的广播星历是一种外推的预报星历。由于卫星在实际运动中受到多种摄动力的复杂影响，预报星历必然有误差，一般估计由星历计算中的位置误差为 20～40m。随着摄动力模型和定轨技术的改进，工作卫星的位置精度可能提高 5～10m。但这种改进后的星历仅提供给美国军方和特许用户使用。在美国实施 SA 技术之后，所能获得的广播星历将具有更大误差。

在 GPS 中，测量待定点的位置时所用的基站位置为卫星的广播位置，因此，广播星历的误差将会严重影响待定位点的定位精度。如图 6.2 所示，轨道偏差将直接传给用户等价距离误差。根据观测方程式，令卫星坐标(x^i, y^j, z^j)包含的误差为$(\delta x^i, \delta y^j, \delta z^j)$时，引起距离误差为

$$\delta\rho_i^j = l_i^j\delta x^j + m_i^j\delta y^j + n_i^j\delta z^j \tag{6.5}$$

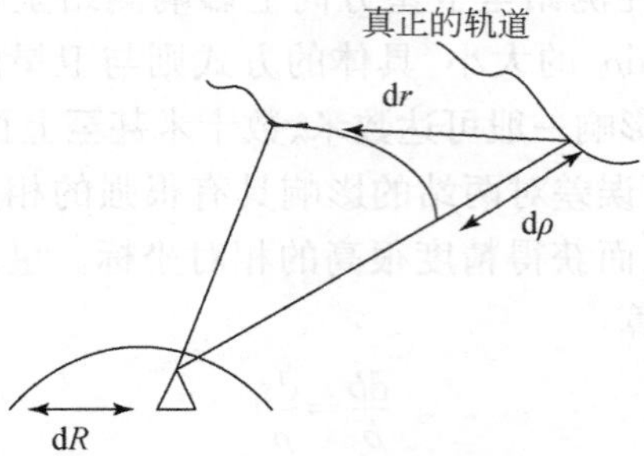

图 6.2　卫星轨道偏差

dr——卫星位置误差；dρ——等价的距离误差；dR——测站位置误差

现设卫星坐标的均方差为 σ_{x_j}、σ_{y_j}、σ_{z_j}，则引起距离的均方差为电子含量（10^{11} 个/m^2）

$$\sigma_{\rho_i^j}=\sqrt{(l_i^j\sigma_{x_j})^2+(m_i^j\sigma_{y_j})^2+(n_i^j\sigma_{z_j})^2} \tag{6.6}$$

若近似认为

$$\sigma_{x_j}\approx\sigma_{y_j}\approx\sigma_{z_j}\approx\sigma_j \tag{6.7}$$

则因

$$(l_i^j)^2+(m_i^j)^2+(n_i^j)^2=1 \tag{6.8}$$

得

$$\sigma_{\rho_i^j}=\sigma_j \tag{6.9}$$

根据上式推导可知，由卫星坐标误差产生的距离误差约等于卫星各坐标误差的平均值。当各卫星坐标均方误差为 20～40m 时，引起的定位距离误差也约为 20～40m，因此，单点绝对定位精度受星历误差的严重影响。另外，星历误差是一种系统性误差，不可能通过多次重复观测来消除。所以，我们必须在对星历模型进行修正或在接收结算时，考虑估算其误差并进行消除。

在许多动态定位应用和导航中，一般认为卫星电文给出的参数精度已足够，因此不考虑轨道误差。

在实际应用中，人们往往是根据对导航和定位精度的要求，考虑是否简历轨道偏差模型。通常有 3 种考虑。

(1)根据卫星运动特征，认为电文给出的轨道弧相对真轨道平移、旋转，即卫星电文误差表现为几何误差，在这种情况下，可以估计短弧或长弧轨道上的 1～6 个轨道偏差参数，如在大地测量等应用中。

(2)根据卫星动力学特征，使用动力学模型和 6 个初始条件确定精密的卫星轨道运动。

(3)根据统计数据特征，假设卫星轨道自由，在待观测时刻估计独立的轨道偏差。

为了尽可能削弱星历误差对定位的影响，一般采用精密定轨、同步观测求差法或轨道改进法。显然，卫星星历误差对相距不太远的两个测站的定位影响大致相同，因此，采用两个或多个近距离的观测站对同一颗卫星进行同步观测，然后求差，就可以减弱卫星轨道误差的影响。这种方法就是同步观测求差法。采用轨道改进法处理观测数据，其基本思路是：在数据处理中，引入表述卫星轨道偏差的改正数，并假设在短时间里这些改正参数为常量，将其作为待求量与其他未知参数一并求解，从而校正星历误差。

6.2.2 卫星时钟误差及消除方法

卫星时钟误差指的是，卫星的时钟与导航系统标准时之间的不同步偏差。卫星上虽然使用了高精度的原子钟（如铯钟、铷钟），但是由于这些钟与卫星导航系统标准时之间会有钟差、频偏、频漂和随机误差，并且随时间的推移，这些频偏和频漂还会发生变化。由于卫星的位置是时间的函数，所以卫星导航系统的观测量均以精密测时为依据，星钟误差会对伪码测距和载波相位测量产生误差，这种偏差的总量可达 1ms，产生的等效距离误差可达 300km。

卫星导航系统测量定位实质上是一个测时-测距定位系统，所以卫星导航系统测量定位精度与时钟误差密切相关。以 GPS 为例，GPS 测量的时间统一标准为 GPS 时间系统，该时间系统由 GPS 地面监控系统确定和保持。各 GPS 卫星均配置高精度的原子钟以保证卫星时钟的高精度，但它们与 GPS 标准时之间仍存在总量在 1～0.1ms 以内的偏差和漂移，由此引起的等效距离误差将达到 300m～30km，必须予以精确修正。我们一般用模型改正的方法来减小其影响。

卫星导航定位系统通过地面监测站对卫星的监测，测得星钟相对于卫星导航系统标准时的偏差，卫星 S^j 在 t^j 时刻的钟差一般可用二项式来表示如下：

$$\delta\tau_{t^j} = a_0 + a_1 (t^j - t_{oc}) + a_2 (t^j - t_{oc})^2 \tag{6.10}$$

式中，t_{oc}为星钟修正参历元；a_0 为星钟在星钟修正参历元对于卫星导航系统标准时的偏差，称为零偏；a_1 为卫星钟的钟速误差（或频率偏差，或钟漂移）；a_2 为卫星钟的钟速度率（或老化率）。

这些参数由卫星的主控站测定，并通过卫星的导航电文提供给用户。

经以上钟差模型改正后，各卫星钟与卫星导航系统标准时之间的同步差，可保持在 20ns 以内，由此引起的等效误差将不超过 6m。进一步削弱剩余的卫星钟残差，可以通过对观测量的相对定位或差分定位技术进行消除。在 GPS 中，美国实施 SA 技术之后，卫星钟误差又引入了人为的信号随机抖动的误差，这在单点绝对定位中是无法消除的，只有通过相对定位或者差分定位才能予以消除。

6.2.3 相对论效应的影响及消除方法

相对论效应是由于卫星钟和接收机钟所处的状态不同，而引起的卫星钟和接收机钟之间产生的相对钟差的现象，包括狭义相对论效应和广义相对论效应。

根据狭义相对论，一个频率为 f 的振荡器安装在飞行速度为 v 的载体上，由于载体的运动，对地面观测者来说将产生频率变化。所以由于时间膨胀，钟的频率将随着速度的变化而变化。

若卫星在地心惯性坐标系中的运动速度为 V_s，则在地面频率为 f 的钟若安置到卫星上，其频率 f_s 将变为

$$f_s=f\left[1-\left(\frac{V_s}{c}\right)^2\right]^{1/2}\approx f\left(1-\frac{V_s{}^2}{2c^2}\right) \tag{6.11}$$

即两者的频率差 Δf_s 为

$$\Delta f_s=f_s-f=-\frac{V_s{}^2}{2c^2}\cdot f \tag{6.12}$$

这说明，在狭义相对论的影响下，时钟安装在卫星上之后将会变慢。若应用已知关系式

$$v_s^2=ga_m\left(\frac{a_m}{R_s}\right) \tag{6.13}$$

则式(6.12)变为

$$\Delta f_s=-\left(\frac{a_m}{R_s}\right)\frac{ga_m}{2c^2}\cdot f \tag{6.14}$$

式中，g 为地球重力加速度；c 为光速；a_m 为地球平均半径；R_s 为卫星轨道平均半径。

以 GPS 卫星为例，GPS 卫星的平均运动速度 $V_s=3874\text{m/s}$，真空中的光速 $c=299792458\text{m/s}$，则

$$\Delta f_s=-0.835\times10^{-10}\cdot f$$

另外，根据广义相对论，处于不同等位面的振荡器，其频率将由于引力位不同而产生变化。这种现象，常称为引力频偏。即根据广义相对论，钟的频率与其所处的重力位有关。若卫星所处的重力位为 W_S，地面测站所处的重力位为 W_T，则同一台钟放在卫星上与该地面上时钟频率的差异 Δf_2 将为

$$\Delta f_2=\frac{W_S-W_T}{c^2}\cdot f=\frac{\mu}{c^2}\cdot f\cdot\left(\frac{1}{R}-\frac{1}{r}\right) \tag{6.15}$$

式中，$\mu=3.986005\times10^{14}\text{m}^3/\text{s}^2$，若地面处的地心距 R 近似取 6378km，以 GPS 卫星为例，卫星的地心距近似取 26560km，则

$$\Delta f_2=5.284\times10^{-10}\cdot f$$

可见在广义相对论作用下，卫星上钟的频率将会变快。

在狭义相对论效应和广义相对论效应的共同作用下，卫星上钟频率相对于其在地面上时钟的变化量 Δf 为

$$\Delta f=\Delta f_s+\Delta f_2=4.449\times10^{-10}\cdot f$$

这说明相对论效应将使卫星钟比其安装在地面上时走得快。以 GPS 信号为例，因为 GPS 卫星钟的频率标准为 $f=10.23\text{MHz}$，所以可得

$$\Delta f=0.00455\text{Hz}$$

即在 GPS 中，卫星时钟较其在地面的频率每秒大约差 0.45ms。为消除相对论效应的影响，卫星上时钟应比地面调慢约 $4.5\times10^{-3}\text{Hz}$。

但是，由于地球的运动和卫星轨道高度的变化，以及地球重力场的变化，上述相对论效应的影响并非常数，所以，经上述改正后仍有残差，其对卫星钟差的影响约为

$$\delta t^i=-4.443\times10^{-10}e_s\sqrt{a_s}\sin E_s(\text{s}) \tag{6.16}$$

式中，e_s 为卫星轨道偏心率；a_s 为卫星轨道长半径；E_s 为偏近点角。

对卫星钟速的影响

$$\delta t^i=-4.443\times10^{-10}e_s\sqrt{a_s}\cos E_s\frac{\text{d}E_s}{\text{d}t} \tag{6.17}$$

考虑到

$$\frac{\text{d}E}{\text{d}t}=\frac{n}{1-e_s\cos E_s} \tag{6.18}$$

上式可改写为

$$\delta t^i=-4.443\times10^{-10}e_s\sqrt{a_s}\cos E_s\frac{n}{1-e_s\cos E_s} \tag{6.19}$$

式中，n 为卫星在轨道上运动的平均速度。

数字分析表明，上述残差对卫星导航系统的影响，最大可达 70ns，对卫星钟速的影响可达 0.001ns/s。显然，对于精密定位来说，这种影响是不应忽略的。

6.2.4 GPS 中美国政府对用户的限制性政策与用户的措施

GPS 定位技术与美国的国防现代化发展密切相关，所以，为了保障美国的利益与安全，限制非美国特许用户利用 GPS 定位的精度，该系统除在设计方面采取了许多保密性措施外，在系统运行中，还采取了或可能采取其他一些措施来限制用户获取 GPS 观测量的精度。这些措施主要包括：对不同的 GPS 用户提供不同的服务方式；实施选择可能性（selective availability，SA）政策；精测距码（P 码）的加密措施（anti-spoofing，AS）。

1. 对不同的 GPS 用户提供不同的服务方式

美国政府在 GPS 的设计中，计划向社会提供两种服务：精密定位服务（precise positioning service，PPS）和标准定位服务（standard positioning service，SPS）。

PPS 的对象是美国军事部门和其他经美国特许的用户。PPS 可利用 L1 和 L2 载波上的 P 码、L1 载波上的 C/A 码、导航电文和消除 SA 影响的密钥获得精度较

高的观测量,且能通过卫星发射的两种频率信号测距离,以消除电离层折射的影响。利用 PPS 单点实时定位的精度可达 5～10m。但是,P 码是保密码,没有经过美国政府特许的广大用户难以利用。

SPS 的服务对象是任意用户。SPS 仅提供 L1 载波上的 C/A 码和导航电文,因此这类用户只能获得精度较低的观测量,且只能采用调制一种载波上的 C/A 码测量距离,无法利用双频技术消除电离层折射的影响,其单点实时定位的精度为 20～40m。

2. 实施选择可用性(SA)政策

为了进一步降低 SPS 的定位精度,以保障美国政府的利益与安全,对 GPS 工作卫星播发的信号引入人为的干扰,即 SA 政策。这种干扰是通过 ε(epsilon)和 δ(delta)两种技术实现的。

ε 技术是干扰卫星星历数据,通过加入随机变化降低 GPS 卫星播发的轨道参数的精度来降低利用 C/A 码进行实时单点定位的精度,使广播星历精度由原来的 15m 左右降低至 75m 以上。δ 技术是对 GPS 的基准信号,人为地引入一个周期短、变化快的高频抖动信号,从而造成测距误差和测速误差,降低 C/A 码伪观测量的精度,使 C/A 码单点定位精度由原来的 25m 左右降到 100m 以上。在 SA 的影响下,利用 SPS 的实时单点定位精度降为 100m(水平)和 150m(垂直)。而且这种影响是可变的,在必要时,美国政府可进一步降低利用 SPS 的定位精度。

1991 年前,出口美国之外的 GPS 终端都需要许可证,1991 年 9 月 1 日后美国商务部不再对民用 GPS 出口进行许可证限制;1993 年美国宣布对民用用户 10 年内免收任何费用,到期后由于国际环境变化,免费服务仍在延续中;1996 年,美国总统克林顿正式发布了国家 GPS 政策,明确表示在保护国家安全和利益的同时,推动 GPS 的应用,增强美国民用卫星导航系统的竞争力,并承诺 10 年内中止使用 SA;2000 年 5 月 1 日,克林顿宣布中止 SA,但不承诺永远中止使用。

SA 是针对非经美国政府特许的广大 GPS 用户采取的降低实时定位精度的措施,而对能够利用 PPS 的用户则可以利用密钥自动地消除 SA 的影响。

3. 精测距码的加密(AS)措施

AS 政策称为反电子欺诈政策,是针对 P 码的加密措施。它是将严格保密的 W 码与 W 码的模相加,将 P 码转换成 Y 码。当 P 码已被解密,或在战时,对方如果知道了特许用户接收机所接收卫星信号的频率和相位,便可以发射适当频率的干扰信号,诱使特许用户的接收机错锁信号,产生错误的导航信息。通过 AS 政策就非特许用户将无法继续使用 P 码进行精密定位,也防止了这种电子欺骗的出现。

在上述措施的影响下，目前不同用户利用 GPS 进行实时定位可达到的精度(平面)大致如表 6.3 所示。

表 6.3　实时单点定位的精度(平面，m)

实施政策		服务方式			
		SPS		PPS	
SA	A-S	C/A	P	C/A	P(Y)
关	关	40	10	40	10
开	关	100	95	40	10
开	开	100	—	40	10
关	开	40	—	40	10

美国政府对 GPS 用户所采取的限制性政策，世界各国的广大非特许用户都极为关注。为了摆脱或减弱上述限制性政策的影响，广大用户广泛地开展了许多意义重大的研究、开发与实验工作，并取得了有效的结果。当前采取的主要措施包括以下几个方面。

1)建立独立的 GPS 卫星测轨系统

为了精密地测定卫星的轨道为用户提供服务，克服美国限制性政策，许多国家和组织建立了独立的 GPS 卫星跟踪系统，它对促进 GPS 的广泛应用意义重大。

除美国一些民用部门外，加拿大、澳大利亚和欧洲的一些国家，都在实施建立区域性或全球性精密测轨系统的计划。以美国为首，从 1986 年开始建立的国际合作 GPS 卫星跟踪网(cooperative international GPS satellite tracking network，CIGNET)，其跟踪站的分布已扩展至欧、亚、非、美、大洋洲等五大洲，该跟踪网的测轨精度可达分米级。

此外 1993 年国际大地测量学协会(International Association of Geodesy，IAG)正式宣布成立了国际 GPS 地球动力学服务组织(International GPS Service for Geodynamics，IGS)，以精密地确定 GPS 卫星星历、地球自转参数、跟踪站的坐标和时钟与电离层信息，满足地球动力学研究和电离层监测等项工作的需要，并拟定计划在全球范围内建立一个包括 30～40 个核心站和 150～200 个基准站的高精度 GPS 卫星跟踪网。其中核心站连续跟踪 GPS 卫星，其观测数据主要用于计算卫星的精密星历，测定地球自转参数和监测地球参考系的变化；基准站则主要对 GPS 卫星进行周期性地重复观测，以精准地传递地球参考系的坐标和检测 IGS 网的基线向量变化。

在 IGS 正式宣布成立之前，IGS 网已于 1992 年进行了首次国际联合观测，并取得了重要的成果。该网所确定的 GPS 卫星星历的精度为分米级。

2)建立独立的卫星定位系统

目前一些国家和地区正在发展自己的卫星定位系统。1973 年美国国防部确定了第二代 GPS 的体制与研制计划,与此同时,苏联也设计研制了 GLONASS 的卫星定位导航定位系统。尽管 GLONASS 在设计之初就是为了与 GPS 抗衡,而事实上由于卫星寿命和其他方面的原因,俄罗斯未能维持始终布满整个卫星星座。因此,真正得到广泛应用的是 GPS。

为了打破 GPS 的垄断局面,欧洲太空局(European Space Agency,ESA)2002 年 3 月正式启动伽利略(Galileo)计划,其总体战略目标是建立一个高效、经济、民用的全球卫星导航定位系统,在性能上优于美国的 GPS,使其具备欧洲乃至世界交通运输业可以信赖的高度安全性,并确保未来的系统安全由欧洲控制管理。

我国卫星导航建设起步比较晚,20 世纪 80 年代开始的第一代卫星导航定位系统选用了静止轨道(GEO)卫星为导航星座。我国先后建成“北斗一号”“北斗二号”区域导航系统,正在建设“北斗三号”全球卫星导航定位系统,向导航、通信、识别集成一体化迈进。

GPS、GLONASS、Galileo 以及北斗导航系统是目前主要的全球导航定位系统,除此之外还包括区域系统和增强系统。其中区域系统有日本的 QZSS 和印度的 RNSS,增强系统有美国的 WASS、日本的 MSAS、欧盟的 EGNOS 和印度的 GAGAN 等。

3)开发多卫星系统兼容接收机

为了充分利用所有可能的卫星信号,实现高精度、高可靠性、高灵敏度定位导航,实现多个全球定位系统的融合,多系统组合的多模式兼容卫星导航定位接收机应运而生。多卫星系统兼容接收机,可以提高系统的可用性、连续性和完好性,并且当其中一个系统失效时,其他系统仍可以发挥作用。

4)研究与开发差分定位技术

由于在相邻两观测站上,SA 对同一 GPS 卫星观测值的影响具有很强的相关性,我们可以通过差分技术明显地减弱 SA 等项误差的影响,显著地提高定位的精度。差分 GPS(differential GPS,DGPS),通常主要是指 GPS 用户应用测距码进行实时相对定位的技术。差分 GPS 定位技术是目前 GPS 用户为了消除或减弱相关误差影响的有效措施之一,因而受到广泛的重视,应用极其普遍。

6.3　环境段误差及消除方法

环境段产生的误差主要包括电离层延迟误差、对流层延迟误差、多路径效应误差和其他干扰。大气折射效应是指信号在穿过大气时,速度将发生变化,传播路径也将发生弯曲,也称大气延迟。在卫星导航定位系统测量定位中,通常仅考虑信号传播速度的变化。在色散介质中,不同频率的信号所产生的折射效应不同;在非色散介质中,不同频率的信号所产生的折射效应相同。对于卫星导航定位系统信号来说,电离层是色散介质,对流层是非色散介质。

6.3.1　电离层延迟误差及消除方法

大气层可以分为电离层和对流层两大部分,其中电离层部分位于 50～1000km。电离层主要由因为太阳辐射而电离的气体形成,包含大量的自由电子和正离子。因此,当卫星信号电磁波穿过电离层时,由于电荷密度的不同将导致信号的传播速度和传播路径均发生变化。观测站在计算时如果仍然采用传播时间乘以真空中的光速来求取信号的传播距离的话,就会引起较大的误差,这一误差就是电离层延迟误差[4-6]。

电离层在对流层之上,按照对电磁波的作用,从低到高可以分为三个区域,如图 6.3 所示。D 区为最底层,距地面 40～90km,电子密度在白天约为 2.5×10^9 个/m^3,夜间可以忽略不计,该区域是吸收卫星信号电磁波的主要区域。E 区在 D 区之上,距地面 90～160km,电子密度在白天可达 2×10^{11} 个/m^3,夜间降低一个数量级,该区域电子密度随太阳天顶角及太阳活动有规律变化,可以反射频率为兆赫兹级的电磁波。F 区在 E 区之上,距地面 160～1000km,由于该区域为电离层的最外层,因此受到太空高能粒子冲击,变化不规律,会出现赤道异常或季节异常,电子密度的平均值在白天可达 2×10^{12} 个/m^3,夜间为 2×10^{11} 个/m^3,该区域是卫星信号电磁波的主要反射区域。

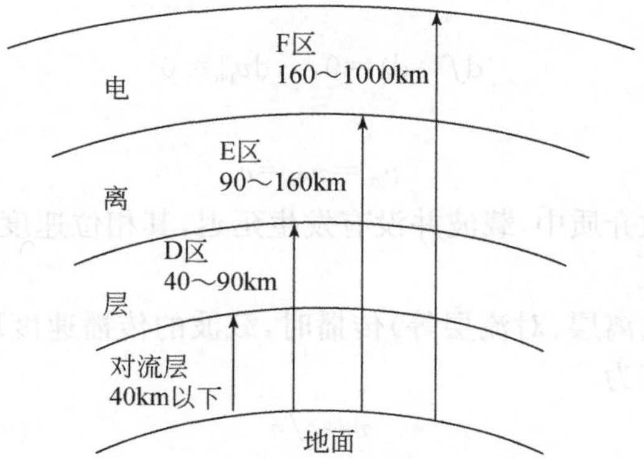

图 6.3　大气层的层次结构

1. 相位和群速度

卫星导航定位系统的载波是具有不同频率的电磁波,假设其波长为 λ,频率为 f,在空间传播时,单一载波的相位速度为

$$v_{ph}=f\lambda \tag{6.20}$$

由于卫星导航定位系统的载波均采取组合波的形式，如 GPS 的 L1 和 L2 载波、北斗的 B1、B2 和 B3 载波等，这些组合波频率之间有差别，因此其合成能量传播要用群速度来定义，即

$$v_{gr}=\frac{\mathrm{d}f}{\mathrm{d}\lambda}\lambda^2 \tag{6.21}$$

在卫星导航定位信号的接收和处理时必须使用这一速度。

相位群速度的关系可推导如下：

$$\mathrm{d}v_{ph}=f\mathrm{d}\lambda+\lambda\mathrm{d}f \tag{6.22}$$

或

$$\frac{\mathrm{d}f}{\mathrm{d}\lambda}=\frac{1}{\lambda}\frac{\mathrm{d}v_{ph}}{\mathrm{d}\lambda}-\frac{f}{\lambda} \tag{6.23}$$

把式(6.23)代入式(6.21)得

$$v_{gr}=\lambda\frac{\mathrm{d}v_{ph}}{\mathrm{d}\lambda}-f\lambda \tag{6.24}$$

或得到 Rayleigh 方程

$$v_{gr}=-v_{ph}+\lambda\frac{\mathrm{d}v_{ph}}{\mathrm{d}\lambda} \tag{6.25}$$

由式(6.22)可知，卫星信号载波在含有色散的介质中传播，由于 $\mathrm{d}f$、$\mathrm{d}\lambda$ 的存在，将引起相位速度的变化量 $\mathrm{d}v_{ph}$，因此，由式(6.25)可得

$$v_{gr}\neq v_{ph} \tag{6.26}$$

而在非色散介质中

$$\mathrm{d}f=\mathrm{d}\lambda=0,\quad \mathrm{d}v_{ph}=0$$

由式(6.25)可得

$$v_{gr}=v_{ph}=c \tag{6.27}$$

也就是说，在非色散介质中，载波并没有发生延迟，其相位速度和群速度相等且等于真空中的光速。

在介质中(如电离层、对流层等)传播时，载波的传播速度取决于折射系数 n，一般来说，传播速度为

$$v=c/n$$

对应的相位速度和群速度为

$$v_{ph}=c/n_{ph} \tag{6.28}$$

$$v_{gr}=c/n_{gr} \tag{6.29}$$

由式(6.28)中 v_{ph} 对 λ 求微分，得

$$\frac{c}{n_{gr}}=\frac{c}{n_{ph}}+\lambda\frac{c}{n_{ph}^2}\frac{\mathrm{d}v_{ph}}{\mathrm{d}\lambda} \tag{6.30}$$

或

$$\frac{1}{n_{gr}}=\frac{1}{n_{ph}}\left(1+\lambda\frac{1}{n_{ph}}\frac{dv_{ph}}{d\lambda}\right) \tag{6.31}$$

式(6.31)可近似为

$$n_{gr}=n_{ph}-\lambda\frac{dn_{ph}}{d\lambda} \tag{6.32}$$

对 $c=f\lambda$ 关系式中的 f 和 λ 取微分有

$$\frac{d\lambda}{\lambda}=-\frac{df}{f} \tag{6.33}$$

把式(6.33)代入式(6.32)便可以得到载波的相折射率与群折射率的关系

$$n_{gr}=n_{ph}+f\frac{dn_{ph}}{df} \tag{6.34}$$

2. 电离层折射影响

对卫星导航定位系统播发的卫星信号而言，电离层是一种色散介质。电离层对信号的相位折射系数 n_{ph} 可用如下近似公式表示：

$$n_{ph}=1+c_2/f^2+c_3/f^3+c_4/f^4+\cdots \tag{6.35}$$

系数 c_2、c_3、c_4 与载波频率无关，但与所经过的电离层中的电子密度 N_e(单位：个/m^3)有关。忽略式(6.35)中的高阶项，则得到

$$n_{ph}=1+c_2/f^2 \tag{6.36}$$

对上式求微分，得

$$dn_{ph}=-(2c_2/f^3)df \tag{6.37}$$

把式(6.36)和式(6.37)代入式(6.34)得

$$n_{gr}=1+c_2/f^2-2c_2/f^2=1-c_2/f^2 \tag{6.38}$$

从式(6.36)和式(6.38)可以看到，载波在电离层中传播的相位和群折射系数相反，符号偏离单位量。

在离子化的大气中，大气物理学给出了电离层的折射率公式

$$n=\left[1-\frac{N_e e_t^2}{4\pi^2 f^2\varepsilon_0 m_e}\right] \tag{6.39}$$

式中，N_e 为电子密度；$e_t=1.6021\times10^{-19}$C，为电荷量；$\varepsilon_0=8.854187817$F/m，为真空介电常数；$m_e=9.11\times10^{-31}$kg，为电子质量；$f$ 为电磁波频率。将有关常数值代入式(6.39)，略去二阶小量，可得 c_2 的估计值为

$$c_2=-40.28N_e$$

因为 N_e 为电子密度，恒为正数，故 $n_{gr}>n_{ph}$ 或 $v_{gr}<v_{ph}$，即相位超前。

由于在电离层中，载波不同的群速度和相位速度导致群延迟和相位超前发生，即受电离层折射的影响，卫星导航接收机所获取的载波相位测量会超前，而伪码测

量会延迟。因此，对卫星和接收机天线之间的距离而言，伪码测距的测量值会更大，而载波相位测量值更小。但在两种情况下，差是相同的。

3. 电离层延迟误差

电离层折射对载波相位测量所造成的距离延迟 Δ_{ph}^{iono} 为

$$\Delta_{ph}^{iono}=\int n_{ph}ds-\int ds=\int\left(1+\frac{c_2}{f^2}\right)ds-\int ds=\int\frac{c}{f^2}ds=-\frac{40.28}{f^2}\int N_e ds \quad (6.40)$$

电离层折射对码相位测量所造成的距离延迟 Δ_{gr}^{iono} 为

$$\Delta_{gr}^{iono}=\int n_{gr}ds-\int ds=\int\left(1-\frac{c_2}{f^2}\right)ds-\int ds=-\int\frac{c}{f^2}ds=\frac{40.28}{f^2}\int N_e ds \quad (6.41)$$

式中，c 为光速；N_e 为电子密度；f 为卫星信号的频率(载波频率)。

在这里引入一个新的参数：总电子含量(total electron content，TEC)，即指底面积为 1 m² 贯穿整个电离层的柱体内所含的电子总数，如图 6.4 所示。

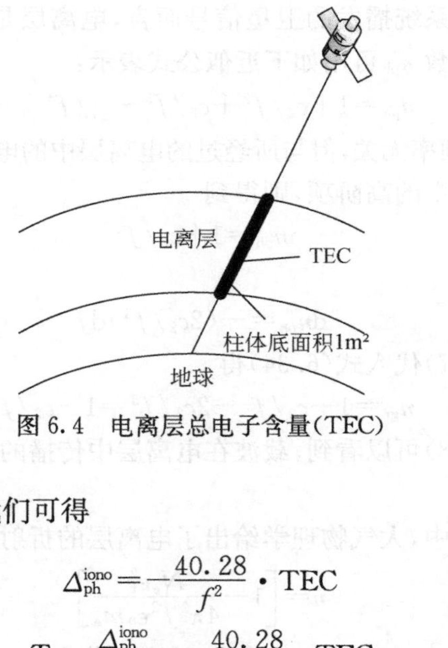

图 6.4　电离层总电子含量(TEC)

故 $\mathrm{TEC}=\int N_e ds$，我们可得

$$\Delta_{ph}^{iono}=-\frac{40.28}{f^2}\cdot \mathrm{TEC} \quad (6.42)$$

$$T_{ph}=\frac{\Delta_{ph}^{iono}}{c}=-\frac{40.28}{f^2\cdot c}\cdot \mathrm{TEC} \quad (6.43)$$

由此可知，电离层的延迟误差取决于 TEC 和信号频率 f。因此，在进行卫星导航定位的测量时，准确计算电离层延迟的主要困难在于 TEC 的复杂性。它随多种因素而变化，很难准确地测定或给出精确的数学模型。电离层中的电子密度与大气高度有关，并且与白天和夜晚也有关系，图 6.5 所示为某一地点电离层变化的统计结果。

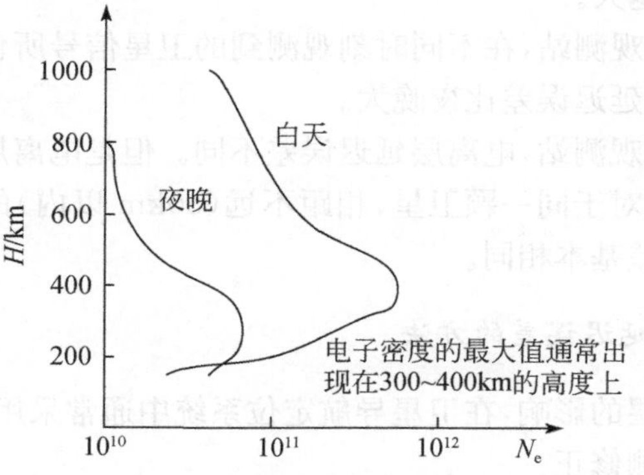

图 6.5 电子密度与大气高度有关

TEC 不仅会在一天内随着时间的变化而变化，而且在相同地点的 TEC 也会随着日期的变化出现长周期变化。这是因为电离层内的电子数量与太阳辐射直接相关，而对于相同的地点，太阳辐射的强度又会随着季节发生变化，因此 TEC 也将随地方时变化而变化。图 6.6 所示为某一地点电离层变化的统计结果，见本章参考文献[1]。白天的太阳辐射强度大，因此白天的 TEC 大于夜晚的 TEC，导致白天电离层延迟误差大，而夜晚小。

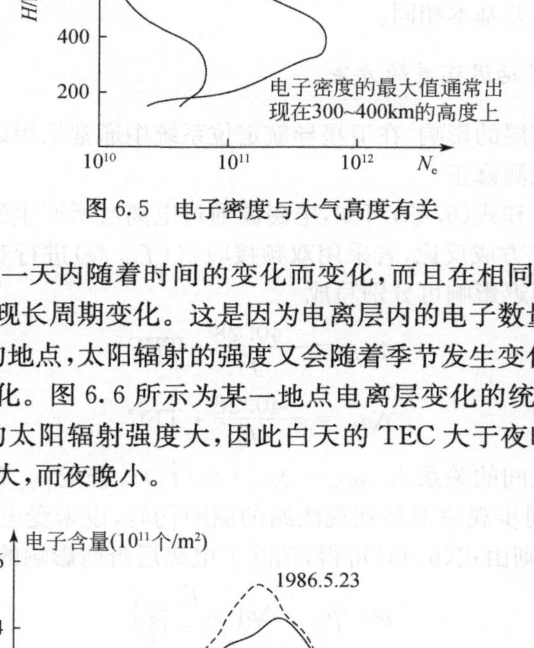

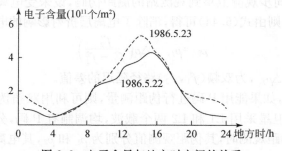

图 6.6 电子含量与地方时之间的关系

另外，太阳本身的活动也会导致辐射强度的变化，从而使 TEC 发生变化。太阳活动剧烈时，电子含量增加。据统计，太阳活动强烈年份较平稳年份的电离层的电子总量，可相差 4 倍左右。

因此，电离层的 TEC 与多种因素有关，很难根据历史数据得到精确的统计学模型，也无法用一个严格的数学模型来描述其变化规律。

根据以上影响 TEC 的几种因素分析，卫星信号的电离延迟误差具有如下特点。

(1)对于同一地点的观测站，不同方向所接收到的卫星信号中包含的电离层延迟误差不同。观测站天顶方向的电离层延迟误差最小，卫星仰角越低的方向，电离层延迟导致的误差越大。

(2)相同地点的观测站,在不同时刻观测到的卫星信号所包含的电离层延迟误差不同,白天电离层延迟误差比夜晚大。

(3)不同地点的观测站,电离层延迟误差不同。但是电离层延迟误差具有较强的地理相关性,因此对于同一颗卫星,相距不远(50km 以内)的观测站所接收到的信号电离层延迟误差基本相同。

4. 消除电离层延迟误差的方法

为了减弱电离层的影响,在卫星导航定位系统中通常采用以下措施。

1)利用双频观测修正

根据式(6.42)和式(6.43)可知,电磁波通过电离层所产生的传播路径延迟,与电磁波频率 f 的平方成反比,若采用双频接收机(f_1,f_2)进行观测,则电离层对电磁波传播路径的延迟影响可分别写成

$$\begin{aligned}\Delta\rho_{f_1}&=-\frac{40.28}{f_1^2}\cdot \mathrm{TEC}\\ \Delta\rho_{f_2}&=-\frac{40.28}{f_2^2}\cdot \mathrm{TEC}\end{aligned} \tag{6.44}$$

则双频路径延迟之间的关系为 $\Delta\rho_{f_2}=\Delta\rho_{f_1}(f_1/f_2)^2$,若记 ρ_{f_1} 和 ρ_{f_2} 分别表示以频率 f_1 和频率 f_2 同步观测卫星到观测站的测距伪码,设未受电离层折射延迟影响的传播路径为 ρ_0,则由式(6.44)可得,消除了电离层折射影响的电磁波传播距离为

$$\rho_0=\rho_{f_1}-\Delta\rho\left(\frac{f_2^2}{f_2^2-f_1^2}\right) \tag{6.45}$$

式中,$\Delta\rho=\Delta\rho_{f_1}-\Delta\rho_{f_2}$,为双频($f_1$,$f_2$)路径延迟的差值。

以 GPS 为例,如果能用 P 码进行伪距测量,则可利用双频伪距测量值进行电离层改正。GPS 卫星采用 L1 和 L2 两个载波,均调制有 P 码,分别称为 P_1 和 P_2 码,用 P 码进行伪距观测时,其伪距观测值分别为 ρ_1 和 ρ_2,其电离层延迟为 $\delta\rho_1$ 和 $\delta\rho_2$。根据卫星的高度角 E 和方位角 A 的关系令 $A=-40.28\mathrm{TEC}$,可得

$$\delta\rho_{n_1}=A/f_1^2 \tag{6.46}$$

$$\delta\rho_{n_2}=A/f_2^2 \tag{6.47}$$

设 ρ_0 为消除了电离层延迟的信号传播距离,则

$$\begin{cases}\rho_0=\rho_1+\dfrac{A}{f_1^2}\\ \rho_0=\rho_2+\dfrac{A}{f_2^2}\end{cases} \tag{6.48}$$

将两式相减,得

$$\Delta\rho=\rho_1-\rho_2=\frac{A}{f_2^2}-\frac{A}{f_1^2}=\frac{A}{f_1^2}\cdot\frac{f_1^2-f_2^2}{f_2^2} \tag{6.49}$$

$$\Delta\rho=\delta\rho_{n_1}\left[\left(\frac{f_1}{f_2}\right)^2-1\right]=0.6469\delta\rho_{n_1} \tag{6.50}$$

由此可导得

$$\delta\rho_{n_1}=\left(\frac{f_2^2}{f_1^2-f_2^2}\right)\Delta\rho$$

$$\delta\rho_{n_1}=1.54573\Delta\rho=1.54573(\rho_1-\rho_2)$$

$$\delta\rho_{n_2}=2.54573\Delta\rho=2.54573(\rho_1-\rho_2)$$

最后，可得改正后距离为

$$\rho_0=\rho_1+\delta\rho_{n_1}=\rho_1+1.54573\Delta\rho$$

$$\rho_0=\rho_2+\delta\rho_{n_2}=\rho_2+2.54573\Delta\rho$$

也可以使用调制在 L1 载波上的 C/A 码测伪距 ρ_1 和 L2 载波上的 P 码测伪距 ρ_2 进行组合，仍用上述改正方法进行电离层延迟改正，但精度比两个 P 码要低。

卫星导航系统的电离层延迟误差经过双频观测改正后的距离残差为厘米级。因此在进行精密测量时，一般采用双频卫星导航定位接收机。

2)电离层延迟模型改正方法

单频卫星导航定位接收机的用户，无法测量电离层的延迟，为了改善电离层延迟误差的影响，在进行计算时采用由卫星信号中的导航电文提供的实测电离层模型，或当地的电离层统计模型对观测量加以改正。但是由于电离层电子数量变化大，导航电文中提供的实测模型改正效果较好，而历史数据统计模型改正效果较差。

实测模型改正方法是直接采用导航电文所提供的电离层延迟改正 T_{gd}。这是卫星在天顶方向的电离层延迟改正，而实际的卫星观测方向的电离层延迟改正数必须根据 T_{gd} 和卫星到观测站的仰角 E 计算，依据导航电文提供的电离层延迟改正参数 α_0、α_1、α_2、α_3 和 β_0、β_1、β_2、β_3 按美国 J. A. Klobuchar 提出的 Klobuchar 模型计算。

该模型根据电离层延迟随地方时的变化规律，将晚上电离层延迟看作一个常数，而将白天看作是余弦波的正部分，如图 6.7 所示，见本章参考文献[1]。该模型基本符合电离层延迟的变化规律。

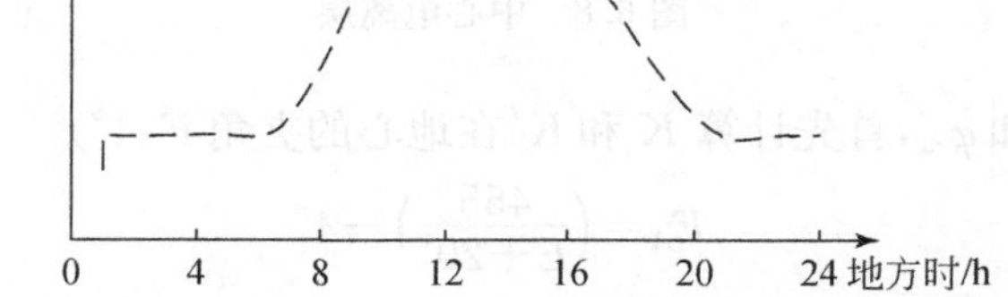

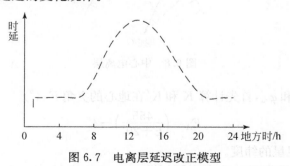

图 6.7　电离层延迟改正模型

首先，在任意时刻 t，从导航电文中获取的天顶方向的电离层延迟改正 T_{gd} 为

$$T_{gd}=DC+A\cos\frac{2\pi}{p}(t'-T_p) \tag{6.51}$$

而任意时刻 t，卫星仰角为 E 的观测方向的电离层延迟改正为

$$T'_{gd}=SF\cdot T_{gd} \tag{6.52}$$

式中，DC 为晚间电离层延迟量，DC=5ns(5×10^{-9}s)；T_p 为最大电离层延迟所对应的地方时，T_p=14h(50400s)；p 为电离层延迟函数周期；A 为电离层延迟函数振幅，其中

$$\begin{aligned}A&=\sum_{i=0}^{3}\alpha_i\varphi_m\\p&=\sum_{i=0}^{3}\beta_i\varphi_m\end{aligned} \tag{6.53}$$

式中，α_i、β_i 为导航电文提供的改正参数；φ_m 为电离层点的地磁纬度。

从前面的介绍可知，根据对卫星信号的作用不同，电离层可以分为三层，但此处为了计算简便，将整个电离层视为为一个单层，称为中心电离层或平均电离层，如图 6.8 所示。该层的高度一般可取 350km。K' 即为用户 K 至卫星方向与中心电离层的交点。只有 K' 才能反映整个信号所受到的电离层延迟影响的平均情况，故式(6.53)中 φ_m 为该点的地磁纬度。式(6.51)中 t' 的值为对应观测时刻 t 时 K' 的时角。

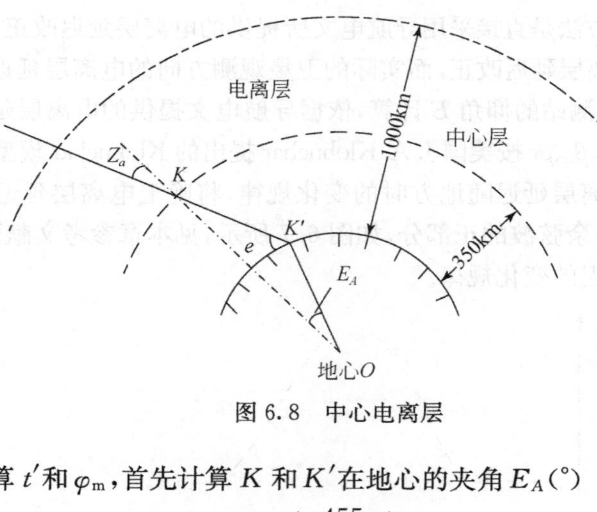

图 6.8 中心电离层

为了计算 t' 和 φ_m，首先计算 K 和 K' 在地心的夹角 E_A(°)

$$E_A=\left(\frac{455}{E+20^\circ}\right)-4^\circ \tag{6.54}$$

式中，E 为观测卫星的纬度。

K' 的地心经纬度可以通过下式计算：

$$\begin{cases}\varphi_{K'}=\varphi_K+E_A\cos\alpha\\ \lambda_{K'}=\lambda_K+E_A\sin\alpha/\sin\varphi_{K'}\end{cases} \tag{6.55}$$

式中，(φ_k,λ_k)为观测站点 K 的地心经纬度；α 为观测卫星方向的方位角。

K'点的地方时 t'(s)与世界时之间的关系为

$$t'=\left(\mathrm{UT}+\frac{\lambda_{k'}}{15}\right)\times 3600 \tag{6.56}$$

式中，UT 为观测时刻的世界时。

地球的磁北极位于

$$\varphi=78.4°(\mathrm{N}),\quad \lambda=291.0°(\mathrm{E})$$

因而 K'的地磁纬度 φ_{m} 可按下式计算：

$$\varphi_m=\varphi_{k'}+11.6\cos(\lambda_{k'}-291°) \tag{6.57}$$

由于

$$x=\frac{2\pi}{p}(t'-T_p)$$

利用三角函数展开

$$\cos x=1-x^2/2+x^4/24$$

将此式代入式(6.51)得到计算 T_{gd}的实用公式

$$T_{\mathrm{gd}}=\begin{cases}\mathrm{DC}, & |x|\geqslant\pi/2\\ \mathrm{DC}+A(1-x^2/2+x^4/24), & |x|<\pi/2\end{cases} \tag{6.58}$$

因此，卫星仰角为 E 的观测方向之电离层延迟误差 T'_{gd}为

$$T'_{\mathrm{gd}}=\mathrm{SF}\cdot T_{\mathrm{gd}} \tag{6.59}$$

式中

$$\mathrm{SF}=1+2\left(\frac{96°-E}{90°}\right)^3$$

以上的电离层延迟改正模型是一个经验性公式，在 GPS 中均采用同一组系数 α_i、β_i，并没有根据不同地点进行区分。因此使用上述模型进行修正时，仅可消除电离层延迟的 60%左右。以上计算出来的 T_{gd}和 T'_{gd}均以秒为单位。若计算其等效距离，可以乘以电磁波在真空中的传播速度 c。

3)利用相对定位或差分定位

利用两台或多台接收机，对同一颗或同一组卫星进行同步观测，再将同步观测值求差，以减弱电离层折射的影响。尤其当两个或多个全球卫星导航系统观测站的距离较近时(如 20km)，由于卫星信号到达不同观测站的路径相似，所经过的电离层介质状况相似。所以，通过不同观测站对相同卫星的同步观测值求差值，便可显著地减弱电离层折射的影响，其残差将不会超过10^{-6}。对单频接收机的用户，这一方法效果尤其明显。

6.3.2 对流层延迟误差及消除方法

对流层是位于地面向上约 40km 范围内的大气底层，整个大气质量的 99%几乎都集中在该层中。对流层与地面接触，从地面得到辐射热能，垂直方向平均每升高 1km 温度降低约 6.5℃，而水平方向(南北方向)温度差每 100km 一般不会超过 1℃。对流层具有很强的对流作用，风、雨、云、雾、雪等主要天气现象均出现其中，该层大气的组成除含有各种气体元素外，还含有水滴、冰晶、尘埃等杂质，对电磁波传播影响很大。

在对流层中由于折射的存在，电磁波的传播速度会发生变化，如下式所示：

$$v=\frac{c}{n} \tag{6.60}$$

式中，v 为电磁波的实际传播速度；n 为大气折射系数。

设 ρ'' 为信号传播的真实距离，则

$$\begin{aligned}\rho''&=\int_{\Delta t''} v\,\mathrm{d}t=\int_{\Delta t''}\frac{c}{n}\mathrm{d}t=\int_{\Delta t''}\frac{c}{1+(n-1)}\mathrm{d}t\\&=\int_{\Delta t''} c\cdot\sum_{k=0}^{\infty}(-1)^k(1-n)^k\mathrm{d}t\\&\approx\int_{\Delta t''} c\cdot[1-(n-1)]\mathrm{d}t\\&=c\cdot\Delta t''-\int_s (n-1)\mathrm{d}s\end{aligned} \tag{6.61}$$

$$\left(\text{当 } x<1 \text{ 时，有} \sum_{k=0}^{\infty}(-1)^k x^k=\frac{1}{1+x}\right)$$

称 $\int_s (n-1)\mathrm{d}s$ 为对流层延迟，$-\int_s (n-1)\mathrm{d}s$ 为对流层改正。

通常，令 $N=(n-1)\times10^6$，称其为大气折射率(atmosphere refractivity)。大气折射率与信号波长的关系如下：

$$N\times10^6=287.604+1.6288\cdot\lambda^{-2}+0.0136\cdot\lambda^{-4} \tag{6.62}$$

对流层对不同波长的波的折射效应如表 6.4 所示。

表 6.4 对流层对不同波长的波的大气折射率

种类	波长 λ	$N\times10^6$
红光	0.72	290.7966
紫光	0.40	298.3153
L_1	190293.6728	287.6040
L_2	244210.2134	287.6040

由表可知，对于最常用的 GPS，卫星所发送的电磁波信号，对流层不具有色散效应。对流层的大气是中性的，它对于频率低于 30GHz 的电磁波，其传播速度与频率无关。即在对流层中，折射率与电磁波的频率或波长无关，故相折射率 n_p 与群折射率 n_g 相等。在对流层中，折射率略大于 1，且随高度的增加逐渐减小，当接近对流层的顶部时趋于 1。由于对流层折射的影响，在天顶方向（高度角 90°），可使电磁波的传播路径延迟达 2.3m。当高度角在 10°时，可达 20m。所以，对流层折射的影响在卫星导航系统精密定位中必须加以考虑。

对流层的大气密度比电离层更大，大气状态也更复杂。因此，卫星信号通过对流层时，路径也发生弯曲。除了与高度变化有关外，对流层的折射率与大气压力、温度和湿度关系密切，由于大气对流作用强，大气的压力、温度、湿度等因素变化非常复杂。故目前对大气对流层折射率的变化及其影响，尚难以准确地模型化。根据经验值所得到的对流层延迟的改正模型较多，这里主要介绍广泛采用的霍普菲尔德(Hopfield)改正模型。

为了方便分析，霍普菲尔德模型将大气对流层折射分为干分量和湿分量两部分。对流层的电磁波折射数 N_0 可表示为 $N_0=N_d+N_w$，其中 N_d 为大气折射率干分量，N_w 为大气折射率湿分量，它们与大气的压力、温度和湿度有如下近似关系：

$$N_d=77.6\frac{P}{T_K},\quad N_w=3.37\times10^5\frac{e_0}{T_K^2}\tag{6.63}$$

式中，P 为大气压力(MPa)；T_K 为热力学温度；e_0 为水气分压(MPa)。

大气对流层对电磁波传播路径的影响可表示为

$$\delta S=\delta S_d+\delta S_w=10^{-6}\int_0^{H_d}N_d\mathrm{d}H+10^{-6}\int_0^{H_d}N_w\mathrm{d}H\tag{6.64}$$

根据式(6.64)积分，可得沿天顶方向电磁波传播路径延迟的近似关系

$$\begin{cases}\delta S_d=1.552\times10^{-5}\dfrac{P}{T_K}H_d\\[2ex]\delta S_w=1.552\times10^{-5}\dfrac{4810e_0}{T_K^2}H_w\end{cases}$$

分析表明，在大气正常状态下，沿天顶方向折射数干分量对电磁波传播路径的影响约为 $\delta S_d=2.3$(m)，它占大气层折射误差总量的 90%。湿分量远小于干分量的影响。由实测资料分析可知，δS_w 的变化在高纬度地区的冬季可达数厘米，在热带地区可达数十厘米。

以上讨论的是电磁波沿天顶方向传播引起的距离误差，若卫星信号不是从天顶方向，而是沿高度角为 β 的方向传播到接收机，可采用改进的计算模型

$$\begin{cases}\delta\rho_d=\delta S_d/\sin(\beta^2+6.25)^{1/2}\\\delta\rho_w=\delta S_w/\sin(\beta^2+6.25)^{1/2}\end{cases}$$

除了霍普菲尔德模型外，常用的还有萨斯塔莫宁(Saastamoinen)模型和勃兰

克(Black)模型,我们就只列出相应的模型公式而不做具体推导。

萨斯塔莫宁模型的公式为

$$\Delta S=\frac{0.02277}{\sin E'}\left[P_s+\left(\frac{1255}{T}+0.05\right)e_s-\frac{a}{\tan^2 E'}\right] \tag{6.65}$$

式中

$$E'=E+\Delta E$$

$$\Delta E=\frac{16.00''}{T_s}\left(P_s+\frac{4810e_s}{T_s}\right)\cot E$$

$$a=1.16-0.15\times10^{-3}h_s+0.716\times10^{-8}h_s^2$$

勃兰克模型公式为

$$\Delta S=K_d\left[\sqrt{1-\left[\frac{\cos E}{1+(1-l_0)h_d/r_s}\right]^2}-b(E)\right]+K_w\left[\sqrt{1-\left[\frac{\cos E}{1+(1-l_0)h_d/r_s}\right]^2}-b(E)\right] \tag{6.66}$$

式中

$$\begin{cases}l_0=0.833+[0.076+0.00015(T-23)]^{-0.3E}\\ b(E)=1.92(E^2+0.6)^{-1}\end{cases}$$

$$\begin{cases}h_d=148.98(T_s-3.96)\\ h_w=1300\\ K_d=0.002312(T_s-3.96)\dfrac{P_s}{T_s}\\ K_w=0.20\end{cases}$$

h_d、h_w、K_d、K_w 的单位都是 m。

目前采用的各种对流层模型,即使应用实时测量的气象资料,电磁波的传播路径延迟经对流层折射改正之后的残差,仍保持在对流层影响的 5%左右。减少对流层折射对电磁波延迟影响的措施主要为:

(1)尽可能充分掌握观测站地区的实时气象资料;

(2)利用水汽辐射计,准确地测定电磁波传播路径上的水汽积累量,以便精确计算大气湿分量的改正项;

(3)利用相对定位来减弱对流层延迟影响;

(4)完善对流层大气折射模型。

6.3.3 多路径效应及消除方法

多路径效应也叫多路径误差,指的是卫星向地面发射信号,接收机除了接收到卫星直射的信号,还可能收到周围建筑物、水面等一次或多次反射的卫星信号,这些信号叠加起来,会引起测量参考点(卫星导航接收机天线相位中心)位置的变化,从而使观测产生误差。

多路径主要由接收机附近的反射表面引起，如高大的建筑物、军舰高层结构、飞机、航天飞机或其他空间飞行器的外表面等，如图 6.9 所示。在图 6.9 中，卫星信号通过 3 个不同的路径到达接收机天线，其中一个直接到达，另外两个间接到达。因此，接收机天线所收到的信号有相对相位偏移，而且这些相位差与路径长度成正比例。由于反射信号的路径几何形状是任意的，多路径效应没有通用的模型。但是，多路径效应的影响可以通过多个载波以及载波相位测量差进行估计，其原理是：对流层、星钟误差和相对论作用以相同的量影响码和载波相位测量，电离层和多路径作用是频率相关的。因此，一旦得到与电离层无关的伪码距和载波相位（如利用电离层模型），并对它们进行差分处理，除多路径外，前面所述的所有影响可以消除，余下的主要是多路径影响。

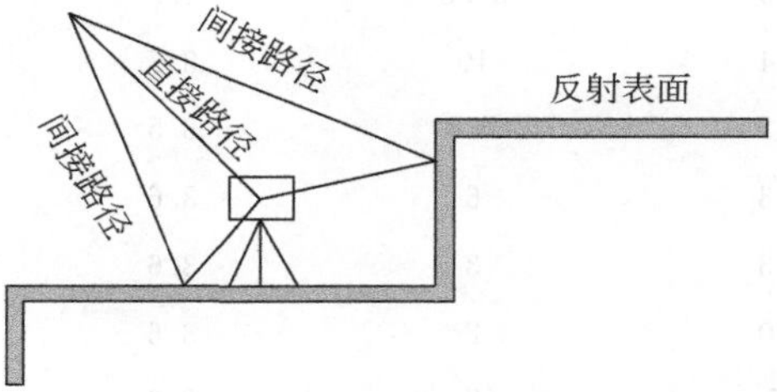

图 6.9　多路径影响

如图 6.10 所示，在多路径分析中，由于电波要受到发射物体表面的反射，任何反射体有两个重要的截止特性：介质常数 K_r（无量纲）；传导率 κ(s/m)。

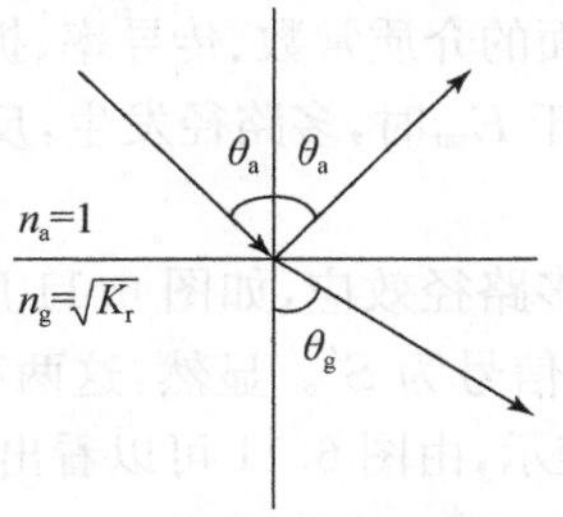

图 6.10　多路径信号反射和折射

地面的折射系数为 $n_g=\sqrt{K_{rg}}$，根据折射定律，在多路径干扰信号入射角 θ_a 超过临界值 θ_{ac}时，将产生反射信号。由于

$$\frac{n_a}{n_g}=\frac{\sin\theta_a}{\sin\theta_g} \tag{6.67}$$

式中，θ_g 为地面折射角。

临界角 θ_{ac}定义为：$\theta_g=90°$，即 $\sin\theta_g=1$ 时对应的 θ_a。则由式(6.67)可得

$$\theta_{ac}=\arcsin(n_a/n_g)$$

考虑到在空气中，折射系数 $n_a=1$，故

$$\theta_{ac}=\arcsin(1/n_g)$$

则

$$E_{sat}=90°-\theta_{ac}$$

E_{sat} 为发射物的卫星临界仰角。

表 6.5 反射面及其参数

反射面	典型的介质常数	传导率/(ms/m)	折射系数	临界仰角/(°)
海水	81	5000	9.0	83.6
淡水	80	1	8.9	83.6
牧区低山区	20	30.3	4.5	77.1
牧区农业区	14	10	3.7	74.5
平坦的乡村沼泽	12	7.5	3.5	73.2
牧区中的山区	13	6	3.6	73.9
多石头的陡峭山区	13	3	3.6	73.9
沙漠平坦海岸	10	2	3.6	71.9
城市居住区	5	2	2.2	63.4
轻工业区	5	1	2.2	63.4
重工业区	3	0.1	1.7	54.7

注：这里的所有数据是在北美测量的结果，在此仅供参考。

表 6.5 给出了各种反射面的介质常数、传导率、折射率和临界仰角。当反射物的卫星仰角（$E_s=90°-\theta_a$）小于 E_{sat} 时，多路径发生，反射信号的幅值取决于反射面的传导率。

以地面反射为例来说明多路径效应，如图 6.11 所示，若天线收到卫星的直射信号为 S，同时收到地面反射信号为 S'。显然，这两种信号所经过的路径不同，其路径差值称为程差，用 Δ 来表示，由图 6.11 可以看出

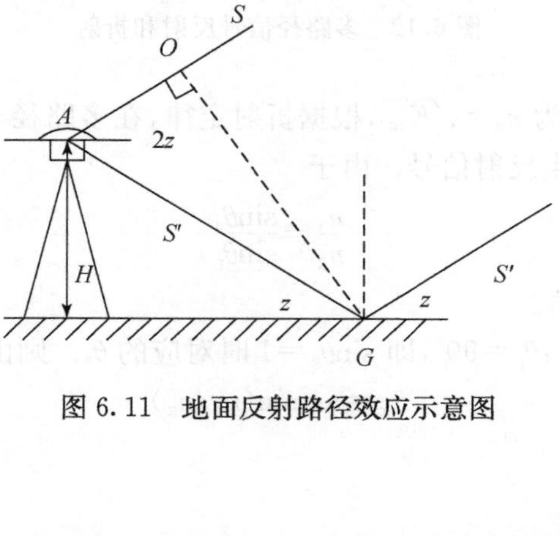

图 6.11 地面反射路径效应示意图

$$\begin{aligned}\Delta &= GA-OA=GA-GA\cdot\cos(2z)=GA\cdot[1-\cos(2z)]\\ &=\frac{H}{\sin z}[1-\cos(2z)]=\frac{H}{\sin z}[1-(1-2\sin^2 z)]=2H\sin z\end{aligned}\tag{6.68}$$

式中，H 为天线离地面的高度。

由于存在着程差 Δ，所以反射波和直射波之间存在着一个相位延迟 θ，即

$$\theta=\frac{\Delta}{\lambda}\cdot 2\pi=\frac{4\pi H\sin z}{\lambda}\tag{6.69}$$

反射波除了存在相位延迟外，信号强度一般也会减小，其原因是：一部分能量被反射面所吸收，同时由于反射会改变波的极性特征，而接收天线对于改变了极化特性的反射波有抑制作用。下面对载波相位测量中的多路径误差进行分析。

直射信号 S_d 和反射信号 S_r 的表达式可分别写为

$$S_d=U\cos(\omega t),\quad S_r=aU\cos(\omega t+\theta)\tag{6.70}$$

式中，U 为信号电压；ω 为载波的角频率；a 为反射系数。

当 $a=0$ 时表示信号完全被吸收，$a=1$ 时表示信号完全被反射，a 随反射物面不同而变化，如水面的反射系数 $a=1$，野地里 $a=0.6$。反射信号与直射信号“叠加”后，被天线所接收的信号为

$$S=\beta U\cos(\omega t+\varphi)\tag{6.71}$$

式中，$\beta=(1+2a\cos\theta+a^2)^{1/2}$；$\varphi=\arctan[a\sin\theta/(1+a\cos\theta)]$，为载波相位测量中的多路径误差。分析 φ 的大小，对 φ 求导，并令其为零，即

$$\frac{d\varphi}{d\theta}=\frac{a\cos\theta+a^2}{(1+a\cos\theta)(1+a\cos\theta+a\sin\theta)}=0\tag{6.72}$$

则当 $\theta=\pm\arccos(-a)$ 时，多路径误差 φ 将取得最大值 $\varphi_{max}=\pm\arcsin a$。因此，在载波相位测量中多路径误差取决于反射系数 a，全反射式($a=1$)多路径误差的最大值对于 GPS 的 L1 载波为 4.8cm；对于 L2 载波则为 6.1cm。

实际上，可能会有多个反射信号会同时进入接收天线，此时的多路径误差为

$$\varphi=\arctan\{\sum_{i=1}^{n}a_i\sin\theta_i/(1+a_i\cos\theta_i)\}\tag{6.73}$$

多路径效应对于测码伪距的影响要比载波测量严重得多。观测资料表明，对于 P 码多路径效应最大可达 10m 以上。减少多路径效应的主要措施，可从以下几方面考虑。

(1)在观测上，选择合适的测站，最好避开反射系数大的物面，如水面、平坦光滑的硬地面、平整的建筑物表面等。

(2)在硬件上，采用抗多路径误差的仪器设备，如采用带抑径板、抑径圈或者极化天线等功能的抗多路径的天线，也可以利用窄相关技术 MEDLL(multipath estimating delay lock loop)等抗多路径的接收机。

(3)在数据处理上，利用参数法、滤波法或者信号分析法等方法对数据进行

处理。

(4)也可以通过适当延长观测时间,削弱多路径效应的周期性影响。

6.4 用户段误差及消除方法

在用户段产生的误差主要是指在用户接收设备上产生的有关误差,主要包括观测误差、接收机钟差、接收机天线相位中心偏差、载波相位观测的整周跳变以及地球自转和潮汐现象在接收机产生的误差等[7,8]。

6.4.1 观测误差及消除方法

观测误差不仅与卫星导航系统接收机的软、硬件对卫星信号的观测分辨率有关,还与天线的安装精度有关。根据试验,一般认为观测的分辨率误差为信号波长的1%。对卫星导航系统码信号和载波信号的观测精度,以 GPS 为例,如表 6.6 所示。

表 6.6 观测分辨率引起的观测误差

信号	波长/m	观测误差/m
C/A码	293	2.9
P码	29.3	0.3
L1 载波	0.1905	2.0×10^{-5}
L2 载波	0.2445	2.5×10^{-5}

天线的安装精度引起的观测误差,指的是天线对中误差、天线整平误差以及量取天线相位中心高度(天线高)的误差。例如,当天线高度为 1.6m 时,如果天线置中误差为 0.1°,则由此引起光学对中器的对中误差约为 3mm。所以,在精密定位中应注意整平天线,仔细对中,以减少安装误差。

6.4.2 接收机钟差及消除方法

卫星导航系统接收机一般采用高精度的石英钟,其日频稳定度约为10^{-11}。如果站钟与星钟的同步误差为 1μs,引起的等效距离误差约为 300m。若要进一步提高站钟精度,可采用恒温晶体振荡器,但其体积及耗电量大,频率稳定度也只能提高 1～2 个数量级。解决站钟钟差的方法如下。

(1)在单点定位时,将钟差作为未知参数与观测站的位置参数一并求解。此时,假设每一个观测瞬间钟差都是独立的,则处理较为简单,所以该方法广泛地应用于动态绝对定位中。

(2)在载波相位相对定位中,采用对观测值的求差(星间单差、星站间双差)的方法，可以有效地消除接收机钟差。

(3)在定位精度要求较高时，可采用外接频标(即时间标准)的方法，如铷原子钟或铯原子钟等，这种方法常用于固定观测中。

6.4.3 接收机天线相位中心偏差及消除方法

接收机的位置偏差是指接收机天线的相位中心相对测站中心位置的偏差。在卫星导航系统定位中，无论是测码伪距或是测相伪距，其观测值都是测量卫星到卫星导航系统接收机天线相位中心的距离。而天线对中都是以天线几何中心为准，所以，对于天线的要求是它的相位中心与几何中心应保持一致[9]。

实际上天线的相位中心位置会随信号输入的强度和方向不同而发生变化，所以，观测时相位中心的瞬时位置(称为视相位中心)与理论上的相位中心位置将会有所不同。天线相位中心与几何中心的差称为天线相位中心的偏差，这个偏差会造成定位误差，根据天线性能的好坏，可达数十毫米至数厘米，所以对精密相对定位来说，这种影响也是不容忽视的。

如何减小相位中心的偏移，是天线设计中的一个关键问题。在实际测量中，若使用同一类型的天线，在相距不远的两个或多个测站上，同步观测同一组卫星，可通过观测值的求差来削弱相位中心偏差的影响。不过，这时各观测站的天线均应按天线盘上附有的方位标志进行定向，以满足一定的精度要求。

另外，建立观测方程时也需要考虑卫星和接收机天线相位中心的偏差改正。相位中心偏差改正可以通过改正卫星或接收机的坐标来实现，也可以通过直接改正观测值实现。

1. 接收机天线相位中心的偏差改正

令 $\boldsymbol{r}_{\mathrm{ant}}$ 和 $\boldsymbol{r}_e$ 分别表示地固系中接收机相位中心和几何中心的位置矢量，则相位中心偏差矢量定义为

$$\Delta\boldsymbol{r}_{\mathrm{ant}}=\boldsymbol{r}_{\mathrm{ant}}-\boldsymbol{r}_e$$

实践中，接收机相位中心的偏差常用局部坐标表示，即天线相位中心对于几何中心的垂直方向偏差 ΔH，北向偏差 ΔN 和东向偏差 ΔE，通过旋转可将局部坐标系中的偏心矢量转换至地固系，即

$$\Delta\boldsymbol{r}_{\mathrm{ant}}=\begin{bmatrix}\Delta x\\ \Delta y\\ \Delta z\end{bmatrix}=R_H(270°-\lambda)\cdot R_E(\varphi-90°)\cdot\begin{bmatrix}\Delta E\\ \Delta N\\ \Delta H\end{bmatrix} \tag{6.74}$$

式中

$$R_H(270°-\lambda)\cdot R_E(\varphi-90°)=\begin{bmatrix}-\sin\lambda & -\cos\lambda\sin\varphi & \cos\lambda\cos\varphi\\ \cos\lambda & -\sin\lambda\sin\varphi & \sin\lambda\cos\varphi\\ 0 & \cos\varphi & \sin\varphi\end{bmatrix}$$

天线相位中心偏差也可以通过直接对相位观测值进行改正求得

$$\Delta\varphi=\frac{1}{\lambda}\frac{(\boldsymbol{r}_R-\boldsymbol{r}_S)^{\mathrm{T}}\Delta\boldsymbol{r}_{\mathrm{ant}}}{|\boldsymbol{r}_R-\boldsymbol{r}_S|} \tag{6.75}$$

式中，$\boldsymbol{r}_R$、$\boldsymbol{r}_S$ 为分别为卫星和测站在地固系中的位置矢量；λ 为波长。

2. 卫星天线相位中心偏差改正

卫星天线相位中心相对于卫星质量中心的偏差常以星固坐标系中的偏差矢量给出，如对 GPS 的 BLOCK4 卫星（如 PRN11、PRN13 号星）有

$$\alpha=[-0.0031\quad -0.00120]^{\mathrm{T}}$$

对 BLOCK1 卫星和 BLOCK2 卫星分别为（以 m 为单位）

$$\alpha_1=(0.2110\quad 0.0000\quad 0.8540)^{\mathrm{T}}$$

$$\alpha_2=(0.2794\quad 0.0000\quad 0.9519)^{\mathrm{T}}$$

假定在惯性坐标系中，星固坐标系轴的单位矢量为 (e_x, e_y, e_z)，则在惯性坐标系中的天线相位中心偏差为

$$\Delta\boldsymbol{R}_{\mathrm{ant}}=(e_x, e_y, e_z)\alpha \tag{6.76}$$

也可以直接改正观测距离，公式为

$$\Delta D_{\mathrm{ant}}=\frac{(\boldsymbol{r}_R-\boldsymbol{r}_S)}{|\boldsymbol{r}_R-\boldsymbol{r}_S|}\Delta\boldsymbol{R}_{\mathrm{ant}} \tag{6.77}$$

式中，$\boldsymbol{r}_R$、$\boldsymbol{r}_S$ 分别为卫星和测站的地心矢量。

6.4.4　载波相位观测的整周跳变及消除方法

目前普遍采用的精密观测方法是载波相位观测法，它能将定位精度提高到毫米级。但是，在观测历元 t，卫星导航系统接收机只能提供载波相位非整周的小数部分和从锁定载波时刻 t_0 至观测历元 t 之间的载波相位变化整周数，而无法直接获得载波相位于锁定时刻在传播路径上变化的整周数。原理图如图 6.12 所示。

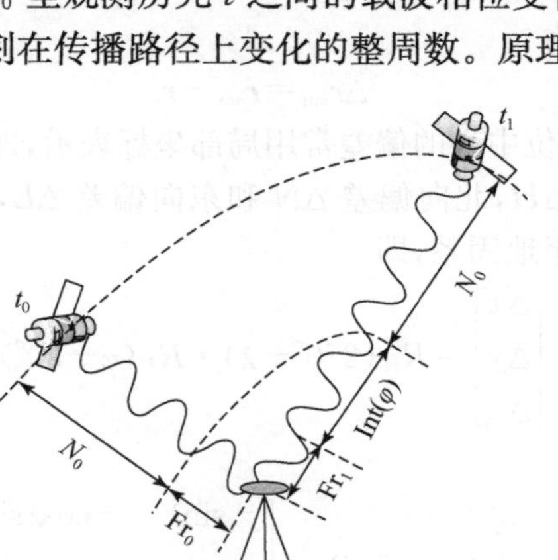

图 6.12　载波相位观测值

因此，在测相伪距观测值中，需求出载波相位整周模糊度，其计算值的精确度会对测距精度产生影响。

令接收机首次观测值为 φ_0，则 $\varphi_0=\mathrm{Fr}\,(\varphi)_0$，以后的观测值 φ_i 为 $\varphi_i=\mathrm{Int}\,(\varphi)_i+\mathrm{Fr}\,(\varphi)_i$，通常表示为

$$\tilde{\varphi}=N_0+\mathrm{Int}(\varphi)+\mathrm{Fr}(\varphi) \tag{6.78}$$

式中，$\mathrm{Int}(\varphi)$ 为整周计数；N_0 为整周未知数(整周模糊度)。

载波相位观测量是接收机(天线)和卫星位置的函数，只有得到它们之间的函数关系，才能从观测量中求解接收机的位置。

假设在卫星导航系统标准时刻 T_a(卫星钟面时刻 t_a)卫星 S^j 发射的载波信号相位为 $\varphi(t_a)$，经传播延迟 $\Delta\tau$ 后，在系统标准时刻 T_b(卫星钟面时刻 t_b)到达接收机。

根据电磁传播原理，T_b 时刻接收到的和 T_a 时发射的相位不变，即 $\varphi^j(t_a)=\varphi^j(t_b)$，而在 T_b 时，接收机产生的载波相位为 $\varphi(t_b)$，可知，在 T_b 时，载波相位观测量为

$$\Phi=\varphi(t_b)-\varphi^j(t_b) \tag{6.79}$$

考虑到卫星钟差和接收机钟差，有 $T_a=t_a+\delta t_a$，$T_b=t_b+\delta t_b$，则有

$$\Phi=\varphi(T_b-\delta t_b)-\varphi^j(T_b-\delta t_b) \tag{6.80}$$

对于卫星钟和接收机钟，其振荡器频率一般稳定良好，所以其信号的相位于频率的关系可表示为

$$\varphi(t+\Delta t)=\varphi(t)+f\cdot\Delta t \tag{6.81}$$

式中，f 为信号频率；Δt 为微小时间间隔；φ 以 2π 为单位。

设 f^j 为 j 卫星发射的载波频率，f_i 为接收机产生的固定参考频率，且 $f_i=f^j=f$，同时考虑到 $T_b=T_a+\Delta\tau$，则有

$$\varphi(T_b)=\varphi^j(T_a)+f\cdot\Delta\tau \tag{6.82}$$

考虑到(6.82)和(6.81)两式，式(6.80)改写成

$$\begin{aligned}\Phi&=\varphi(T_b)-f\cdot\delta t_b-\varphi^j(T_a)+f\cdot\delta t_a\\&=f\cdot\Delta\tau-f\cdot\delta t_b+f\cdot\delta t_a\end{aligned} \tag{6.83}$$

传播延迟 $\Delta\tau$ 中考虑到电离层和对流层的影响 $\delta\rho_1$ 和 $\delta\rho_2$，则

$$\Delta\tau=\frac{1}{c}(\rho-\delta\rho_1-\delta\rho_2) \tag{6.84}$$

式中，c 为电磁波传播速度；ρ 是卫星至接收机之间的几何距离。代入式(6.83)，有

$$\Phi=\frac{f}{c}(\rho-\delta\rho_1-\delta\rho_2)+f\cdot\delta t_a-f\cdot\delta t_b \tag{6.85}$$

考虑到卫星到接收机的相位差，即估计载波相位整周数 $\tilde{\varphi}=N_0+\mathrm{Int}(\varphi)+\mathrm{Fr}(\varphi)$ 后，有

$$\Phi=\frac{f}{c}\rho+f\cdot\delta t_a-f\cdot\delta t_b-\frac{f}{c}\delta\rho_1-\frac{f}{c}\delta\rho_2+N_0 \tag{6.86}$$

上式即为载波相位的观测方程，通过该方程我们可测量接收机对卫星信号的载波相位。

确定整周模糊度 N_0 是载波相位测量的一项重要工作。由于卫星导航接收机在进行载波相位测量的同时也可以进行伪距测量，而将伪距观测值减去载波相位测量的实际观测值(转换为以距离为单位)后即可得到 $\lambda\cdot N_0$。但由于伪距测量的精度较低，所以要有较多的 $\lambda\cdot N_0$ 取平均值后才能获得正确的整周数。以上方法精度较低，在实际测量中一般根据基线的长度，求取整周模糊度的整数解或实数解。因为整周未知数在理论上讲应该是一个整数，利用这一特性能提高解的精度。短基线定位时一般采用这种方法，而当基线较长时，误差的相关性将降低，许多误差消除得不够完善，所以无论是基线向量还是整周未知数，均无法估计得很准确。在这种情况下通常将实数解作为最后解。

整周模糊度的确定一直是研究的热点和难点问题，除了上述方法外，研究者们还提出了多种快速确定的方法，详细内容参见第 7 章。

如果在观测过程中接收机保持对卫星信号的连续跟踪，则整周模糊度 N_0 将保持不变，整周计数 Int(φ)也将保持连续，但当由于某种原因使接收机无法保持对卫星信号的连续跟踪时，在卫星信号被重新锁定后，N_0 将发生变化，而 Int(φ)也不会与前面的值保持连续，这一现象称为整周跳变，示意图如图 6.13 所示。

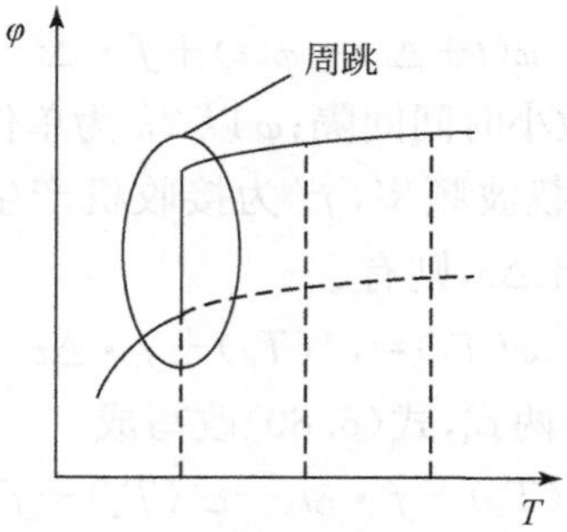

图 6.13　整周跳变示意图

在采用载波相位观测法测距时，不但要解决整周模糊度的计算，在观测过程中，还可能出现周跳问题。值得注意的是，周跳现象在载波相位测量中是容易发生的，它对测相伪距观测值的影响与整周模糊度的计算不准确一样，都是精密定位数据处理中非常重要的问题。

周跳现象将会破坏载波相位测量的观测值 Int(φ)$+\Delta\varphi$ 随时间而有规律变化的特性，但卫星的径向速度很大，最大可达 0.9km/s，整周计数每秒可变化数千周。所以相邻观测值间的差值也较大，如果周跳仅仅几周或几十周，则不容易被发现。

此时可以采用在相邻的两个观测值间依次求多次差的方法对周跳进行探测。更多的方法可以参见第 7 章。

6.4.5　地球自转及消除方法

与地球固联的协议地球坐标系，随地球一起绕 z 轴自转，卫星相对于协议地球系的位置(坐标值)是相对历元而言的。如果发射信号的某一瞬时，卫星处于协议坐标系中的某个位置，当卫星信号传播到观测站时，由于地球的自转，卫星已不在发射瞬时的位置处了，此时刻的卫星位置应该考虑地球的自转改正。

发射信号瞬时与接收信号瞬时的信号传播延时为 $\Delta\tau$，在此时间过程中，协议地球坐标系统 z 轴转过了 $\Delta\alpha$ 角度，设地球自转角速度为 ω_{ie}，则有

$$\Delta\alpha=\omega_{ie}\Delta\tau \tag{6.87}$$

这必然引起卫星到测站的几何距离 ρ 发生改变，设变化量为 $\Delta\rho$，由微分公式可计算出：

$$\Delta\rho=\frac{1}{\rho}[(X_S-X_R)\Delta X_S+(Y_S-Y_R)\Delta Y_S+(Z_S-Z_R)\Delta Z_S] \tag{6.88}$$

式中，$(\Delta X_S,\Delta Y_S,\Delta Z_S)$ 为卫星坐标的变化量；(X_S,Y_S,Z_S) 为卫星瞬时地心坐标；(X_R,Y_R,Z_R) 为地面测站的地心坐标。

由参照系的转动而引起的卫星的坐标变化为

$$\begin{bmatrix}\Delta X_S\\ \Delta Y_S\\ \Delta Z_S\end{bmatrix}=\begin{bmatrix}0 & \sin\Delta\alpha & 0\\ -\sin\Delta\alpha & 0 & 0\\ 0 & 0 & 0\end{bmatrix}\begin{bmatrix}X_S\\ Y_S\\ Z_S\end{bmatrix} \tag{6.89}$$

即得到地球旋转改正公式

$$\Delta\rho_\omega=\frac{\omega}{C}[(X_S-X_R)\Delta Y_S-(Y_S-Y_R)\Delta X_S] \tag{6.90}$$

由于卫星信号传播速度很快，所以 $\Delta\alpha$ 很小，所以这项改正只在卫星导航系统高精度定位中才考虑。当 $\Delta\alpha<1.5$，当取至一次微小项时，上式可简化为

$$\begin{bmatrix}\Delta X_S\\ \Delta Y_S\\ \Delta Z_S\end{bmatrix}=\begin{bmatrix}0 & \Delta\alpha & 0\\ -\Delta\alpha & 0 & 0\\ 0 & 0 & 0\end{bmatrix}\begin{bmatrix}X_S\\ Y_S\\ Z_S\end{bmatrix} \tag{6.91}$$

6.4.6　地球潮汐效应以及消除方法

日月天体的引潮力会导致海洋产生潮汐现象，促使海水质量重新分布，从而产生海洋潮汐的附加位。附加位的变化会引起地面测站位置的周期性变形，近海地区受到的影响尤其明显，垂向估值变化达到约几厘米。海洋潮汐负荷分布与全球海潮高分布相关，海潮起落异常复杂，但其根本的力源来自于月亮和太阳[10]。

在地球固体潮和海洋负荷潮的共同作用下，测站垂向位移量最大可达 80cm，导致不同时间的卫星导航系统定位结果存在周期变化。因此，在大区域范围的高精度相对定位工作中，必须利用地球潮汐改正误差模型进行改正，以便获得高精度的三维定位结果。下面对现在常用的固体改正模型和海洋负荷潮汐改正模型进行介绍。

1. 固体潮汐改正模型

应用 Wahr 理论计算固体潮汐造成的监测站坐标的变化时，在固体改正模型中只考虑二阶引潮位，由于三阶影响小于 2mm，可忽略不计，第一步用与频率无关的 Love 数和 Shida 数计算监测站的坐标位移，第二步计算 K_1 频率项。

1)用 Love 数和 Shida 数计算监测站的坐标位移

首先计算日、月到地心的距离 $r_j(j=1,2)$ 和在地球固定坐标系中日月的单位矢量 $\boldsymbol{r}_j$。由于日、月引力所造成的地球潮汐相对于日、月位置有滞后现象，所以在计算日、月单位矢量时应考虑滞后角 δ_j 的影响，则日、月在地球固体坐标系中之后的单位矢量为

$$\boldsymbol{r}_j=\begin{bmatrix}\boldsymbol{x}_j\\ \boldsymbol{y}_j\\ \boldsymbol{z}_j\end{bmatrix}=\frac{1}{r_j}\begin{bmatrix}x_j\cos\delta_j-y_j\sin\delta_j\\ x_j\cos\delta_j+y_j\sin\delta_j\\ z_j\end{bmatrix} \tag{6.92}$$

式中，r_j 为日(或月)到地心的距离；x_j、y_j、z_j 为日(或月)在地球固体坐标系中的 3 个位置分量，由 JPL 星历数据计算。

设在惯性系中测站的位置矢量为 $\boldsymbol{R}$，则天体对测站产生的固体潮汐改正 $\Delta\boldsymbol{R}$ 为

$$\Delta\boldsymbol{R}=\sum_{j=1}^{2}\frac{\mathrm{GM}_j}{\mathrm{GM}_e}\cdot\frac{R^4}{{r_j}^3}\left\{[3\times l_2(\boldsymbol{r}_j\cdot\boldsymbol{R})]\boldsymbol{r}_j+\left[3\times\left(\frac{h_2}{2}-l_2\right)(\boldsymbol{r}_j\cdot\boldsymbol{R})^2-\frac{h_2}{2}\right]\boldsymbol{R}\right\} \tag{6.93}$$

式中，GM_j 为引力常数 G 与月球($j=1$)或太阳($j=2$)的质量的乘积；GM_e 为引力常数 G 与地球质量的乘积；l_2 为 Shide 数，取 $l_2=0.0852$；h_2 为二阶 Love 数，取 $h_2=0.6090$；$\boldsymbol{R}$ 为根据监测站在标定坐标计算的监测站在地球固体坐标系中的单位位置矢量；R 为监测站在地球固体坐标系中的位置。

2)计算 K_1 频率项(对应于 DOOSON 数 165.555)

l_2 和 h_2 如上取值之后，如果去径向截断误差为 0.5cm，则只须考虑 K_1 一项就行了，这时它表现为监测站高程的周期性变化

$$\Delta h_2=-0.0253\sin\varphi'\cos\varphi'\sin(\bar{\theta}_g+\lambda) \tag{6.94}$$

式中，φ' 为监测站的地心纬度；λ 为监测站的东经纬度；$\bar{\theta}_g$ 为格林尼治平恒星时。

此外，l_2 和 h_2 按上述方法取值还会引起固定形变，主要发生在径向和北向，即

$$\Delta h_2 = -0.12083\left(\frac{3}{2}\sin^2\varphi' - \frac{1}{2}\right)$$

$$\Delta N = -0.05071\cos\varphi'\sin\varphi'$$

其中，Δh_2、ΔN 单位均为 m。

固体潮汐对测站的影响包含由半日周期组成的周期项和与纬度有关的长期偏移项。在高精度卫星导航定位中，采用 24 小时的静态观测，周期项的大部分影响可以平滑消除，但无法消除长期项，对于单个测站其参与影响在径向仍可达 12cm，水平方向可达 5cm。

2. 海洋负荷潮汐改正模型

根据海洋负荷潮理论，海潮现象会造成海洋负荷的变化，由此带来的监测站坐标的变化由 C. Goad 给出了计算方法。该方法中考虑了 M_2、S_2、K_2、N_2、O_1、K_1、P_1、Q_1 和 MF 等 9 个分潮波引起的监测站位移。Goad 使用了 Schwlderski 1978 年的模型和 Green 函数。在 Green 函数积分中采用了 Farrell 1972 年的结果，计算了海洋负荷对世界上主要激光测距站和主要天文台造成的站址位移。位移振幅一般小于 1cm，但有的台站位移可达到 10cm。海洋负荷变化对监测造成的高程位移由式(6.95)计算

$$\Delta h_3 = \sum_{i=1}^{9} A_{\mathrm{mp}}(i)\cos[\arg(i,t) - \mathrm{phase}(i)] \tag{6.95}$$

式中，$A_{\mathrm{mp}}(i)$ 为分潮波 i 对该监控站造成的位移的振幅；$\arg(i,t)$ 为监测站在时刻 t 对分潮波 i 的幅角，有专门程序计算；$\mathrm{phase}(i)$ 为分潮波 i 对该监测站的相位延迟。

结合 1 和 2 的结果，可以得到潮汐的坐标修正为

$$\Delta R_b = \Delta \boldsymbol{R} + \boldsymbol{M}^{\mathrm{T}}\begin{bmatrix} 0 \\ \Delta N \\ \Delta h_1 + \Delta h_2 + \Delta h_3 \end{bmatrix} \tag{6.96}$$

式中，$\boldsymbol{M}$ 为由地球固定坐标系到监测站测站坐标系的转换矩阵。

参 考 文 献

[1] 袁建平，罗建军，岳晓奎，等. 卫星导航原理与应用[M]. 北京：中国宇航出版社，2004.

[2] 刘海颖，王慧南，陈克明. 卫星导航原理与应用[M]. 北京：国防工业出版社，2013.

[3] 朱永兴，贾小林，姬剑锋，等. 北斗卫星广播星历精度分析[J]. 测绘科学与工程，2013(4)：24-28.

[4] 谢钢. GPS 原理与接收机设计[M]. 北京：电子工业出版社，2009.

[5] 王惠南. GPS 导航原理与应用[M]. 北京：科学出版社，2003.

[6] 田建波，陈刚. 北斗导航定位技术及其应用[M]. 武汉：中国地质大学出版社，2017.

[7] 陈军，黄静华，安新源. 卫星导航定位于抗干扰技术[M]. 北京：电子工业出版社，2016.
[8] 吴仁彪，王文益，卢丹. 卫星导航自适应抗干扰技术[M]. 北京：科学出版社，2015.
[9] 杨文丽，敬红勇，毕少筠，等. 天线相位中心与导航卫星质心的位置关系对测距误差的影响分析[C]//中国卫星导航学术年会，西安，2015，1-5.
[10] 邹璇，姜卫平. 潮汐改正对精密 GPS 基线解算的影响[J]. 测绘地理信息，2008，33(4)：6-8.

第 7 章　卫星导航定位方法

7.1　定 位 方 式

卫星导航定位的方式较多，按定位时接收机天线的运动状态可分为：静态定位、动态定位。按定位模式可分为：绝对定位、相对定位。按观测值类型可分为：伪距测量、载波相位测量。本章将着重介绍这些定位方式。

7.1.1　静态定位与动态定位

1. 静态定位

如果待定点相对于周围的固定点没有可以觉察到的运动，或者虽有可觉察到的运动，但这种运动是如此缓慢以至于在一次观测期间(一般为数小时至若干天)无法被觉察到，而只有在两次观测之间(一般为几个月至几年)这些运动才能被反映出来，因而每次进行卫星导航观测资料的处理时，待定点在 ECEF 坐标系中的位置都可以认为是固定不动的，确定这些待定点的位置称为静态定位。

静态定位在数据处理时，将接收机天线的位置作为一个不随时间改变而改变的量。由于静态待定点的位置是不变的，它的速度等于零。此时，在不同时刻(历元)进行大量重复的观测和处理，可以有效提高定位精度。

静态定位一般用于高精度的测量定位，其具体观测模式为多台接收机在不同的测站上进行静止同步观测，时间由几分钟、几小时至数十小时不等。在大地测量、精密工程测量、地球动力学及地震监测等领域得到了广泛的应用，是精密定位中的基本模式，如图 7.1 所示。随着解算整周模糊度的快速算法的出现，静态定位的作业时间可大大缩短，因而在国防精密定位领域(如飞机起飞前或火箭升空前的初始定位等)也有广泛的应用前景[1,2]。

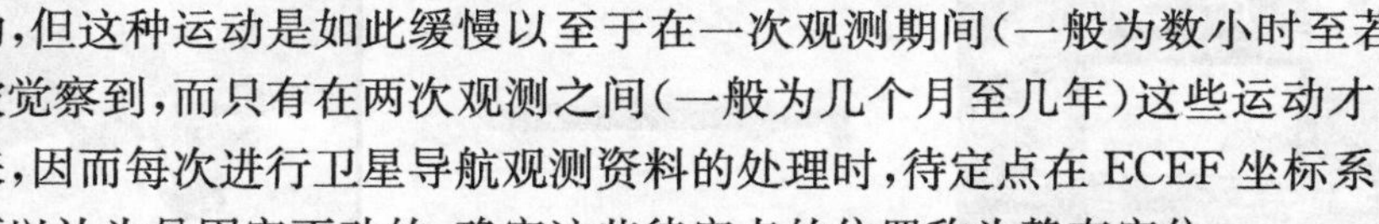

图 7.1　道路工程测量、青藏板块 GNSS 监测、大地测量

2. 动态定位

如果在一次观测期间待定点相对于周围的固定点有可觉察到的运动或者显著的运动，在处理该时段的观测资料时待定点的位置将随时变化，确定这些运动的待定点的位置称为动态定位。

动态定位在数据处理时，将接收机天线的位置作为一个随时间改变而改变的量。动态定位根据定位的目的和精度要求，又可分为导航动态定位和精密动态定位，前者是实时地确定用户运动过程中的位置和速度，并引导用户沿预定的航线到达目的地；后者是精确地确定用户在每个时刻的位置速度，通常可以事后处理。

由于动态定位目标是运动的，它需要确定每个时刻(历元)目标的位置和速度。因此它不能对目标进行重复观测，主要是应用数学方法来消除或减弱共源、共性的观测系统误差，并提高定位的精度。

动态定位具有用户多样性、速度多样性、定位实时性、数据短时性、精度要求多变性等特点。多应用于车辆、船舶、航空器等的导航、跟踪、监控与调度，武器制导，自动驾驶，卫星、航天器等的定轨、姿态确定等，如图 7.2 所示。

图 7.2　车载导航、巡航导弹、卫星

严格地说，静态定位和动态定位的根本区别并不在于待定点本身是否在运动，而在于建立数学模型中待定点的位置是否可看成常数。也就是说，在观测期间待定点的位移量和允许的定位误差相比是否显著，能否忽略不计。由于进行静态定位时待定点的位置可视为固定不动，所以就有可能通过大量重复观测来提高定位精度。

7.1.2　绝对定位与相对定位

1. 绝对定位(单点定位)

单独利用一台卫星导航接收机观测卫星，独立地确定出自身在地固坐标系中的绝对位置，这一位置在地固坐标系中是唯一的，所以称为绝对定位。因为利用一台接收机能完成定位工作，又称为单点定位。

以卫星和用户接收机天线之间的距离(或距离差)观测量为基础，根据已知的卫星瞬时坐标来确定接收机天线所对应的点位，即观测站的位置。

单点定位方法的实质是测量学中的空间距离后方交会。原则上观测站位于以3颗卫星为球心，相应距离为半径的3个球与观测站所在平面交线的交点上。

目前，卫星导航系统采用的坐标系统有GPS使用的WGS-84坐标系、北斗使用的CGCS2000坐标系等，所以单点定位的结果是接收机在相应坐标系下的坐标值。单点定位的优点是，只需一台卫星导航接收机即可实现独立定位，野外作业的实施较为方便，数据处理亦较简单。由于单点定位受导航卫星星历误差和大气延迟误差的影响较严重，故定位精度一般。单点定位在船舶导航、单兵定位、车辆定位、地质矿产勘探、暗礁定位和建立浮标等中低精度测量中有着广泛的应用，卫星导航单点定位与其他导航系统组合，可以获得高精度的导航参数，在飞行器的导航和制导等国防领域也有着重要作用。

2. 相对定位

确定进行同步观测的接收机之间相对位置的定位方法，称为相对定位。定位结果为与所用星历同属一坐标系的基线向量(坐标差)及其精度信息。基线向量中含有两个方位基准(一个水平方位、一个垂直方位)和一个尺度基准，不含有位置基准。相对定位的结果是各同步跟踪站之间的基线向量，因而至少需给出网中一点的坐标后才能求出其余各点的坐标。

相对定位的优点是，由于用同步观测资料进行相对定位时，对于各同步测站来讲有许多误差是相同的或近似的(如卫星钟的时钟误差、卫星星历误差、卫星信号在大气中的传播误差等)，在相对定位的过程中这些误差可得以消除或大幅度削弱，因而可获得很高精度的相对位置。

相对定位的缺点是，进行相对定位时需用多台(至少两台)接收机进行同步观测，若其中一台接收机因故未能按预定计划按时开机或在观测过程中出现故障，都将使得与该测站有关的相对定位工作无法进行。所以相对定位中观测的组织和实施就较单点定位更为复杂，数据处理也更为麻烦。

7.1.3 伪距测量与载波相位测量

1. 伪距测量

伪距测量是在用卫星导航定位系统进行导航和定位时，用卫星发播的伪随机码与接收机复制码的相关技术，测定测站到卫星之间的、含有时钟误差和大气层折射延迟的距离的技术和方法。

测得的距离含有时钟误差和大气层折射延迟，而非“真实距离”，故称伪距。为实现伪距定位，利用测定的伪距组成以接收机天线相位中心的三维坐标和卫星钟差为未知数的方程组，经最小二乘法解算以获得接收机天线相位中心三维坐标，并将其归化为测站点的三维坐标。由于方程组含有 4 个未知数，必须有 4 个以上经伪距测量而获得的伪距。

以 GPS 为例，伪距测量所采用的观测值为 GPS 伪距观测值，所采用的伪距观测值既可以是 C/A 码伪距，也可以是 P 码伪距。伪距定位的优点是数据处理简单，对定位条件的要求低，不存在整周模糊度的问题，可以非常容易地实现实时定位。其缺点是观测值精度低，C/A 码伪距观测值的精度一般为 3m，而 P 码伪距观测值的精度一般也在 30cm 左右，从而导致定位成果精度低，另外，若采用精度较高的 P 码伪距观测值，还存在 AS 的问题。

2. 载波相位测量

载波相位测量是利用接收机测定载波相位观测值或其差分观测值，经基线向量解算以获得两个同步观测站之间的基线向量坐标差的技术和方法。

载波相位观测量理论上是卫星导航系统信号在接收时刻的瞬时载波相位值。但实际上无法直接测量出任何信号的瞬时载波相位值，测量接收到的是具有多普勒频移的载波信号与接收机产生的参考载波信号之间的相位差。

载波相位测量技术是目前高精度定位的主要方法。载波相位测量可以达到毫米级的精度，但测量值受到与码测量同样的误差源的影响：卫星钟差和星历误差、传播媒介、接收机噪声和多路径效应。码测量和载波相位测量的主要差别在于接收机噪声和多路径的影响，载波相位一般在厘米级而码相位在米级，另外，载波相位测量存在整周模糊度。如果所有的误差项都被减小，整周模糊度能被解出来，载波相位测量将转化为精确的伪距测量值并形成精确定位估算。利用载波相位测量的厘米级相位定位现已在测绘、大地测量、地球物理和很多工业应用领域得到了广泛的应用。载波相位测量中难点在于实时地、快速而准确地整周模糊度。

7.1.4　静态单点定位与动态单点定位

1. 静态单点定位

静态单点定位是指在接收机天线处于静止状态下，确定测站的三维地心坐标。定位所依据的观测量是根据码相关测距原理测定的卫星至测站间的伪距。由于定位仅需要使用一台接收机，具有速度快、灵活方便且无多值性问题等优点，广泛用于低精度测量和导航。卫星导航系统静态单点定位的精度受两类因素影响：一类是影响伪距精度的因素，如卫星星历精度、大气层折射等；另一类则是卫星的空间几何分布。

静态单点定位模式将两台接收机分别安置在基线的两端点，其位置静止不动，同步观测 4 颗以上的在轨卫星，确定基线两端点的相对位置。在实际过程中，常常将接收机数目扩展到 3 台以上，同时测定若干条基线，不仅提高了工作效率，而且增加了观测量，提高了观测成果的可能性。静态单点定位由于受到卫星轨道误差、接收机时钟不同步误差以及信号传播误差等多种因素的干扰，其定位精度较低。

2. 动态单点定位

动态单点定位是确定处于运动载体上的接收机在运动的每一瞬间的位置。由于接收机天线处于运动状态，天线点位是一个变化的量，因此确定每一瞬间坐标的观测方程只有较少的多余观测，甚至没有多余观测，且一般常利用测距码伪距进行动态的单点定位。因此其精度较低，一般只有几十米，通常这种定位方法只用于精度要求不高的飞机、船舶以及陆地车辆等运动载体的导航。

虽然动态单点定位作业简单，易于快速实现实时定位，但是由于定位过程中受到卫星星历误差、钟差及信号传播误差等诸多因素的影响，定位精度不高，限制了其应用范围。

7.1.5　伪距单点定位与伪距相对定位

1. 伪距单点定位

1)伪距单点定位的观测方程

对观测站接收机本地产生的伪随机噪声码与导航卫星发射信号的伪随机噪声码进行相关处理，测定采样时刻 t 时信号从卫星 s^j 到观测站接收机 k 的传播时间为 τ_k^j，将 τ_k^j 乘以光速 c 即得到观测站接收机到卫星 s^j 的距离 R_k^j。由于观测量中包含观测站接收机和卫星的钟差，伪距 R_k^j 观测方程应表示为

$$R_k^j=\sqrt{(x^i-x_k)^2+(y^i-y_k)^2+(z^i-z_k)^2}+b_k-c\Delta t^i+\eta_k^i \tag{7.1}$$

式中，x^j、y^j、z^j 为卫星 s^j 在 $t^j=t-\tau_k^j$ 的位置坐标(也就是卫星发射信号时的位置坐标)，由卫星星历求出；x_k、y_k、z_k 为待估计的目标位置坐标；b_k 为待估计目标接收机钟差；$c\Delta t^j$ 为卫星 s^j 的钟差，由导航电文得到；η_k^j 为伪距观测量 R_k^j 的随机误差，且误差均方差记为 $\sigma_{\eta_k^j}$。

式(7.1)便是伪距 R_k^j 的观测方程，也是用于解算观测站位置的基本方程。需要注意的是，观测量 R_k^j 中还应该包含电离层和对流层的延迟误差，这里认为这些误差在预处理中已经修正，修正后残差较小，在此不引入观测方程中。

2)线性化观测方程

式(7.1)是关于未知参数的非线性方程，在实际求解时需要利用泰勒展开式进行线性化处理。将式(7.1)在观测站的概略位置 x_k^0、y_k^0、z_k^0 和接收机钟差 b_k^0 处展开成线性方程，则有

$$L_k^j = l_k^j \Delta x_k + m_k^j \Delta y_k + n_k^j \Delta z_k + \Delta b_k + \eta_k^j,\quad j=1,2,\cdots,m \tag{7.2}$$

式中

$$L_k^j = R_k^j - \overline{R}_k^j - b_k^0,\quad \overline{R}_k^j = \sqrt{(x^j - x_k^0)^2 + (y^j - y_k^0)^2 + (z^j - z_k^0)^2},$$

$$L_k^j = \frac{x^j - x_k^0}{\widetilde{R}_k^j},\quad m_k^j = \frac{y^j - y_k^0}{\widetilde{R}_k^j},\quad n_k^j = \frac{z^j - z_k^0}{\widetilde{R}_k^j}$$

式中，Δx_k、Δy_k、Δz_k 为观测站位置坐标的改正数，即 $\Delta x_k = x_k - x_k^0$，$\Delta y_k = y_k - y_k^0$，$\Delta z_k = z_k - z_k^0$；而 Δb_k 为接收机钟差改正数，即 $\Delta b_k = b_k - b_k^0$，在此可取 $b_k^0 = 0$。

将方程组(7.2)联立，并令

$$L_k = \begin{bmatrix} L_k^1 \\ L_k^2 \\ \vdots \\ L_k^m \end{bmatrix},\quad A_k = \begin{bmatrix} l_k^1 & m_k^1 & n_k^1 & 1 \\ l_k^2 & m_k^2 & n_k^2 & 1 \\ \vdots & \vdots & \vdots & \vdots \\ l_k^m & m_k^m & n_k^m & 1 \end{bmatrix},\quad \Delta x_k = \begin{bmatrix} \Delta x_k \\ \Delta y_k \\ \Delta z_k \\ \Delta b_k \end{bmatrix},\quad \eta_k = \begin{bmatrix} \eta_k^1 \\ \eta_k^2 \\ \vdots \\ \eta_k^m \end{bmatrix}$$

可以将(7.2)的联立方程简写为如下矩阵形式：

$$L_k = A_k \Delta X_k + \eta_k \tag{7.3}$$

3)求解定位参数

假设式(7.3)中各观测量的随机误差是不相关的，则有

$$P_k = E(\eta_k \eta_k^{\mathrm{T}}) = \mathrm{diag}\left[\sigma_{R_k^1}^2 \quad \sigma_{R_k^2}^2 \quad \cdots \quad \sigma_{R_k^m}^2\right]$$

根据观测站所接收到卫星的不同数目，可以利用如下方法求解。

(1)当观测到 4 颗卫星时($m=4$)，由方程(7.3)直接解算得到

$$\Delta X_k = A_k^{-1} L_k \tag{7.4}$$

或者有

$$X_k = X_k^0 + \Delta X_k \tag{7.5}$$

X_k 即为观测 4 颗卫星时动态目标位置和接收机钟差的结算结果，它们的误差协方差阵为

$$P_{X_k} = A_k^{-1} P_k A_k^{-\mathrm{T}} \tag{7.6}$$

(2)当观测的卫星数目多于 4 颗时($m \geqslant 4$)，应用最小二乘法估计得到待定参数的估值为

$$\Delta \hat{X}_k = (A_k^{\mathrm{T}} P_k^{-1} A_k)^{-1} A_k^{\mathrm{T}} P_k^{-1} L_k \tag{7.7}$$

或者有

$$\hat{X}_k = X_k^0 + \Delta \hat{X}_k \tag{7.8}$$

相应地，估计值 $\hat{X}_k$ 的误差协方差矩阵为

$$P_{\overline{X}_k} = (A_k^{\mathrm{T}} P_k^{-1} A_k)^{-1} \tag{7.9}$$

式中，$P_k = \mathrm{diag}\left[\sigma_{R_k^1}^2 \quad \sigma_{R_k^2}^2 \quad \cdots \quad \sigma_{R_k^m}^2\right]$，其中 $\sigma_{R_k^j}$ 为观测量误差统计结果。

本节介绍的伪距测量单点定位利用了4颗及以上卫星的伪距观测量，可以解算出目标观测站的三维坐标和接收机钟差参数。

2. 伪距相对定位

本节主要叙述利用卫星信号直接观测值求解两点间相对位置的定位方法，该方法利用两点各自的卫星信号观测值组成方程，解算出各自点的位置，然后求出两点间的三维坐标差，即它们间的相对位置。如果已知其中一个点的坐标，即可求出另一点的坐标。通常情况下，已知点为基准点，它相对于地固坐标系是静止不动的，并且其三维坐标参数是精确已知的。

假设点1和点2的接收机在 t_i 时刻同步观测卫星 s^j 的伪距，并求解出各自的坐标为 (x_1',y_1',z_1') 和 (x_2',y_2',z_2')，先求出两点的坐标差，如果已知点1的坐标为 (x_1,y_1,z_1)，则可得点2的坐标为

$$\begin{bmatrix} x_2 \\ y_2 \\ z_2 \end{bmatrix} = \begin{bmatrix} (x_1 - x_1') + x_2' \\ (y_1 - y_1') + y_2' \\ (z_1 - z_1') + z_2' \end{bmatrix} = \begin{bmatrix} x_2' + \Delta x_1 \\ y_2' + \Delta y_1 \\ z_2' + \Delta z_1 \end{bmatrix} \tag{7.10}$$

由上述推导结果可知，相对定位方法是利用已知点的三维坐标值与已知值之差来修正未知点的定位结果，已知点的大部分参数可以利用静态定位的方法精确测得，这样可以消除或削弱大部分共性误差的影响，如电离层和对流层延迟误差，从而提高定位精度。

7.1.6　载波相位单点定位与载波相位相对定位

1. 载波相位单点定位

当仅有一个观测采样时刻(历元) t_i 同步观测 m 颗卫星时，可以得到 m 个观测方程。对于载波相位观测来说，观测方程中多了 m 个相位测量整周数，此时有 $(4+m)$ 个待定参数，包括3个位置坐标改正数和1个目标接收机钟差。因此，仅在一个时刻观测 m 颗卫星，无法确定载波相位观测的未知参数，必须利用多个时刻的观测量。但是在不同观测时刻，目标接收机钟差不是常数，而是随时间变化的。在较短观测时段内，接收机钟差可用二阶时间多项式描述，为

$$c\Delta t_k(t_i) = b_0 + b_1 (t_i - t_0)^2, \quad i = 1,2,\cdots,l \tag{7.11}$$

式中，t_0 为选定参数时刻。

l 个采样时刻同步观测 m 颗卫星的观测方程为

$$\begin{aligned} L_k^j(t_i) = {} & l_k^j \Delta x_k(t_i) + m_k^j \Delta y_k(t_i) + n_k^j \Delta z_k(t_i) + \lambda N_k^j + b_0 + b_1(t_i - t_0) \\ & + b_2 (t_i - t_0)^2 + \lambda \eta_k^j, \\ & i = 1,2,\cdots,l, \quad j = 1,2,\cdots,m \end{aligned} \tag{7.12}$$

由方程(7.12)可知,对应 l 个观测时刻同步观测 m 颗卫星,则有 lm 个观测方程;而每个观测时刻有 3 个位置参数修正值,m 个相位整周数和 3 个钟差参数,共有 $(3l+m+3)$ 个未知待定参数。因此,当 $lm>(3l+m+3)$ 时,即可使观测方程个数等于或多于未知参数个数,才能解算未知参数。所以,当 $m\leqslant 3$ 时,不等式不成立;当 $m=4$ 时,只要 $l\leqslant 7$,不等式成立。

因此,必须每个采样时刻同步观测 4 颗以上的卫星,才能解算动态目标的位置。现假设 $m=4$,并记 $ca_0=b_0$,$ca_1=b_1$,$ca_z=b_z$,令

$$L=\begin{bmatrix}L_k(t_1)\\L_k(t_2)\\\vdots\\L_k(t_l)\end{bmatrix},\quad A=\begin{bmatrix}A_k(t_1)&0&\cdots&0&B_1&\lambda\\0&A_k(t_2)&\cdots&0&B_2&\lambda\\\vdots&\vdots&&\vdots&\vdots&\vdots\\0&0&\cdots&A_k(t_l)&B_l&\lambda\end{bmatrix},$$

$$\Delta x=\begin{bmatrix}\Delta x(t_1)\\\Delta x(t_2)\\\vdots\\\Delta x(t_l)\\b\\N\end{bmatrix},\quad \eta=\begin{bmatrix}\eta_k(t_1)\\\eta_k(t_2)\\\vdots\\\eta_k(t_l)\end{bmatrix}$$

$$L_k(t_i)=\begin{bmatrix}L_k^1(t_i)\\L_k^2(t_i)\\L_k^3(t_i)\\L_k^4(t_i)\end{bmatrix},\quad A_k(t_i)=\begin{bmatrix}l_k^1(t_i)&m_k^1(t_i)&n_k^1(t_i)\\l_k^2(t_i)&m_k^2(t_i)&n_k^2(t_i)\\l_k^3(t_i)&m_k^3(t_i)&n_k^3(t_i)\\l_k^4(t_i)&m_k^4(t_i)&n_k^4(t_i)\end{bmatrix},$$

$$B_i=\begin{bmatrix}1&t_i-t_0&(t_i-t_0)^2\\1&t_i-t_0&(t_i-t_0)^2\\1&t_i-t_0&(t_i-t_0)^2\\1&t_i-t_0&(t_i-t_0)^2\end{bmatrix},\quad \eta_k=\begin{bmatrix}\eta_k^1(t_i)\\\eta_k^2(t_i)\\\eta_k^3(t_i)\\\eta_k^4(t_i)\end{bmatrix}$$

$$\Delta X(t_i)=\begin{bmatrix}\Delta x(t_i)\\\Delta y(t_i)\\\Delta z(t_i)\end{bmatrix},\quad \lambda=\begin{bmatrix}\lambda&0&\cdots&0\\0&\lambda&\ddots&\vdots\\\vdots&\ddots&\ddots&0\\0&\cdots&0&\lambda\end{bmatrix},\quad N=\begin{bmatrix}N_k^1\\N_k^2\\\vdots\\N_k^m\end{bmatrix},\quad b=\begin{bmatrix}b_1\\b_2\\b_3\end{bmatrix}$$

这样方程(7.12)可以写成矩阵形式

$$L=A\Delta X+\eta \tag{7.13}$$

由最小二乘估计可得待估参数向量 ΔX 的估值为

$$\Delta\hat{X}=(A^{\mathrm{T}}P^{-1}A)^{-1}A^{\mathrm{T}}P^{-1}L \tag{7.14}$$

而未知参数向量 X 估值的误差协方差阵为

$$P_{\overline{X}} = (A^{\mathrm{T}} P^{-1} A)^{-1} \tag{7.15}$$

2. 载波相位相对定位

尽管利用载波相位观测可以得到高精度的定位结果，但由于观测量中还包含电离层、对流层延迟等误差，会对其绝对定位精度产生影响。应用载波相位观测的相对定位，可以有效地消除这些误差，提高定位精度。

同样的，载波相位观测相对定位有非差法和求差法两种。非差法就是利用相位测量的直接观测量组成观测方程，在已知一点坐标的条件下，求另外一点的坐标。通常已知点可以取为基准点，这样使已知点位置非常精确，从而提高待估点的定位精度。求差法则是利用观测量线性组合虚拟观测量，可以消除非定位的待定参数，使求解参数个数减少，并减少了解算工作量。因此，相对定位求差法的应用更为普遍。

与载波相位单点定位一样，载波相位观测方程不仅含有待定点未知的三维坐标，还包含首次相位测量的整周模糊度和接收机钟差，因此需要利用多个时刻的观测量。这样增加了观测方程及待定参数的个数，导致模型和计算的复杂度增加，特别是当钟差参数不符合常用的二阶多项式模型时，会降低定位的精度。

7.2　差分定位方法

差分定位是利用设置在坐标已知点（基准站）上的卫星导航接收机测定卫星导航系统测量定位误差，用以提高在一定范围内其他卫星导航接收机（流动站）测量定位精度的方法[3,4]。

差分定位产生的主要诱因是绝对定位的精度受多种误差因素的影响，不完全满足某些特殊应用的要求。其基本方法是：在定位区域内，于一个或若干个已知点上设置接收机作为基准站，连续跟踪观测视野内所有可见的卫星导航的伪距，经与已知距离对比，求出伪距修正值（称为差分修正参数），通过数据传输路线，按一定格式播发。测区内的所有待定点接收机，除跟踪观测导航卫星伪距，还接收基准站发来的伪距修正值，对相应的导航卫星伪距进行修正。然后，用修正后的伪距进行定位。差分定位发挥数学方法的优势来获取高精度的位置参数。

事实上差分定位是相对定位的一种特殊的实现方式，也是导航定位中精度最高的一种定位方法，卫星导航系统的相对定位测量的位置是相对于某一已知点的位置，而不是在 WGS-84、CGCS2000 等坐标系中的绝对位置。

差分定位至少需要两台卫星导航接收机，分别安装在待测载体和已知坐标点上。两接收机同时对一组在视导航卫星进行观测，基准接收机（主站）为载体接收机（从站）提供差分改正数。载体接收机用自己的卫星导航系统观测值和来自主站的差分信息，精确地解算出用户的三维坐标。主站通过无线电发送机(电台)发送差分信息(如 RTCM SC-104 格式)，从站通过电台接收差分信息，从而构成了差分定位数据链。

差分定位可以削弱卫星轨道误差、大气折射误差、接收机天线相位中心偏差和变化对其定位结果的影响，可以消除卫星钟差、接收机钟差对其定位结果的影响。因此差分定位具有定位精度高、可获取绝对坐标的优点，但需要多台接收共同作业，作业复杂，数据处理复杂，主要应用在高精度测量定位及导航。

7.2.1　差分定位分类

差分定位可以有很多种分类，根据时效性可分为实时差分、事后差分；根据观测值类型可分为伪距差分、载波相位差分；根据差分改正数可分为位置差分(坐标差分)、伪距差分；根据工作原理和差分模型可分为局域差分和广域差分，其中局域差分又可分为单基准站差分、多基准站差分。根据差分定位基准站发送的信息可将差分定位分为 4 类，即位置差分、伪距差分、相位平滑伪距差分、载波相位差分[5,6]。

1. 位置差分

位置差分定位是一种简单的差分定位方法，任何一种卫星导航定位接收机均可改装和组成这种差分系统。安装在基准站上的卫星导航接收机观测 4 颗卫星后便可进行三维定位，解算出基准站的坐标。

由于存在着轨道误差、时钟误差、SA 影响、大气影响、多径效应以及其他误差，解算出的坐标与基准站的已知坐标是不一样的，存在误差。其误差为

$$\begin{cases}\Delta x = x' - x_0 \\ \Delta y = y' - y_0 \\ \Delta z = z' - z_0\end{cases} \tag{7.16}$$

式中，x'、y'、z' 为卫星导航系统实测的坐标；x_0、y_0、z_0 为采用其他方法求得的参考站精确坐标。

参考站利用数据链将此修正量发送出去，由用户站接收并对其解算的用户站坐标进行修正，即

$$\begin{cases}x_u = x'_u - \Delta x \\ y_u = y'_u - \Delta y \\ z_u = z'_u - \Delta z\end{cases} \tag{7.17}$$

考虑到修正量在 t_0 时刻形成，而在 t_u 时刻被用户利用，可能造成修正量的“老化”，加入附加的修正，有

$$\begin{cases} x_u(t_u) = x'(t_u) - \Delta x(t_0) + \dfrac{\mathrm{d}}{\mathrm{d}t}\Delta x(t)(t_u - t_0) \\ y_u(t_u) = y'(t_u) - \Delta y(t_0) + \dfrac{\mathrm{d}}{\mathrm{d}t}\Delta y(t)(t_u - t_0) \\ z_u(t_u) = z'(t_u) - \Delta z(t_0) + \dfrac{\mathrm{d}}{\mathrm{d}t}\Delta z(t)(t_u - t_0) \end{cases} \tag{7.18}$$

位置差分优点在于计算方法简单，只须在解算的坐标中加修正量即可，能适用于一切卫星导航接收机，包括最简单的接收机。其缺点在于必须严格保持参考站与用户观测同一组卫星，由于观测环境不同，特别是用户处于运动状态之中时，无法保证两站观测同一组卫星。

2. *伪距差分*

伪距差分是目前用途最广的一种差分技术，几乎所有的商用差分卫星导航接收机都采用这种技术。首先求出参考站上的接收机至可见卫星的距离，并将此计算出的准确距离与含有误差的伪距测量值进行比较，利用一个 α-β 滤波器对差值进行滤波并求出其偏差。然后将所有可见卫星的伪距测量误差传输给用户，用户根据自身可见的卫星选择相应的误差来修正自身测量的伪距。最后，用户利用修正后的伪距求解出本身的位置信息。

基准站的卫星导航接收机测量出全部可见卫星的伪距 ρ^i 并收集全部卫星的星历参数 $(A, e, \omega, \Omega, i, t, \cdots)$。利用所接收的导航电文计算出各个卫星的坐标 $(X, Y, Z)_t$，同时，基准站的三维坐标 $(X, Y, Z)_a$ 可以事先精确地获得。这样，利用每一时刻计算的可见卫星的坐标和基准站的已知坐标反求出每一时刻卫星到基准站的真实距离 R_i。

设参考站的坐标为 (x_a, y_a, z_a)，则参考站到卫星 s_i 的真实距离为

$$R_i = \left[(x_{s_i} - x_a)^2 + (y_{s_i} - y_a)^2 + (z_{s_i} - z_a)^2\right]^{\frac{1}{2}} \tag{7.19}$$

伪距修正量与其变化率分别为

$$\Delta\rho_i = R_i - \rho_i$$

$$\Delta\dot{\rho}_i = \frac{\Delta\rho_i}{\Delta t}$$

传递给用户的修正量为

$$\Delta\rho_i^u = \Delta\rho_i + \Delta\dot{\rho}_i(t - t_0) \tag{7.20}$$

基准站将 $\Delta\rho_i$ 和 $\Delta\dot{\rho}_i$ 传递给用户，用户测量出伪距 $\Delta\rho_i^u$，再加上以上的修正量，便得到经过改正的伪距，即

$$\rho_{i\mathrm{corr}}^u(t) = \Delta\rho_i^u(t) + \Delta\rho_i(t) + \Delta\dot{\rho}_i(t - t_0) \tag{7.21}$$

只要观测到 4 颗卫星，利用改正后的伪距 $\Delta\rho_{i\mathrm{corr}}^u$ 便可以按下式计算用户的坐标，即

$$\rho_{\text{icorr}}^{u}=[(x_{s_i}-x_b)^2+(y_{s_i}-y_b)^2+(z_{s_i}-z_b)^2]^{\frac{1}{2}}+c\mathrm{d}\tau=V_1 \tag{7.22}$$

式中，$\mathrm{d}\tau$ 为用户钟差；V_1 为用户接收机噪声。

伪距差分的修正量是直接在 WGS-84、CGCS2000 等坐标系上计算的，无须坐标变换，因而可保证精度。这种方法能提供伪距修正量及其变化率，可以精确地考虑时间延迟的影响。并且能为用户提供所有可见卫星的修正量，用户可选用任意 4 颗几何精度因子较好的卫星进行定位。但是与位置差分相似，伪距差分能将两站绝大部分公共误差消除，不过随着用户到参考站距离的增加，定位误差将增大。

3. 相位平滑伪距差分

由于基准站与移动站距离较近，误差项可以利用差分方法进行消除，伪距差分定位即是利用这一特性大大提高精度的。卫星导航接收机除了提供伪距观测量，还可获得载波的多普勒频率计数。实际上，载波多普勒计数反映了载波相位的变化信息，即伪距变化率。考虑到载波多普勒测量的高精度且能精确地反映伪距变化，若能利用这一信息来辅助测距码伪距测量，就可以获得比单独采用测距码伪距测量更高的精度，这一思想称为相位平滑伪距差分。

相位平滑伪距差分数学模型，设移动站伪距和相位观测方程为

$$\begin{cases}\rho_i=R_i+c\mathrm{d}\tau+V_1\\ \lambda(\varphi_i+N_i)=R_i+c\mathrm{d}\tau+V_2\end{cases} \tag{7.23}$$

式中，$\mathrm{d}\tau$ 为用户钟差；φ_i 为观测的相位小数；N_i 为相位整周数；λ 为波长；V_i 为接收机测量噪声。

取 t_1 和 t_2 时刻的相位观测之差

$$\delta\rho_i(t_1,t_2)=\lambda[\varphi_i(t_2)-\varphi_i(t_1)]=R_i(t_2)-R_i(t_1)+c\mathrm{d}\tau(t_2)-c\mathrm{d}\tau(t_1) \tag{7.24}$$

式中，载波相位的整周数被消除了。卫星导航系统相位测量的噪声为毫米量级，所以相对伪距观测而言可以忽略。此时，t_2 时刻的伪距观测量为

$$\begin{aligned}\rho_i(t_2)&=R_i(t_2)+c\mathrm{d}\tau(t_2)+V_1=R_i(t_1)+c\mathrm{d}\tau(t_1)+\delta\rho_i(t_1,t_2)+V_1\\&=\rho_i(t_1)+\delta\rho_i(t_1,t_2)\end{aligned} \tag{7.25}$$

由于伪距差分观测量的噪声是均值为零的高斯白噪声，可以认为在 t_1 和 t_2 时刻均为 V_1。

由上式可得到由 t_2 时刻伪距观测量经相位变化量反推 t_1 时刻的差分伪距观测量为

$$\rho_i(t_1)=\rho_i(t_2)-\delta\rho_i(t_1,t_2) \tag{7.26}$$

假设有 k 个时刻的观测 $\rho_i(t_1),\rho_i(t_2),\cdots,\rho_i(t_k)$，利用相位观测量可求出从 t_1 到 t_k 的相位差值 $\delta\rho_i(t_1,t_2),\delta\rho_i(t_1,t_3),\cdots,\delta\rho_i(t_1,t_k)$，于是有

$$\begin{cases}\rho_i(t_1)=\rho_i(t_1)\\ \rho_i(t_1)=\rho_i(t_2)-\delta\rho_i(t_1,t_2)\\ \rho_i(t_1)=\rho_i(t_k)-\delta\rho_i(t_1,t_k)\end{cases} \tag{7.27}$$

并可得到 t_1 时刻的伪距平滑值为

$$\bar{\rho}_i(t_1)=\frac{1}{k}\sum\rho_i(t_1) \tag{7.28}$$

若每时每刻的噪声都服从于假设的高斯分布，其方差记为 $\sigma^2(\rho)$，则差分伪距平滑值的误差方差为

$$\sigma^2(\bar{\rho})=\frac{1}{k}\sum\sigma^2(\rho) \tag{7.29}$$

求得 t_1 时刻的平滑值后，可推出其他各时刻的平均值，即

$$\bar{\rho}_i(t_j)=\bar{\rho}_i(t_1)+\delta\rho_i(t_1,t_j),\quad j=1,2,\cdots,k \tag{7.30}$$

以上推导适用于数据的后处理。为实时应用，采取另一种平滑形式，即

$$\bar{\rho}_i(t_j)=\frac{1}{j}\rho_i(t_1)+\frac{j-1}{j}\left[\rho_i(t_j-1)+\delta\rho_i(t_{j-1},t_j)\right] \tag{7.31}$$

上式可理解为相位平滑的差分伪距是直接差分伪距观测量与推算量的加权平均。

4. 载波相位差分

载波相位差分技术又称为 RTK(real time kinematic)技术，可使实时三维定位精度达到厘米级。与伪距差分类似，载波相位差分方法分为修正法和差分法两类。修正法是将基准站所观测到的卫星载波相位修正值发给用户，改正用户接收到的卫星载波相位观测量，再求解三维坐标。差分法是将基准站所观测到的卫星载波相位发送给用户，由用户进行求差来解算坐标。载波相位差分定位的关键是求解初始载波相位整周模糊度，通常采用以下几种方法：删除法、模糊度函数法、FARA 法、消去法。

设安置在基线端点的卫星导航接收机 $T_i(i=1,2)$，相对于卫星导航星座 S^j 和 S^k，在历元 $t_i(i=1,2)$ 进行同步观测，则可获得以下独立的载波相位的观测量：

$$\varphi_1^j(t_1),\varphi_1^j(t_2),\varphi_1^k(t_1),\varphi_1^k(t_2),\varphi_2^j(t_1),\varphi_2^j(t_2),\varphi_2^k(t_1),\varphi_2^k(t_2)$$

在静态相对定位中，目前普遍采用的是这些独立观测量的 3 种差分形式：单差、双差、三次差。

1)单差观测

取符号 $\Delta\varphi^j(t)$、$\nabla\varphi_i(t)$、$\delta\varphi_i^j(t)$ 分别表示不同接收机之间、不同卫星之间、不同历元之间的相位观测量的一次差，称为站间单差、星间单差和历元间单差。有

$$\begin{cases}\Delta\varphi^j(t)=\varphi_2^j(t)-\varphi_1^j(t)\\ \nabla\varphi_i(t)=\varphi_i^k(t)-\varphi_i^j(t)\\ \delta\varphi_i^j(t)=\varphi_i^j(t_2)-\varphi_i^j(t_1)\end{cases} \tag{7.32}$$

将载波相位观测方程代入式(7.32),则可分别获得站间单差观测方程、星间单差观测方程及历元间单差观测方程。

2)双差观测

(1)取符号 $\nabla\Delta\varphi^k$ 表示对站间的单差,对不同卫星再求二次差,称为站间星际双差。有

$$\nabla\Delta\varphi^k = \Delta\varphi^k(t) - \Delta\varphi^j(t) = [\varphi_2^k(t) - \varphi_1^k(t)] - [\varphi_2^j(t) - \varphi_1^j(t)] \tag{7.33}$$

(2)取符号 $\delta\nabla\varphi_i(t)$ 表示对星际单差,对不同历元再二次求差,称为星际历元间双差。有

$$\delta\nabla\varphi_i(t) = \nabla\varphi_i(t_2) - \nabla\varphi_i(t_1) = [\varphi_i^k(t) - \varphi_i^k(t)] - [\varphi_i^j(t) - \varphi_i^j(t)] \tag{7.34}$$

(3)取符号 $\delta\Delta\varphi^j(t)$ 表示对站际的单差,对不同历元再求二次差,称为站际历元间双差。有

$$\delta\Delta\varphi^j(t) = \Delta\varphi^j(t_2) - \Delta\varphi^j(t_1) = [\varphi_2^j(t_2) - \varphi_1^j(t_2)] - [\varphi_2^j(t_1) - \varphi_1^j(t_1)] \tag{7.35}$$

上述是关于载波相位原始观测值的不同线性组合。根据需要可选择某些差分的观测量,作为相对定位的基础观测值,以解算出所需的未知位置参数。无论是在工程应用中还是科学研究中,不同的差分模型都获得了广泛的应用。

RTK 技术同样受到基准站至用户距离的限制,为解决此问题,发展了局部区域差分和广域差分定位技术。差分定位的关键技术是高波特率数据传输的可靠性和抗干扰问题。

单站差分系统结构和算法简单,技术上较为成熟,主要用于小范围的差分定位工作;对于较大范围的区域,则应用局部区域差分技术,通过多个基准站向用户提供服务;对于一个国家或几个国家范围的广大区域,则应用广域差分技术,多个基准站网的互联互通需要有统一的时间和坐标基准。

虽然单站差分系统具有结构和算法都较为简单的优点,但是该方法的前提是要求用户差和基准站误差具有较强的相关性,即用户与基准站之间不能间隔太远,定位精度将随着用户与基准站之间的距离增加而迅速降低。

此外,由于用站只是根据单个基准站所提供的改正信息进行差分定位,如果基准站信号出现错误,则用户的定位结果一定会出现差错。因此,在使用基准站进行差分定位时,需要设置监控站对信号进行检核,以提高系统的可靠性。

5. 局域差分

局域差分可分为单基准站局域差分和多基准站局域差分。单基准站差分校正是对卫星导航系统测量值的标量校正,它通常见于局域差分系统中。在局域差分系统中,当移动站接收机接收到来自系统中多个基准站的差分校正量后,一般可以先分别根据来自各个基准站的差分校正量计算出定位值,然后再将这些定位值的

加权平均作为最后的定位结果。

1)单基准站局域差分

单基准站局域差分结构包括一个基准站、数据链路和用户,其优点是结构、模型简单,但差分范围小,精度随距基准站距离的增加而下降,可靠性低。

单基准站局域差分数学模型即差分改正数的计算方法,提供距离改正和距离改正的变率。

$$V(t_i+t)=V(t_i)+\frac{\mathrm{d}V}{\mathrm{d}t}t \tag{7.36}$$

式中,V 为距离改正数;$\frac{\mathrm{d}V}{\mathrm{d}t}$ 为距离改正数的变率。

2)多基准站局域差分

多基准站局域差分结构包括多个基准站、数据链路和用户。其优点是差分精度高、可靠性高、差分范围增大,但其差分范围仍然有限,模型不完善。

多基准站局域差分数学模型即差分改正数的计算方法,主要包括加权平均法、偏导数法、最小方差法。

6. 广域差分

在一个相对大的区域中,较为均匀地布设少量基准站组成一个稀疏的差分网,各基准站独立进行观测并将求得的距离差分改正数传给数据处理中心,由其进行统一处理,以便将各种误差分离开来,然后再将卫星星历改正数、卫星钟差改正数、大气延迟模型等播发给用户,这种技术(系统)称为广域差分。广域差分是伪距差分在空域上的扩展,旨在一个广阔的地区内提供高精度的差分卫星导航定位服务,以消除用户至基准站距离对差分工作的影响。

广域差分系统一般由一个中心站、几个监测站及其相应的数据通信网络、覆盖范围内的若干用户等组成。该系统的工作流程,可以分解为如下5个步骤。

(1)在已知坐标的若干监测站上,跟踪观测导航卫星的伪距、相位等信息。

(2)将监测站上测得的伪距、相位和电离层时延的双频量测结果全部传输到中心站。

(3)中心站在区域精密定轨计算的基础上,计算出3项误差改正,即卫星星历误差改正、卫星钟差改正及电离层时间延迟改正模型。

(4)将这些误差改正用数据通信链传输到用户站。

(5)用户利用这些误差改正自己观察到的伪距、相位和星历等,计算出高精度的定位结果。

广域差分误差的目的就是最大限度降低监测站与用户站间定位误差的时空相关性,克服对时空的强依赖性,改善和提高实时差分的定位精度。其优点是差分精度高、差分精度基本上与用户至基站的距离无关、差分范围大。其缺点是系统结构复杂、建设费用高。

7.2.2　常用的差分定位系统

卫星导航系统的增强型系统涉及增强站技术、卫星通信技术、完好性检测技术，下面以 GPS 为例进行介绍，GPS 差分定位系统主要包括两种类型：LAAS (local area augmentation system）采用的是地基增强站；WAAS（wide area augmentation system)采用的是空基增强站、通信卫星发送差分改正数。

1. LAAS

LAAS 局域增强系统，是一种能够在局部区域内提供高精度 GPS 定位的一种卫星导航增强系统，其原理是利用地面的基准站向用户发送测距信号和差分改正信息。这些基准站被称为地基伪卫星。LAAS 能够在局部地区提供高精度的定位信号。

LAAS 一般用于引导飞机向机场实施精密进近操作，如图 7.3 所示。可以使飞机仅仅利用 GPS 就可以安全着陆。该系统需要 4 个或更多的接收机构成地面参考网络，计算差分改正数据。基准站观测所有可用的观测值，包括所有的导航卫星信号、SBAS 卫星信号或者伪卫星信号。局域完备性检测设施评估信号的完备性病计算差分改正数。另外，分离的监测设施监测系统的各项功能。完备性信息通过专用的安全数据链路采用标准的格式发送到机载接收机。LAAS 通常是为距离在 45km 以内的用户提供完备性信息服务而设计的。将 LAAS 增强信号集成到定位结果中，可以保证曲线路径进场、高精度进场和多目标进场的能力。

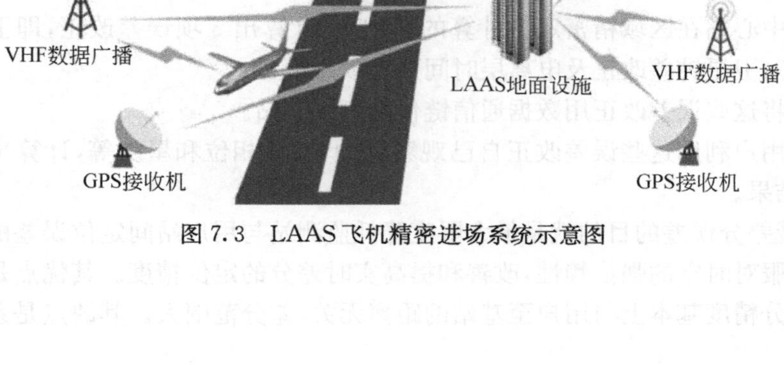

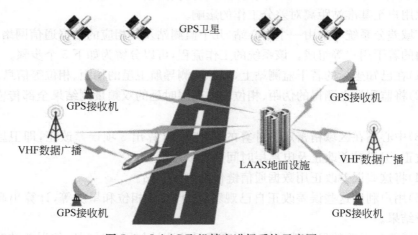

图 7.3　LAAS 飞机精密进场系统示意图

2. WAAS

如图 7.4 所示，WAAS 是伪距差分在空域上的扩展，旨在消除用户至参考站距离对差分工作的影响。广域增强系统利用遍布北美和夏威夷的地面参考站采集 GPS 信号并传送给主控站。主控站经过计算得出差分改正并将改正信息经地球站传送给 WAAS 地球同步卫星。最后由地球同步卫星将信息传送给地球上的用户，这样用户就能够通过得到的改正信息精确计算自己的位置。

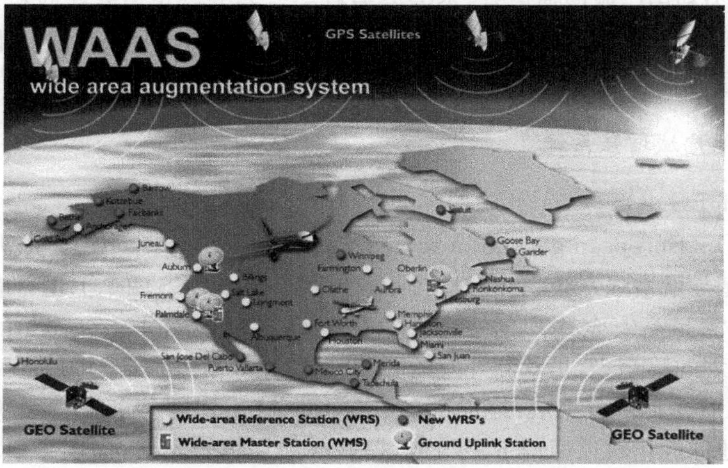

图 7.4 WAAS

1)WAAS 的主要功能

(1)提高整个覆盖范围的定位精度，对普通 WAAS 用户，精度比单纯使用 GPS 提高 5 倍左右。

(2)提高完好性，使对每次进场提供危险误导信息的概率降至 4×10^{-8}，报警时间达 5.2s。

(3)可用性提高到 0.999。这是因为 WAAS 的 GEO 卫星也发射类似 GPS 的伪距测量信号，由于 GEO 卫星是对地静止的，其效果相当于 3 颗 GPS 卫星。

2)WAAS 工作流程

(1)利用位置精确已知的本地监测站收集数据，其中包括对 GPS 卫星的观测量、对 GEO 卫星的观测量、大气观测量等，经合理性检验之后，由平面通信网传送至主站。

(2)主站将确定电离层校正值、卫星轨道、卫星矢量误差和卫星的完好性。在主站中这些导出数据还要与由本地监测站发来的数据一起经过独立的验证之后，才变为 WAAS 的广播电文，上行注入 GEO 卫星。

(3)GEO 卫星将 WAAS 电文广播给用户。

(4)用户利用所接收到的 WAAS 电文以提高其定位精度、完好性、可用性和连续性。

WAAS 不像局域差分那样,广播的是伪距误差这样的标量。而提供的是卫星实际星历与广播星历之间的矢量误差,即由三维位置误差和时间所组成的矢量,因此差分效果不受用户距监测站距离的影响。

WAAS 的静地卫星(GEO)用与 GPS 相同的频率与扩频码播发信号给用户,因此,用户为利用广域增强信号,不需要另有一台差分修正信号接收机,基本上只要用原 GPS 接收机作一些软件修改即可,这就保证了广域增强系统的用户可接受性。目前看,WAAS 最主要的作用是提高完好性,包括在航路导航阶段的完好性。

3. 其他广域增强系统

1)欧洲 EGNOS

EGNOS(European geostationary navigation overlay service)是欧洲自主开发建设的星基导航增强系统,它通过增强 GPS 和 GLONASS 两个卫星导航系统的定位精度,来满足高安全用户的需求。它是欧洲 GNSS(global navigation satellite system)计划的第一步,是欧洲开发的 Galileo 卫星导航系统计划的前奏。

EGNOS 由四部分组成:地面部分、空间部分、用户部分和支持系统。空间部分由 3 颗地球静止轨道通信卫星组成,搭载导航增强转发器,播发导航增强信号。地面部分包括主控制中心、测距与完备性检测站和陆地导航地球站。用户部分包括用于空间信号性能验证的 EGNOS 接收机,水运、空运和陆运用户专用设备,以及系统的静态和动态测试平台,用于用户接收机验收、系统性能证明、定位误差比较分析。支撑系统包括 EGNOS 广域差分网、系统开发验证平台、系统性能评价以及问题发现等支持系统。

2005 年 7 月 EGNOS 开始提供服务,该系统的稳定性和精度得到了十分高的评价,实际使用中,该系统定位精度达到小于 1m,可靠性达到 99%。自 2005 年起,其发出的连续定位信号被成功用于环法自行车大赛中,2008 年该系统启用用于紧急救援。

2)日本 QZSS

2006 年,日本政府提出建立区域卫星导航系统 QZSS(quasi-zenith satellite system),此系统是针对城市高楼街道和山区环境提供导航服务而设计的。QZSS 包括多颗轨道周期相同的地球同步轨道卫星,这些卫星分布在多个轨道面上,无论何时,总有一颗卫星能够完整覆盖整个日本。通过开发这个系统,日本期望能加强卫星定位技术,并利用改进的星基定位、导航、授时技术,营造安全的社会环境。

尽管 QZSS 主要是 GPS 的增强和补充系统,但是它也具有独立实现区域定位的潜在能力,只是定位性能较低。最终建成的QZSS星座部分由4颗倾斜地球同步椭圆轨道(IGSO)卫星和3颗GEO卫星组成。QZZS主要提供三种服务。

(1)播发与GPS兼容的并可用互操作的导航电文,为GPS提供补充。

(2)发射增强信号,以改正全球导航卫星系统信号的大气、轨道和卫星钟误差的影响。

(3)提供广播和通信服务。

QZSS可在两方面增强全球定位系统的效能:可用性,增进GPS信号的可用性;其次为效能改善,增加GPS导航的准确度和可靠度。QZSS的计时系统是一种新的卫星计时系统,它不需要像现存的导航系统如GPS、GLONASS、北斗、Galileo使用星载的原子钟。此系统的特点在于采用一种结合轻量化可调式星载钟及地面同步网络的同步框架,使用星载钟转发由地面网络得到的精确时间。在卫星可以直接联系地面站的情况下,这个系统可以得到较好的效能,因此适合像日本QZSS这样的系统使用。这种新系统的最大优势在于低卫星质量、低卫星制造和发射成本。

3)印度的GAGAN

GPS辅助地理增强导航(GAGAN)系统是由印度空军研究组织和印度航空管理局联合组织开发的。GAGAN系统包含7颗卫星及辅助地面设施。其中3颗为同步卫星,另外4颗卫星位于倾角29°的轨道上。这样的安排意味着7颗卫星都可以持续地与印度控制站保持联络。卫星负载包含原子钟及产生导航信号的电子装备。2014年9月开始播发实验信号,2016年4月28日发射了第7颗IRNSS-1G卫星,2016年9月提供服务。

GAGAN系统的地面段包括:1个位于班加罗尔的主控站,8个地面基准站,以及1个上行链路站,由印度空间研究组织的数字化通信系统将各子系统整合在一起。GAGAN空间信号覆盖整个印度大陆,能为用户提供GPS信号和差分修正信息,用于改善印度机场和航空应用的GPS定位精度和可靠性。

7.3 姿态测量方法

利用卫星导航系统的姿态测量技术是基于卫星载波相位信号干涉测量原理,来确定空间若干点所成几何矢量在给定坐标系下的指向。这些点是天线的相位中心,而坐标系一般选取当地水平坐标系。此时根据基线矢量可以解算出其相对于真北基准的方位角以及相对水平面的俯仰角和横滚角。以往的载体姿态测量系统多由惯性器件来构建,但是惯性系统的测量误差会随时间积累,因此只能提供短期姿态基准。长期使用则要辅以其他传感器,如红外地平仪等,来修正陀螺的常值漂移。与传统的载体姿态测量系统(如惯性测量系统)相比,卫星导航系统能够提供长期的准确信号,并且测量误差不随时间积累[7]。

随着卫星导航系统应用技术的进一步成熟,由于卫星导航系统载波相位差分姿态测量系统的快速性和准确性,利用卫星导航系统与惯导系统组合或者独立地将其应用于初始对准和确定载体姿态的方法逐渐成为卫星导航应用领域的热点,本节将介绍卫星导航系统姿态测量技术中的几个关键问题,并对姿态测量问题进行相关数学描述。

7.3.1 整周模糊度求解

卫星导航系统姿态测量系统是利用载波相位作为观测量的,因此,快速、准确、可靠地确定整周模糊度是系统的关键问题之一。整周模糊度是指卫星载波相位观测量中未知的整数部分,单位为周。它是由卫星导航接收机的载波相位观测量的产生机理导致的。理论上,载波相位观测量是指卫星信号从卫星发射瞬时到用户接收瞬时,载波在星站间传播的相位值。任一观测时刻的载波相位值无法直接测量,因此可以采用接收机产生的参考载波相位与当前历元接收到的载波相位求差的方法来实现。由于载波是一种单纯的余弦波,所以在锁定载波信号的瞬间,接收机的初值是任意的整数,只有小数部分是有意义的。在后续的观测中,只要保持连续的跟踪状态,则初始的整数是不变的。我们称这个整数为初始整周模糊度。只有确定了该参数,才能得到星站间几何距离的高精度相位观测信息。

随着利用载波相位观测量进行精密测量的技术日益成熟,整周模糊度的求解方法也得到了长足的发展。确定模糊度最好的与最简单的方法是利用附加频率或附加信号,如地面光电测距。目前的主要方法有:几何法、码与载波相位组合法、模糊度搜索法和综合方法。

1. 几何法(基于坐标域)

几何法利用接收机与卫星间的几何关系随时间的变化,使用连续载波相位观测值,把模糊度当做实参数解算。该方法将整周模糊度与其他未知数(如用户坐标或坐标改正量)一起求解。但是为了提高可靠性,该方法一般需要较长的观测时间,模糊度函数法便是其中之一。该方法对初值精度要求较高,初值精度不好可能会造成在多个网格点上模糊度函数值与最大值相近,从而导致无解。由于仅利用了载波相位观测量的小数部分,其运算量较大。这种方法适用于对实时性要求不高的应用背景。几何法求解模糊度的优缺点概括如下。

优点:	缺点:
基本模型简单、清晰;	需要很长的观测时间;
几颗卫星便能求解;	受如电离层残余误差等影响较大;
能用于各长度基线;	没有整自然数的模糊度先验值使用;

模糊度浮点解快速提供近似结果。　　对未恢复的周跳十分敏感。

2. 码与载波相位组合法(基于观测域)

应用码相位与载波相位的组合观测值,非模糊的码相位观测值用作分辨载波相位的附加波长。基本思想是进行码相位观测,直到码观测解的噪声水平小于载波的半波长值。这种方法要求接收机以低噪声水平获取码相位观测值。在此方法中经常采用窄巷(narrow laning)、宽巷(wide laning)和超宽巷组合技术(extra wide laning)。这种方法与几何延时无关,也不受钟差和大气折射的影响,因此对于高精度长距离(数千公里)相对定位数据处理是最有效的方法。码相位与载波相位组合的模糊度分辨方法的优缺点概括如下。

优点:	缺点:
与卫星几何图形无关;	必须适应双频 P 码接收机;
可应用于动态测量;	对多路径效应很敏感;
能用于长基线与超长基线解算。	仅分辨宽带模糊度。

3. 模糊度搜索法(基于模糊度域)

有多颗卫星能观测时,使用该方法较好。该方法能够缩短各观测站的必要观测时间,其基本思想是搜寻卫星导航系统波段信号或其派生信号的最佳模糊度组合。搜寻方法通常是从一个初始模糊度浮点解开始,然后应用一些优选法约束解向量,分离出整数值。对于这种方法,有效地搜索步骤是关键。目前针对模糊度的研究多数是基于该方法的,如 FARA、FASF 和 LAMBDA 方法。对于载体的姿态测量,由于其要求观测时间短,模糊度之间存在极大的相关性,使得模糊度搜索空间极度狭长,搜索效率很低。LAMBDA 算法对模糊度浮动解及其协方差阵进行变换,有效地降低了参数间的相关性,使搜索和求解能够有效地进行。该方法已成功应用于卫星导航系统姿态测量中。另外,该算法还提出了一套完整的模糊度搜索方法计算成功概率,以及模糊度检验的方法。模糊度搜索法的优缺点概括如下。

优点:	缺点:
能够进行快速模糊度分辨;	对系统误差影响很敏感;
能用于纯动态测量;	需要尽可能多的卫星的观测值。
使用模糊度的整自然数。	

4. 综合方法

综合方法包括前已述及的所有可能模糊度分辨方法的结合,应能产生最好的结果。包括天线交换(antenna swapping)技术和长短基线法。

交换天线法是当基线的长度为 5～10m 时,设基线两端点其中一个观测站为基准站，其位置坐标已知，观测开始时求出两观测站间的双差观测方程，接着将两天线交换位置，再次求出两观测站间的双差观测方程。整周模糊度只与卫星导航接收机和所观测卫星有关，且一旦被锁定后保持为常值，因此所得的两个方程相加后得到与三差模型类似的式子。这种方法所需的观测时间较短(数分钟)，计算的整周模糊度精度较高，在短基线情况下得到很好的应用。

长短基线法是在安装天线时采用 3 天线共线的安装方式，使得其中较短的基线长度小于半个载波波长，此时就完全消除了模糊度的影响，可以实现瞬时定姿。但是其缺点除了增加了硬件成本外，由于短基线两端天线过于靠近，误差对短基线影响较大，这就导致长基线模糊度确定成功率不高。

7.3.2 周跳

如果接收机在整个观测时段中始终保持卫星信号的锁定，则载波相位观测量是连续的。当接收机中卫星信号失锁时就会出现周跳。出现周跳的原因可能是：动态测量中的障碍物、信号噪声(尤其是多路径效应和电离层延迟引起的噪声)、低高度角卫星造成信号强度减弱，另外由信号干涉造成的微弱信号、动态测量中天线倾斜以及信号处理时由于接收机跟踪环中某些混乱状况造成 180°相移等。周跳一旦发生，不仅这一次观测整周数是错误的，而且此后的观测整周数也会系统地错下去。这会对整周模糊度的求解造成很大的影响，从而不能得到正确的解。因此必须检测出这种周跳，并对观测量进行修正，以便得到正确的模糊度解。

载波相位的周跳表现为整周数的突然跳变，相位观测值的小数部分仍保持不变。周跳既可以在数据处理过程中剔除，也可以重新计算新的模糊度。目前已有的周跳检测方法主要有多项式拟合法、伪距相位组合法、电离层残差法和三差法。多项式拟合法一般只能探测出大于 5 周的周跳，不适合高精度姿态测量系统；伪距相位组合法依赖于伪距观测精度，不适合于单频接收机；电离层残差法是目前效果最好的周跳探测方法之一，但是要求双频载波相位观测量；基于三差观测量的周跳检测和修复是一种比较有效的方法，该方法利用相邻历元间的差分观测量来判断是否有周跳发生，计算量较小，可以有效地检测出周跳。在卫星导航系统数据的后处理中，检测出的周跳一般需要进行修复，以得到连续的载波相位观测量。但是在卫星导航系统的姿态测量中，由于实时性和可靠性的要求，一般采用检测周跳后重新计算模糊度的方法。

7.3.3 姿态求解

当初始整周模糊度被成功固定后，载波相位差分观测量便成为高精度的相对距离测量量，因此可以得到高精度的基线解。如果没有周跳发生，固定后的初始整周模糊度可以被认为是一个常数。因此，利用载波相位差分观测量的姿态测量可以分为两个独立的步骤:整周模糊度解算和姿态角求解。如果整周模糊度已知,载波相位差分观测量便可以按照距离差分测量来处理。姿态求解便是把该差分测量转为姿态角的过程。利用卫星导航系统的姿态测量算法可以大概分为以下两种:一种方法利用矢量化的载波相位观测量来求解 Wahba 问题。利用矢量观测量估计姿态参数可以转化为求解最优姿态矩阵的 Wahba 问题,其最小二乘代价函数为

$$J(A_b^r)=\sum_i^n w_i \parallel \boldsymbol{b}_i-A_b^r\boldsymbol{r}_i\parallel^2 \tag{7.37}$$

式中,$\boldsymbol{b}_i$ 为载体坐标系中的单位矢量;$\boldsymbol{r}_i$ 为参考坐标系中的单位矢量;A_b^r 是从参考坐标系到载体坐标系变换的矩阵;w_i 是关于 $\boldsymbol{r}_i$ 的加权因子;n 为观测到的卫星数目。

Wahba 问题的解算方法有许多种:如 QUEST 算法、FOMA 算法、Euler-q 算法、EAA 算法等。这些方法可以看作是一类两级最优估计问题,需要三条或以上的非共面基线,并不适合于单基线卫星导航系统姿态确定。

另一种方法是直接利用载波相位双差观测量进行直接求解。每一条基线的姿态角均可以分离求解,因此共面及非共面的基线布置均适用这类方法。该方法也已成功应用于各种 GPS 姿态测量设备。直接计算法首先将求得的基线矢量从地心固联坐标系(earth centered earth fixed,ECEF)转换到当地水平坐标系,然后利用坐标间的关系得到相应的姿态角:航向角 ψ 、俯仰角 θ 和横滚角 φ 。

在利用卫星导航系统进行定位时,卫星星座所构成的几何图形对精度影响很大。同样的,在求解姿态时,也要考虑到卫星与观测站之间的几何关系对精度的影响。因此在载体姿态求解的同时不仅要考虑到噪声的影响,同时也应注意卫星星座的变化,选择最优卫星组合来进行解算。

7.3.4 实时性

不同载体(如飞行器、舰船和车辆)对于姿态测量系统的输出数据更新率的要求也不一样,因此,卫星导航系统姿态测量算法的实时性是不同应用中需要考虑的问题。如果姿态算法的计算时间与载体的运动不匹配,则在姿态解算的过程中,载体的姿态又发生了变化。算法是根据前一采样时刻的测量值进行的计算,因此在载体高动态的情况下会造成一定的误差。惯性测量系统一般能够给出 100Hz 的姿态输出,然而卫星导航接收机,如 GPS 接收机的更新率最大为 100Hz,所组成的姿态测量系统一般不超过 20Hz。因此在高动态的情况下,卫星导航系统姿态测量系统往往不能满足要求。如何减少解算时间以提高数据更新率,是卫星导航系统姿态测量系统研究中软件和硬件均要考虑的问题。

以上详细介绍了卫星导航系统姿态测量中的若干关键问题。下面将以 GPS 为例,对卫星导航系统姿态测量问题进行数学描述,介绍卫星导航系统的载波相位

观测量及其应用于姿态测量时的观测方程。由于观测方程的非线性，在应用时必须对其进行线性化处理。下面从卫星导航系统信号的角度阐述观测量中误差的种类和影响，并且对卫星导航系统姿态测量的一般步骤进行详细介绍，并给出实现该算法的流程。

7.3.5 基本观测量

利用卫星导航系统进行导航定位需要通过用户接收机对卫星发射的信号进行观测，获得卫星到用户的距离。卫星位置可以根据星历信息得到，从而可以确定用户的位置。卫星导航系统卫星到用户的观测距离，由于各种误差源的影响，并非真实地反映卫星到用户的几何距离，而是含有误差，这种带有误差的卫星导航系统量测距离称为伪距。由于卫星导航系统卫星信号含有多种定位信息，广泛采用的观测量为：测码伪距观测量和测相伪距观测量，即码观测量和载波相位观测量。

1. 码观测量

GPS卫星采用两种测距码，C/A码和P码，它们均属于伪随机码。C/A码(coarse/acquisition)用于粗测距，提供给民用。P码(precision)是美国军方严格控制使用的保密军用码。测码伪距观测量实际上是测量GPS卫星发射的测距码信号到达用户接收机天线的电波传播时间。由用户接收机里复制了与卫星发射的测距码结构完全相同的码信号，然后进行相移使其在码元上与接收到的卫星发射的测距码对齐。为此，所需要的相移量就是卫星发射的码信号到达接收机天线的传播时间 τ 。在卫星星钟和接收机站钟完全同步的情况下，同时忽略掉大气对无线电信号的折射影响，所得到的时间延迟量 τ 与光速 c 相乘，即得到卫星到GPS接收机天线之间的几何距离

$$R_i^j = c\tau \tag{7.38}$$

式中，i 和 j 分别为GPS接收机天线和卫星的编号。实际上，由于卫星的星钟和接收机的站钟不可能完全同步等原因，实际测得的距离不是真实的距离，而是含有误差的伪距，即

$$\rho_i^j = c\tau \tag{7.39}$$

接收机复制的测距码和接收到的卫星发射的测距码在时间延迟器的作用下相关时(对齐时)，根据经验，相关精度约为码元宽度的1%。对于C/A码来讲，由于其码元宽度约为293m，所以其观测精度约为2.93m。而对于P码来讲，其码元宽度是C/A码的1/10，故其测量精度比C/A码精度高10倍，为0.293m。但是在姿态测量应用中，这两种码的精度均无法满足要求。因此我们必须使用波长更短更加精确的载波相位观测量。

2. 载波相位观测量

GPS 卫星天线发射的信号是将导航电文经过两级调制后的信号。第一级调制是将低频导航电文分别调制为高频 C/A 码和 P 码，实现对导航电文的伪随机码扩频。第二级调制是将一级调制的组合码分别调制在两个载波频率(L1 和 L2)上。最后卫星向地面发射两种已调波。其中 L1 和 L2 载波的波长分别为 $\lambda_1 = 19.03\text{cm}$ 和 $\lambda_2 = 24.42\text{cm}$。测相伪距观测量指的是卫星星钟 t^j 时刻发射的载波信号在用户接收机站钟于 t_i 时刻被接收到，卫星载波信号从发射到被接收期间载波信号传播的相位称为载波相位观测量，亦称为测相伪距观测量。理想情况下，载波相位观测量实际上是卫星 t^j 时刻载波相位与用户接收机 t_i 时刻复制的载波相位之间的相位差。假设 $\varphi^j(t^j)$ 表示卫星 j 于历元 t^j 发射的载波相位，$\varphi_i(t_i)$ 表示接收机 i 于历元 t_i 发射的载波相位，则上述载波信号之相位差为

$$\Phi_i^j(t_i) = \varphi_i(t_i) - \varphi^i(t^j) \tag{7.40}$$

式中，$\Phi_i^j(t_i)$ 为上述两信号相位差，单位为周数(每 2π 弧度为一周)。设载波信号波长为 λ，则卫星到接收机的几何距离为

$$R_i^j = \lambda\Phi_i^j(t_i) = \lambda\left[\varphi_i(t_i) - \varphi^j(t^j)\right] \tag{7.41}$$

由于各种误差的原因，通过载波相位观测量所确定的卫星至接收机的距离会不可避免地含有误差。和测码伪距观测量确定卫星至接收机的距离一样，称测相伪距观测量所确定的卫星至接收机的距离为“伪距”。

由于载波频率高、波长短，所以载波相位测量精度高。若测相精度为 1%，则对于 L1 载波来讲，测距精度为 0.19cm；对于 L2 载波来讲，测距精度为 0.24cm。由此可见，利用载波相位观测值进行测量和定位，精度要比测码伪距精度高出几个数量级，故载波相位观测量常被用于精密定位和载体姿态测量中。

根据简谐波的物理特性，可将式(7.40)两端看成整周数 $N_i^j(t_i)$ 与不足一周的小数部分 $\delta\varphi_i^j(t_i)$ 之和，即有

$$\Phi_i^j(t_i) = N_i^j(t_i) + \delta\varphi_i^j(t_i) \tag{7.42}$$

在进行载波相位测量时，接收机实际上能测定的只是不足一整周的部分 $\delta\varphi_i^j(t_i)$。因为载波是一种单纯的余弦波，不带有任何的识别标志，所以我们无法确定正在量测的是第几个整周的小数部分，于是在载波相位测量中便出现了一个整周未知数 $N_i^j(t_i)$，或称为整周模糊度。如何快速而正确地求解整周模糊度是 GPS 相位观测数据处理研究中的关键问题。

当跟踪到卫星信号后，在初始观测历元 $t_i = t_0$，式(7.42)可以写成

$$\Phi_i^j(t_0) = N_i^j(t_0) + \delta\varphi_i^j(t_0) \tag{7.43}$$

卫星信号与历元 t_0 被跟踪(锁定)后，载波相位变化的整周数便被接收机自动计数。所以，对其后的任一历元 t 的总相位差，可以由下式表达：

$$\Phi_i^j(t)=N_i^j(t_0)+N_i^j(t-t_0)+\delta\varphi_i^j(t_i) \tag{7.44}$$

式中，$N_i^j(t_0)$ 称为初始历元的整周未知数（或称整周模糊度），它在信号被锁定后就确定不变，成为一个未知常数；$N_i^j(t-t_0)$ 表示从起始观测历元 t_0 至后续观测历元 t 之间载波相位的整周模糊度，可由接收机自动连续计数来确定，是一个已知量；$\delta\varphi_i^j(t)$ 为后续观测历元 t 时刻不足一周的小数部分相位。上述载波相位观测量的几何意义可参见图 7.5。

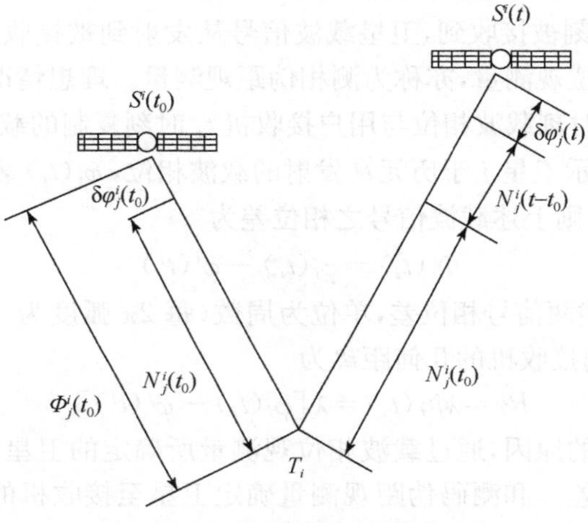

图 7.5　载波相位观测量

对 GPS 载波来说，一个整周数的误差会引起 19～24cm（载波信号的波长）的距离误差。所以，准确地解算整周模糊度是利用载波相位观测量进行精密定位的重要问题。

7.3.6　观测方程

1. 载波相位观测方程

考虑到卫星的星钟和接收机的站钟均含有钟差，而且不同的卫星和不同的接收机钟差大小各异，故处理多测站多历元对不同卫星的同步观测结果必须采取统一的时间标准 GPST，于是我们用下式描述星钟和站钟：

$$\begin{cases}t^j=t^j(\mathrm{GPS})+\delta t^j\\ t_i=t_i(\mathrm{GPS})+\delta t_i\end{cases} \tag{7.45}$$

式中，δt^j 为星钟钟差；δt_i 为站钟钟差。

考虑到式(7.40)和式(7.43)，假设卫星 S^j 与测站 T_i 的几何距离为 $R_i^j(t)$，将载波相位观测量 $\varphi_i^j(t)$ 置于方程左端，得到载波相位的观测方程（或简称测相观测方程)：

$$\varphi_i^j(t)=\frac{f}{c}R_i^j(t)\left[1-\frac{1}{c}\dot{R}_i^j(t)\right]+f\left[1-\frac{1}{c}\dot{R}_i^j(t)\right]\delta t_i(t)$$
$$-f\delta t^j(t)-N_i^j(t_0)+\frac{f}{c}[\Delta_{i,I}^j(t)+\Delta_{i,T}^j(t)] \tag{7.46}$$

式中，c 为光速；f 为卫星的载波信号频率；$\Delta_{i,I}^j(t_i)$ 和 $\Delta_{i,T}^j(t_i)$ 分别为在观测历元 t_i 电离层和对流层折射对卫星载波信号传播路程的影响。

在相对定位中，如果基线较短，则有关卫星到接收机天线中心的几何距离变化率项可以忽略。由于关系式 $\lambda=c/f$，式(7.46)可简化为

$$\lambda\varphi_i^j(t)=R_i^j(t)+c[\delta t_i(t)-\delta t^j(t)]-\lambda N_i^j(t_0)+\Delta_{i,I}^j(t)+\Delta_{i,T}^j(t) \tag{7.47}$$

上述载波相位观测方程式(7.47)为常用形式。

2. 观测方程的线性化

GPS 观测站 T_i 的位置坐标值，隐含在观测方程(7.47)右端第一项 $R_i^j(t)$ 中：

$$R_i^j(t)=|\vec{R}^j(t)-\vec{R}_i(t)|$$
$$=\{[x^j(t)-x_i(t)]^2+[y^j(t)-y_i(t)]^2+[z^j(t)-z_i(t)]^2\}^{\frac{1}{2}} \tag{7.48}$$

式中，$\vec{R}^j(t)=[x^j(t)\quad y^j(t)\quad z^j(t)]^{\mathrm{T}}$，表示卫星 S^j 在协议地球坐标系中的直角坐标向量，是已知量；$\vec{R}_i(t)=[x_i(t)\quad y_i(t)\quad z_i(t)]^{\mathrm{T}}$，表示测站 T_i 在协议地球坐标系中的直角坐标向量，是待求量。

如果将式(7.48)代入观测方程，则方程是非线性的，须将其线性化。若取观测站 T_i 的坐标初始值向量为

$$\vec{R}_{i0}=(x_{i0},y_{i0},z_{i0})^{\mathrm{T}}$$

其改正数向量为

$$\delta\vec{x}_i=(\delta x_i,\delta y_i,\delta z_i)^{\mathrm{T}}$$

由观测站的坐标初值所确定的 T_i 到卫星 S^j 的向量 $\vec{R}_{i0}(t)$ 对于协议地球坐标系三坐标轴的方向余弦为

$$\begin{cases}\dfrac{\partial\rho_i^j(t)}{\partial x^j}=\dfrac{1}{R_{i0}^j(t)}[x^j(t)-x_{i0}]=l_i^j(t)\\[2mm]\dfrac{\partial\rho_i^j(t)}{\partial y^j}=\dfrac{1}{R_{i0}^j(t)}[y^j(t)-y_{i0}]=m_i^j(t)\\[2mm]\dfrac{\partial\rho_i^j(t)}{\partial z^j}=\dfrac{1}{R_{i0}^j(t)}[z^j(t)-z_{i0}]=n_i^j(t)\end{cases} \tag{7.49}$$

而

$$\begin{cases}\dfrac{\partial \rho_i^j(t)}{\partial x_i}=-l_i^j(t)\\ \dfrac{\partial \rho_i^j(t)}{\partial y_i}=-m_i^j(t)\\ \dfrac{\partial \rho_i^j(t)}{\partial z_i}=-n_i^j(t)\end{cases}\tag{7.50}$$

式中，$R_{i0}^j(t)=\sqrt{[x^j(t)-x_{i0}]^2+[y^j(t)-y_{i0}]^2+[z^j(t)-z_{i0}]^2}$。

于是，在取一次近似的情况下，非线性形式的式(7.50)可以改写成线性化的形式，即将 $R_i^j(t)$ 在 (x_{i0},y_{i0},z_{i0}) 处用泰勒级数展开，并取其一次近似表达式，得到

$$R_i^j(t)=R_{i0}^j(t)+[-l_i^j(t)\quad -m_i^j(t)\quad -n_i^j(t)][\delta x_i\quad \delta y_i\quad \delta z_i]^{\mathrm T}\tag{7.51}$$

将上式代入式(7.47)中，可得载波相位观测方程的线性化形式：

$$\begin{aligned}\varphi_i^j(t)=&\frac{f}{c}R_{i0}^j(t)-\frac{f}{c}[-l_i^j(t)\quad -m_i^j(t)\quad -n_i^j(t)]\begin{bmatrix}\delta x_i\\ \delta y_i\\ \delta z_i\end{bmatrix}\\ &-N_i^j(t_0)+f[\delta t_i(t)-\delta t^j(t)]+\frac{f}{c}[\Delta_{i,I}^j(t)+\Delta_{i,T}^j(t)]\end{aligned}\tag{7.52}$$

7.3.7 姿态测量的一般步骤

姿态测量系统一般包括两个或以上的天线，选择一个天线为主天线，另外的为从天线来构成一条或几条基线。这些天线固定在载体上，一般情况下基线和载体坐标系的坐标轴重合。这样根据测量出的天线间的相对位置即可确定载体的姿态角，如图 7.6 所示。

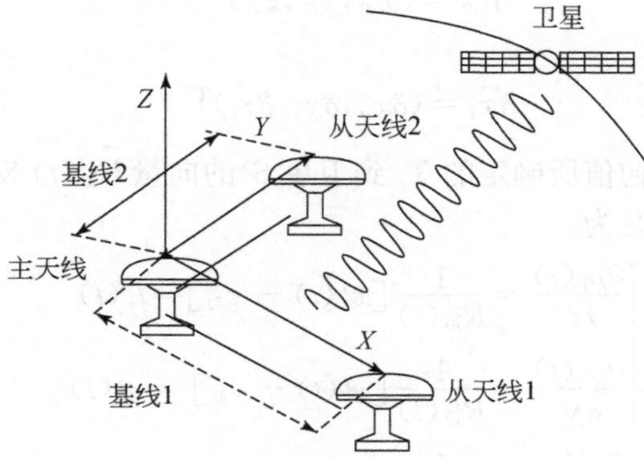

图 7.6 姿态测量示意图

1. 观测方程的建立

姿态测量系统所用基线(两天线间的距离)较短,一般不超过100m,因此要得到两天线间的高精度的相对位置需要采用载波相位差分观测量。为了消除误差,可采用星间单差、站间单差以及星站间双差测量。

由观测站 T_i 在历元 t 对卫星1和2同时进行观测,并对其载波相位观测量进行求差,可得到星间单差。这种方式可以有效地消除接收机钟差,但是由于不同卫星的星钟之间不存在相关性,求单差后并不能减弱星钟钟差的影响。另外由于大气折射影响,不同卫星信号的传播路径误差也不能有效消除,因此这种星间单差模式较少应用。

观测站 T_1 和 T_2 同时观测卫星 S^j,将两观测站的相位观测值进行差分,可得到站间单差。这种方式可以消除卫星钟差的影响。由于在短基线观测时,两观测站相距较近,卫星信号的大气层延迟残差可以忽略。另外,该方式还能有效地减弱轨道误差。这种站间单差模型应用较广,在下文中"单差"指这种差分方式。

两接收机观测站 T_1、T_2,对于卫星 S^j 的单差 $\Delta\varphi^j(t)$ 与对于 S^k 卫星的单差 $\Delta\varphi^k(t)$ 再求差,称为站星间双差(以下简称双差):

$$\nabla\Delta\varphi^k(t)=\Delta\varphi^k(t)-\Delta\varphi^j(t)=[\varphi_2^k(t)-\varphi_1^k(t)]-[\varphi_2^j(t)-\varphi_1^j(t)] \tag{7.53}$$

将载波相位观测方程的一般式(7.47)代入上式,可得双差观测方程:

$$\nabla\Delta\varphi^k(t)=\frac{f}{c}[R_2^k(i)-R_1^k(i)-R_2^j(i)+R_1^j(i)]-\nabla\Delta N^k \tag{7.54}$$

式中,$\nabla\Delta N^k=\Delta N^k-\Delta N^j$。

在上式中可以看出,接收机的钟差的影响已经消失,大气层折射残差的二次差可以略去不计,这是双差模型的突出优点。但是双差测量需要多观测一颗卫星,而且差分的结果增大了测量噪声,这是其不利的一面。与单差相比,载波相位双差消除了天线与接收机之间的连接电缆造成的载波相位延迟对姿态测量的影响。这种延迟是不能忽略的,并且难以标定。因此在姿态测量中,多选择双差观测量进行计算。

假设两地面观测站 T_1 和 T_2,同步观测两颗GPS卫星 S^j 和 S^k,并以 T_1 为参考观测站,S^j 为参考卫星。根据双差观测方程(7.54)和(7.52)得到双差观测方程的线性化形式:

$$\begin{aligned}\nabla\Delta\varphi^k(t)=&-\frac{1}{\lambda}[\nabla l_2^k(t)\quad \nabla m_2^k(t)\quad \nabla n_2^k(t)]\begin{bmatrix}\delta x\\ \delta y\\ \delta z\end{bmatrix}\\&-\nabla\Delta N^k+\frac{1}{\lambda}[R_2^k(t)-R_1^k(t)-R_2^j(t)+R_1^j(t)]\end{aligned} \tag{7.55}$$

式中

$$\nabla\Delta\varphi^k(t)=\Delta\varphi^k(t)-\Delta\varphi^j(t)$$

$$\begin{bmatrix}\nabla l_2^k(t)\\ \nabla m_2^k(t)\\ \nabla n_2^k(t)\end{bmatrix}=\begin{bmatrix}l_2^k(t)-l_2^j(t)\\ m_2^k(t)-m_2^j(t)\\ n_2^k(t)-n_2^j(t)\end{bmatrix}$$

$$\nabla\Delta N^k=\Delta N^k-\Delta N^j$$

若假设

$$\nabla\Delta l^k(t)=\nabla\Delta\varphi^k(t)-\frac{1}{\lambda}\left[R_2^k(t)-R_1^k(t)-R_2^j(t)+R_1^j(t)\right]$$

则方程(7.55)可改写成如下形式：

$$\nabla\Delta l^k(t)=\frac{1}{\lambda}\left[\nabla l_2^k(t)\quad\nabla m_2^k(t)\quad\nabla n_2^k(t)\right]\begin{bmatrix}\delta x\\ \delta y\\ \delta z\end{bmatrix}+\nabla\Delta N^k+v^k(t)\tag{7.56}$$

式中，$v^k(t)$ 为误差。

从式(7.56)可以看出，当求解出双差整周模糊度后，两观测站的相对位置便可利用最小二乘法得到。因此快速、准确地得到整周模糊度的固定解是GPS姿态测量的关键。

2. 整周模糊度求解

在测相伪距观测方程(7.47)中已经引入了整周模糊度的概念。当卫星于某历元被捕获并跟踪后，载波相位的整周数可以被接收机自动地连续计数，是已知量。但是在卫星被捕获跟踪前的载波相位整周数则是与接收机位置、卫星位置和起始观测历元有关的未知数。在观测过程中，只要对卫星的跟踪不中断，它将保持常量。因此，在利用载波相位的精密差分观测中，如式(7.56)，整周模糊度的确定是最为关键的问题。

对于GPS姿态测量系统每一条基线，线性化载波相位双差模型可以写做：

$$y=Aa+Bb+\varepsilon\tag{7.57}$$

式中，y 为GPS载波相位“观测减计算”双差观测矢量；a 为双差模糊度；b 为基线矢量；A 和 B 为系数矩阵；ε 为噪声矢量。

我们利用最小二乘的思想来计算基线坐标和双差模糊度的整数解

$$\min_{b\in\mathbb{R}^p,a\in\mathbb{Z}^n}:\|y-Bb-Aa\|_{Q^{-1}}^2\tag{7.58}$$

式中，Q 为 y 的协方差矩阵。利用最小二乘法求解式(7.58)：

$$\begin{bmatrix}B^TQ^{-1}B & B^TQ^{-1}A\\ A^TQ^{-1}B & A^TQ^{-1}A\end{bmatrix}\begin{bmatrix}b\\ a\end{bmatrix}=\begin{bmatrix}B^TQ^{-1}y\\ A^TQ^{-1}y\end{bmatrix}\tag{7.59}$$

得到浮动解 $\hat{a}$ 和 $\hat{b}$ 及其方差-协方差矩阵：

$$\begin{bmatrix} \hat{b} \\ \hat{a} \end{bmatrix} \begin{bmatrix} Q_{\hat{b}} & Q_{\hat{b}\hat{a}} \\ Q_{\hat{a}\hat{b}} & Q_{\hat{a}} \end{bmatrix} \tag{7.60}$$

因此，整周模糊度估计就简化为求解最优二次方程的整数解：

$$\min \| \hat{a} - a \|^2_{Q_{\hat{a}}^{-1}}, \quad a \in \mathbb{Z}^n \tag{7.61}$$

整周模糊度求解与检验是 GPS 姿态测量中最重要的步骤，得到了很多学者的研究，并提出了一些有效的方法。当整周模糊度的固定解 $\breve{a}$ 通过了检验后，针对不同的从天线，观测方程(7.57)中的基线矢量 b 便可以利用最小二乘法独立地估计出来：

$$\min_b \| Bb - (y - A\breve{a}) \| \tag{7.62}$$

因为基线矢量可以被认为是在地心固连坐标系中天线间的相对位置，所以必须通过转换矩阵将坐标变换为当地导航坐标系。

3. 姿态角计算

载体的三维姿态参数即载体坐标系中相对于当地水平坐标系的三维定向参数，即载体的航向角 ψ 、俯仰角 θ 和横滚角 φ 等三个欧拉角。其中航向角 ψ 是载体绕垂直轴的转动角，俯仰角 θ 是载体绕侧轴线的转动角，横滚角 φ 是载体绕体轴线的转动角，如图 7.7 所示。

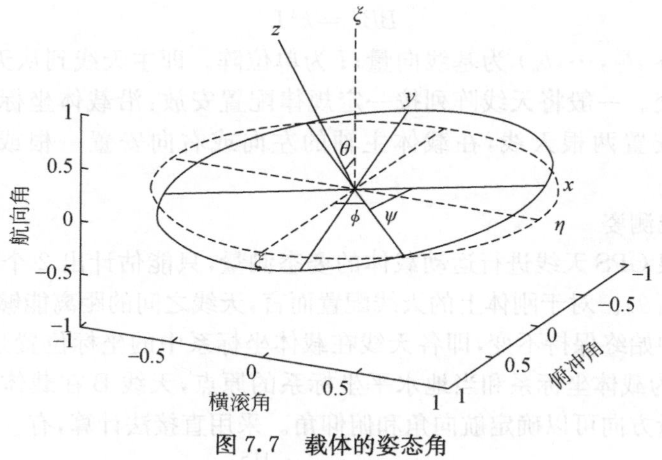

图 7.7　载体的姿态角

1)坐标系统

GPS 测量采用的是地心固连坐标系——WGS-84 大地坐标系，原点为地心，Z 轴指向协议地极原点 CIO，X 轴指向协议赤道面和格林尼治子午线之交点，Y 轴在协议赤道平面里。参照于 WGS-84 椭球的任何地面点的大地经纬度和大地高度与三维直角坐标表达式是可以互相转换的。

当地水平坐标系(local level system，LLS)亦称地理坐标系，是一种站心直角坐标系。原点与载体坐标系原点重合，以此消除坐标系原点偏移，X 轴指向当地北子午线，Y 轴与 X 轴垂直而指向东，Z 轴与 X、Y 轴正交，构成右手坐标系。因为 GPS 的测量值都是用 WGS-84 表示的，在姿态测量应用中需要将该坐标转换到当地水平坐标。

载体坐标系(body frame system，BFS)原点定义在 GPS 天线阵列中的主天线相位中心，X 轴与载体运动方向的中心线(主轴)重合，正向指向载体的运动方向，Y 轴垂直 X 轴指向载体右侧，Z 轴与 X、Y 轴垂直正交，构成右手坐标系。

因为 LLS 和 BFS 的原点是相同的，都位于主天线的相位中心，两者之间的变换参数实际上就是 3 个欧拉姿态角。GPS 测姿就是求解 3 个姿态角，并且天线基线在载体坐标系中的坐标分量及其长度可以在初始化阶段精确测定。因此只要测得天线基线在当地水平坐标系中的坐标分量，即求出姿态角。

2)天线安装

假如将天线阵列看作是在刚体上的配置，一旦天线在载体上配置好，就可以采用经纬仪(全站仪)或 GPS 静态测量精确地测定各个天线之间的位置和距离，而且这些测定量在所有的动态运动中将保持不变，即作为固定值。载体坐标系中的天线位置矢量的求解过程称为姿态测量初始化。最优天线配置应满足下列条件：

$$BB^{\mathrm{T}}=k^2 I \tag{7.63}$$

式中，$B=(b_1,b_2,\cdots,b_n)$ 为基线向量；I 为单位阵。即主天线到从天线的向量应为等距且正交。一般将天线阵列按一定规律配置安放：沿载体坐标系的 X 轴在载体主轴上安置两根天线，在载体主轴的左向或右向安置一根或两根另外的天线。

3)双天线测姿

使用两根 GPS 天线进行运动载体的姿态测量，只能估计出 2 个姿态角(航向角 ψ 和俯仰角 θ)。对于刚体上的天线配置而言，天线之间的距离能够精确测定，且在运动状态中始终保持不变，即各天线在载体坐标系中的坐标位置是确定的。将天线 A 设置为载体坐标系和当地水平坐标系的原点，天线 B 在载体主轴上，利用两天线的矢量方向可以确定航向角和俯仰角。采用直接法计算，有

$$\psi=-\arctan\left(\frac{y_B^{\mathrm{LLS}}}{x_B^{\mathrm{LLS}}}\right) \tag{7.64}$$

$$\theta=-\arctan\left(\frac{z_B^{\mathrm{LLS}}}{\sqrt{(x_B^{\mathrm{LLS}})^2+(y_B^{\mathrm{LLS}})^2}}\right) \tag{7.65}$$

通过对 GPS 载波相位的观测，能够精确地测定天线 B 相对于 A 在 WGS-84 坐标系的三维位置，再根据坐标变换阵将其变换成以天线 A 为原点的当地水平坐标系的坐标，然后就可以由式(7.64)和式(7.65)解算出航向角和俯仰角。

4)多天线测姿

从 GPS 的测姿原理可见，当采用 3 根天线时，最简单的作业方式，是组成 2 条正交的基线来测得 3 个姿态角。通过对天线 3 绕当地水平坐标系 Z、X 和 Y 轴的旋转，将其变换至载体坐标系，从而得到横滚角的计算式

$$\varphi = -\arctan\left(\frac{x_3\sin\psi\sin\theta - y_3\cos\psi\sin\theta + z_3\cos\theta}{x_3\cos\psi + y_3\sin\psi}\right) \tag{7.66}$$

这种直接计算法不需要用到基线在载体坐标系中的坐标，故不用计算姿态矩阵。

5)单天线测姿

单天线测姿是利用带有一根天线的 GPS 接收机进行姿态测量。利用单天线 GPS 接收机所测定的速度和由速度经卡尔曼滤波得到的加速度信息，经过姿态合成算法处理而推导出姿态参数。一台 GPS 接收机以较高的采样率提供测量数据，确保速度和加速度的确定。传统的载体姿态是由载体坐标系相对于惯性直角坐标系的 3 个姿态角描述的。单天线 GPS 确定的姿态称为伪姿态，与传统的姿态不同，它是由飞行器的对地速度相对于地理坐标系的角度来描述的。包括航迹角和绕速度方向轴的横滚角。与传统姿态相比，伪姿态反映了关于速度矢量轴线的姿态信息，该测姿方法多用于飞行器中。在协调飞行并且风速较小的状态下，传统姿态与伪姿态的差别较小。但当飞行器处于非协调飞行，如滑翔、偏航或高机动的状态下，伪姿态与真实姿态差别较大。

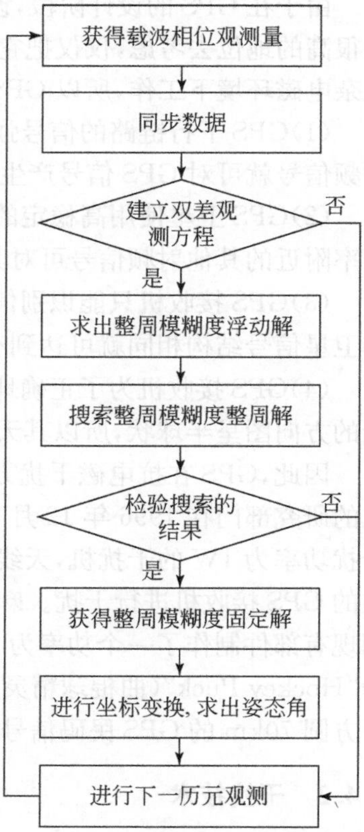

图 7.8　姿态测量流程图

4. **数据的后处理**

如果对载体姿态的输出没有太多实时性的要求，可对载波相位观测量进行后处理，来减小噪声影响，得到更加精确的姿态解。这种处理方法可以利用滤波方法，如小波分析，对原始的载波相位观测量进行降噪，能够有效地降低多路径效应和其他噪声的影响。这种方法对静态的航向测量结果的改善比较明显。

7.4 卫星导航系统的干扰与反干扰

卫星导航系统起初应用在军事方面，在现代战争中的重要意义已经得到证实。目前已经发展到军民两用，其应用范围极其广泛。随着其应用的不断发展与深入，系统的干扰与反干扰技术也同时产生和发展，是目前各国高度关注的领域。如何提高卫星导航系统的抗干扰能力，成为各国卫星导航定位系统研制和应用中的重要问题。目前在卫星导航现代化和导航战计划中，研究者提出了一系列抗干扰措施[8]。本节针对发展成熟的 GPS，分析其脆弱性和潜在干扰，介绍 GPS 的干扰和反干扰技术。

7.4.1 卫星导航系统的脆弱性

由于在 GPS 的设计阶段，设计者并没有把该系统在干扰环境下工作的能力放到很高的地位去考虑，仅仅把它作为战争环境下一种导航辅助手段，并没有考虑在复杂电磁环境下工作，所以 GPS 很容易受到干扰。其主要原因如下。

(1)GPS 下行链路的信号强度很弱，GPS 用户的接收机灵敏度高，较低功率的射频信号就可对 GPS 信号产生较大的干扰。

(2)GPS 卫星使用高稳定的固定频率载波传送数据，因此在其卫星信号的中心频率附近的其他射频信号可对其产生干扰。

(3)GPS 接收机只能识别信号的结构，较难辨别信号的真伪，只要使欺骗信号与卫星信号结构相同就可达到有效欺骗的目的。

(4)GPS 接收机为了正确地导航定位需要跟踪接收多颗卫星的信号，接收机天线的方向图呈半球状，所以其天线在空域对射频干扰的抑制能力较弱。

因此，GPS 在抗电磁干扰方面的能力相当薄弱。美国联邦航空局负责电子对抗的研究部门在 1996 年 12 月 2 日～1997 年 1 月 7 日对 GPS 进行干扰测试表明，干扰功率为 1W 的干扰机，天线指向为水平线以上不超过 20°时，能对 200km 范围内的 GPS 接收机进行干扰。麻省理工学院林肯实验室的一个博士花费 500 美元，用现有部件制作了一个功率为 1W 的干扰机，其直径仅有 3in①，用电池供电，取名为“Hockey Puck”(曲棍球精灵)。在 Hanscom 空军基地进行试验，居然有效干扰了方圆 70km 的 GPS 民码信号。

7.4.2 干扰技术

1997 年，美军正式提出“导航战”的作战概念，并在美国西海岸进行了 GPS 卫

---

① 1in＝2.54cm。

星抗阻塞试验。“导航战”的作战目标是要确保美军在战场上取得导航优势:保证GPS正常运行,使美军和盟军不受干扰地使用该系统;同时阻止敌军在战场上使用GPS并使敌方导航卫星系统不能正常工作。

美军认为“21世纪的战场空间将充满噪声,而不是信息。面对以信息战为基础的武器体系,敌方将肯定采用电子干扰手段,并破坏脆弱的GPS。因而,以GPS为基础的战场信息技术可能是建立在一种不牢靠的基础之上。”

1. 导航战中的干扰技术

基于以上认识,美军从2004年开始全面升级GPS。

1)进攻导航战

进攻导航战的目标是使美国的GPS和俄罗斯的GLONASS在规定区域内失效,而对地球上其他区域的用户仍然有效。这一目标只能通过调整卫星发射频率的规定程序及采用干扰等其他技术来实现。

2)防御导航战

防御导航战设法阻止敌人使用这些进攻导航战的技术,不让导航卫星为其军队和民用导航、定位服务。

为了阻止敌方在战场上利用民用GPS信号和其他卫星导航系统(如俄罗斯的GLONASS和新出现的欧洲Galileo系统)在战场上与美国对抗,美国正在发展GPS干扰技术。对没有进行抗干扰处理的C/A码GPS接收机进行干扰,是十分容易进行的。

根据英国的试验,1W功率的调频噪声GPS干扰机,可使22km内的民用接收机失效。俄罗斯近期研制出一种GPS便携式干扰机。干扰功率为8W,在无遮蔽GPS接收机工作在CA码接收周期的条件下干扰距离可超过200km,接收机在跟踪方式P(Y)码工作时,8W的宽带噪声干扰机干扰距离可超过40km,音频干扰机的干扰距离超过80km。

美国在发展它们的GPS干扰技术时,考虑到敌对方的导航系统可能装备有GPS抗干扰技术,因此,计划发展的GPS干扰系统是一个分布式、立体干扰系统,在侦察引导站的控制下,可在合适的时间、合适的地点形成机动灵活的多方位、不同高度的分布式干扰,使敌GPS接收机难以防范和抵抗。

2. 干扰技术的发展途径

GPS由卫星、地面测控站和用户三个源,以及由地面测控站向卫星注入导航电文和控制指令的上行通道及由卫星向用户广播导航电文的下行通道两条通道组成。对源的干扰主要是毁坏式干扰。由于卫星运行在离地20000多公里的轨道上,对其实施硬摧毁并非易事,地面测控站建在美国本土和大洋中的海岛上,安全可靠，不易受到硬武器的直接攻击。用户部门又具有极大的机动性和分散性，要想损毁它们更是困难。

对 GPS 地面站的上行通道进行干扰也很难实现，因为 GPS 导航卫星只有在通过位于美国的控制站时才打开接收机，接收地面控制信号，而且该遥控信号采用了许多加密和抗干扰措施，对其进行干扰目前技术尚未成熟。

有可能实现的就是对 GPS 接收机的下行信道进行干扰。因为 GPS 接收机为了获取所需的导航信息，总是打开的，而且为了同时接收在空中运转的多颗 GPS 导航星的信号，其接收天线波束较宽，加上接收机相距导航星遥远，接收信号非常弱，对其进行干扰是可行的。

在战时关键阶段实施对重点战场上主要方向的 GPS 接收机实施区域性局部电子干扰，可使敌方对此地域无法利用 GPS 进行定位和导航，或使其定位误差增大，不能获取精确的导航定位信息，从而破坏敌方对 GPS 的利用。

在战时，GPS 的信号结构及信号参数有可能发生改变，根据和平时期已知的各种参数和 GPS 接收机的处理流程发展起来的干扰设备，就可能因为 GPS 信号的结构和参数的变化而产生不了预定的干扰效果。

因此对一个完善的 GPS 干扰系统来说，必须具有对 GPS 信号的侦测功能，完成 GPS 信号的截获、分析以及载频、码速甚至码型等参数的测量，用侦测得到的 GPS 信号参数来引导 GPS 干扰机，并要能兼顾干扰地形匹配系统，达到最佳干扰效果。

3. 干扰技术体制

未来所有军用 GPS 接收机将改用直接 P(Y)码捕获技术，要想取得对军用 GPS 接收机的有效干扰，必须直接从 P(Y)码信号的干扰入手。对接收机的干扰主要有下面两种方法。

1)压制式干扰

压制式干扰为通过发射干扰信号压制 GPS 接收机端的 GPS 卫星信号，使 GPS 接收机接收不到 GPS 卫星信号而无法定位，达到干扰的目的。

P(Y)接收机的抗干扰能力约 43dB，当采用各种各样抗干扰措施后，如自适应调零天线，自适应滤波及增加信号发射功率等，其抗干扰能力大概可提高到 100dB 左右，因此，噪声的强度在解扩前要比信号高出 100dB，干扰才可能有效。

P(Y)码信号到达地面的最大信号强度约为－155.5dBW，那么要求接收机输入端的噪声强度至少为－55dBW，如果干扰机在 100 公里外，那么所需的发射功率至少为 35.4kW，设干扰机天线的增益为 20dB，那么发射机的发射功率要求为 354kW，这对于 L 频段来说是非常困难的。

因此，压制式干扰多针对 C/A 码进行。压制式干扰主要有以下三种方式。

(1)C/A码的瞄准式干扰。

主要是从GPS卫星的信号有其独特的码型出发的,采用频率瞄准技术,使干扰载频精确对准信号载频,针对特定码型的卫星信号实施干扰,使该信号在一定区域内失效。

(2)C/A码的阻塞式干扰。

针对GPS信号载频实施,特点是采用一部干扰机扰乱该地域出现的所有C/A码卫星信号,这种干扰方式存在着多种干扰体制,干扰效果也不尽相同,其中效果比较好的是一种被称为"宽带均匀频谱干扰"的体制,在此种体制下,干扰机产生的干扰信号大部分能够通过接收机窄带滤波器而不被过滤掉,因而可以产生比较好的干扰效果。

(3)相关干扰。

相关干扰是利用干扰信号的伪码序列与GPS信号的伪码序列有较大的相关性这一特点对GPS实施干扰。与不相关干扰相比,它有较多的能量可以通过接收机窄带滤波器,因此,可以用较小的功率实现与其他方式相当的有效干扰。

2)欺骗式干扰

欺骗式干扰是指发射与GPS信号具有相同参数(只有信息码不同)的假信号,干扰GPS接收机,并使其产生错误的定位信息。干扰信号的产生可以采用生成式,也可以采用转发式。主要有以下两种方式。

(1)生成式干扰。

生成式是指由干扰机产生的能被GPS接收的高度逼真的欺骗信号。生成式干扰需要知道GPS的码型,以及卫星的电文数据,由于P码序列长,且可加密成Y码,要从侦收中破译P码从而产生能被GPS接收的高逼真的欺骗信号,其技术难度非常大。

(2)转发式干扰。

转发式是指将接收到的卫星信号进行延迟,以构成一个虚假的卫星信号重新发送,使接收机出现解算错误,使其导航、定位出现错误。转发式干扰方式技术实现比较容易。

4. 建立分布式、立体干扰系统

GPS是由三大部分及两条通道组成的庞大而复杂的导航系统。导航战计划中,GPS采用了几十种抗干扰措施。对这样一个系统进行干扰,使用单架干扰机进行干扰,则干扰效果将会被大幅度削弱,而且容易被检测和抵消。因此,要达到较好的干扰效果,必须:①研究GPS信号侦测技术;②根据不同部署方式的特点,建立全方位的立体干扰网;③根据实际情况,对压制干扰和欺骗干扰手段进行有效组合。

首先用相关码压制干扰发射一个很短的时间,让干扰区内的 GPS 接收机转入搜索状态,然后切换到转发式欺骗干扰上,使要干扰的 GPS 接收机锁定到欺骗信号上,过一段时间,再重复这个过程。采用这种组合方式,可以较好地发挥压制干扰和欺骗干扰的作用,达到好的干扰效果,技术上相对较易实现。

7.4.3 抗干扰技术

在电子战领域,敌方电子干扰能力越强,己方需要的电子防护水平越高;反之,己方电子防护能力越强,敌方所需的干扰功率就越大。本节重点介绍几种主要的抗干扰技术。

1. 直接 P(Y)码捕获技术

众所周知,现在的 GPS 卫星导航系统是军民共用,而且 P 码的捕获是先依靠在捕获 C/A 码之后,再进行 P 码的跟踪,其中 C/A 码只能承受 25dB(干/信比)的能力,而 P 码也只能承受 43dB 的能力。民用的 C/A 码是易受干扰的,当民用 C/A 码受干扰后,就无法跟踪 P 码工作。多年来美国一直在研究 P(Y)码的直接捕获的技术,从而使军、民用彻底分开,以便更有利于军用精度的提高和控制。

现在有许多 GPS 接收机已经具有直接捕捉 P(Y)码的能力,如罗克韦尔公司的个人型 GPS 接收机(SPGR)和 Gem Ⅱ/Ⅲ嵌入式组件均可直接捕获 P(Y)码,而且在下一代的 Gem Ⅳ具有更强的 Y 码直接捕获能力。

2. 采用自适应调零天线技术

自适应调零天线包括多个阵元的天线阵,阵中各天线与微波网络相连,而微波网络又与一个处理器相连,处理器对从天线经微波网络送来的信号进行处理后,反过来调整微波网络,使对各阵元的增益和/或相位发生改变,从而在天线阵的方向图中产生对着干扰源方向的零点,以减低干扰机的效能。可以抵消的干扰数量等于天线阵元数减 1。

美国波音公司对 GBU-31/32 联合直接攻击弹药(JDAM)进行了修改,将单一 GPS 天线改成 4 天线阵元,其中 3 个天线等间隔地分布在一个直径为 15cm 的半圆球上,而第 4 个天线布在半圆球的顶上。除此之外还增加了一个抗干扰电子模块,这个模块再与波音公司的制导单元(Collins 公司的 GPS 接收机和 Honeywell 公司的激光捷联式惯导)相集成。对这个修改后的 JDAM 进行试验,当用小功率干扰机时,命中目标误差小于 3m(飞机在 40000m 高空投弹);而在大功率干扰时,命中目标误差不超过 6m。

在 F-16 飞机上是用 7 个阵元组成的 GPS 天线阵。战斧式 Block Ⅳ 使用 Raytheon 研制的采用 5 阵元自适应调零天线的 GPS 接收机(AGR)。

3. 卫星导航系统与惯性导航系统组合技术

卫星导航系统与惯性导航系统(INS)组合已经广泛应用到美军的战略武器系统中,它们能相互弥补,从而提高了可靠性、可信性和抗干扰的能力。利用GPS精确的位置信息可以随时校准INS的准确性和精度。而当GPS受到干扰时,可用INS提供的平台速度信息去辅助GPS接收机的载波环与码环,使其环路带宽可以设计成很窄,从而提高GPS接收机的抗干扰性能。这样可使接收机的抗干扰性能提高10～15dB。

目前这种组合导航方式已在各类军用飞机、舰艇以及巡航导弹、精确制导炸弹等武器中获得应用。

4. 抗干扰滤波器技术

可以用微电子线路或软件来实现,这种技术的优点是不需要像自适应调零天线那样增加设备的体积、重量和价格,但可以大大提高GPS接收机的抗干扰性能。

信号处理技术可以提高10dB抗干扰能力的好处。

(1)频谱滤波:可以抑制带外和带内干扰。

(2)空间滤波:采用多个天线,根据到达角对的不同,对不需要的信号进行滤波。

(3)时间滤波:在时间带内对信号的特征进行处理。

5. 研制对卫星导航系统干扰源的探测和定位系统

研制探测GPS干扰源和确定它的位置是以扩频技术为基础,使用高灵敏度的接收机、三级短基线天线阵列和先进处理技术确定目标捕获系统,进行探测、识别和定位干扰源的位置;然后将信息送往地面显示终端,引导火力对干扰源实施硬摧毁。

系统可以采用多种形式进行探测,可在气球上、飞机上、直升机上、地面上等以各种方式进行。这种探测器现已安装在EA-6B、F-18、EP-3等多种平台上进行探测,在伊拉克战争中摧毁了多台GPS干扰源。

6. 陆基伪卫星技术

在一些关键地区,为防止敌方干扰,在其附近的地面或空中设立适当数量的伪陆基卫星站,创造伪GPS星座,使其信号功率超过敌方干扰信号的功率。它发射伪距信息和相位信息,码的主要内容和特征类同GPS,代替原GPS卫星进行导航。DARPA用无人机进行伪卫星的研究,称GPS伪卫星。其方法是由飞行中的无人机上的4颗伪卫星广播大功率信号,在战场上空形成能对抗敌方干扰信号的伪卫星 GPS 星座。

伪卫星也可采用地面和机载发射机混合方案，而伪卫星设在地面的缺点是减少了覆盖面积，但可提高导航精度。为减轻干扰影响，伪卫星可发射 100W 信号，使地面接收机的信号强度比来自卫星信号强度高 45dB。

7. 改进现役的卫星导航接收机

柯林斯公司和洛克希德·马丁公司共同为 JASSM 空地导弹研制的时间空间抗干扰 GPS 接收机(G-STAR)采用的是调零和波束操纵的方法。该接收机重 11.3kg，用了一个空间时间适配器，适配器测量出干扰，便将天线方向图的零点对准，而对 GPS 卫星导航信号的方向增加增益。

诺斯罗普·格鲁曼公司也在研制可提高 30～40dB 抗干扰量级的改进型 GPS 接收机。这种称为“反干扰自主完整性监控外推”的抗干扰方法将由惯性导航和 GPS 接收机载波相位级进行全耦合来实现。全耦合滤波器可减小 GPS 接收机跟踪回路的带宽，从而削弱干扰信号的强度。

参考文献

[1] 梁久祯．无线定位系统[M]．北京：电子工业出版社，2013.
[2] 刘利生，吴斌，曹坤梅，等．卫星导航测量差分自校准融合技术[M]．北京：国防工业出版社，2007.
[3] 文援兰，等．卫星导航系统分析与仿真技术[M]．北京：中国宇航出版社，2009.
[4] 边少锋，纪兵，李厚朴，等．卫星导航系统概论[M]．北京：测绘出版社，2016.
[5] 袁建平，罗建军，岳晓奎，等．卫星导航原理与应用[M]．北京：中国宇航出版社，2003.
[6] 赵剡，吴发林，刘杨．高精度卫星导航技术[M]．北京：北京航空航天大学出版社，2016.
[7] 王博．GPS 姿态测量系统中的关键技术研究[D]．北京：北京理工大学博士学位论文．2009.
[8] 陈军，黄静华，等．卫星导航定位与抗干扰技术[M]．北京：电子工业出版社，2016.

第8章 卫星导航与位置服务应用

8.1 应用概述

卫星导航系统能够全天时、全天候地为广大用户提供准确连续的定位、导航和授时服务(positioning,navigation and timing,PNT),目前已经成为陆海空天各类载体普遍采用的导航技术。其中,定位是指为用户提供三维的空间位置坐标,导航是指为用户提供航线校正、速度和姿态信息,授时是指为用户提供并保持精确的时间信息。卫星导航系统所提供的空间位置与精准时间是几乎所有应用的基础,经过差分以后得到的精准位置与时间,更是各类精准应用、精细流程的关键所在[1]。

随着卫星导航系统的不断发展,尤其是以我国北斗为代表的新一代系统的不断成熟,卫星导航与位置服务的各类应用已经涵盖了国家安全和国民经济的方方面面。目前,卫星导航与位置服务已经在交通管理、铁路运输、船舶运输、航空运输、应急指挥、户外救援、精密授时、精准农业、环境监测、养老关爱、市政管网等领域内广泛应用。

通过在车辆上安装卫星导航定位终端、摄像头和其他传感器,就能将车辆的位置、速度、状态等信息自动转发到后台服务器上的管理服务平台,车辆的这些信息可用于各级各类交通管理,监控车辆状态、防止驾驶员疲劳驾驶、为车辆规划路线、缓解交通拥堵、提升道路交通管理水平。在铁路运输领域,通过在列车上安装卫星导航定位终端,可实时获取列车的位置和行进速度,通过调度分析能够极大缩短列车行驶间隔时间,降低运输成本,提高运输效率。通过在海运和河运船舶上安装卫星导航定位终端和AIS(automatic identification system)终端,可以在任何天气条件下能够为水面船舶提供导航定位和通信服务,确保海上和水路运输的安全,尤其针对远洋运输,卫星导航系统比其他导航系统更加有效可靠。利用卫星导航定位系统所提供的精确位置与速度信息,可以实时确定飞机的准确三维位置,能够进一步减小飞机之间的安全距离,提升空域利用效率;可以在恶劣天气情况时,实现飞机的自动盲降,极大提高飞行安全和机场运营效率。通过将卫星导航定位终端以及其他传感器安装在物流车辆和货物上,可实现对贵重货物或危险品运输的远程跟踪与监管,能够为物流运输和货物提供更多的安全保障[2,3]。

卫星定位导航系统的信号可以覆盖全球,因此在沙漠、山区、海洋等人烟稀少地区进行搜索救援,或者在发生地震、泥石流、洪涝灾害时,能够为用户提供定位服务，同时我国的北斗卫星导航系统还能提供卫星短报文通信功能，能够在没有移动通信信号覆盖的地区及时报告所处位置和受灾情况，有效缩短救援搜寻时间，提高抢险救灾时效，大大减少人民生命财产损失。精确的时间信息和时间同步对于涉及国计民生的行业和关键基础设施至关重要，如通信系统、电力系统、金融系统的高效运行都依赖于高精度时间同步，卫星导航定位系统的授时服务可有效应用于通信、电力和金融系统，确保系统安全稳定运行。随着卫星导航技术的发展，农业生产方式也由传统粗放式耕作转为精细化管理，通过对农机加装卫星导航定位终端从而进行无人化改造，并且将农作物信息与地理信息相结合应用于农业生产，可充分利用农业资源，有效提高农业产量、降低成本、保护环境，产生显著的经济效益和环境效益。利用卫星导航系统可以组建地球大气观测系统，通过对卫星信号的测量进行大气中各类气候现象的观测，实现天气分析和数值天气预报、气候变化监测和预测，也可以提高空间天气预警业务水平，提升气象防灾减灾的能力[4-8]。

8.2 交通物流行业应用

8.2.1 概述

交通运输是一个国家的经济命脉，各类生产活动以及人们日常生活所需的物资都需要通过交通运输来得到保障，公路汽车运输是最为常见的也是最主要的交通运输方式。随着技术的进步，汽车在日常生产和生活中起的作用也越来越突出，实现各类车辆的有效指挥、协调控制和管理是交通运输和安全管理部门面临的一个重要问题。根据统计资料显示，近年来包括我国在内的许多国家由于公路堵塞而造成的直接和间接经济损失十分惊人。为了提高运输效率和保障安全，各国都相继开展了基于卫星系统的车辆导航与定位技术的研究，基于卫星导航系统的智能交通系统是各国政府大力发展的公共管理平台。

除了一般的国民生产生活所需的各种物资输运之外，特别需要重点监控和管理的物资输运以及公共客运服务等关系到人民生命财产安全的客运交通是近年来交通管理部分重点实施监控与管理的对象。此外，近年来随着经济的高速发展，一些企业或者个人为经济利益所驱动，常常违反易燃易爆危险物品运输管理规定，在不合适的时间、地点运输危险物品，各种意外事故不时发生，对社会安全及经济健康运行带来了诸多不良影响。因此，对于各种易燃易爆危险物品的输运过程的监控与管理也是当前的一个重要任务之一。

目前国家已明确了在对于涉及国家经济、公共安全的重要行业领域必须逐步过渡到采用北斗卫星导航兼容其他卫星导航系统的服务体制，利用我国自主建设的北斗卫星系统来实现对客运运输及危险物品运输等重点运输过程的监控管理是一种必然的发展趋势，将有利于保障国家国民经济的健康发展和保障人民群众的生命和财产安全。

物流是一个涉及很多部门和行业的综合产业，其所包含的内容十分丰富，所涉及的领域也相当宽泛，是不能简单地以运输加以概括的。物流活动贯穿于制造业、商业、仓储业、运输业等，具体来说包括生产制造企业、农业加工流通企业、商业销售企业、公路运输企业、航运运输企业、外贸企业、邮政配送企业、金融保险企业等，同时所涉及的政府部门也较多，主要有各类交通运输管理部门和工商、税务、海关、检验检疫、农业等管理部门。这就要求基于卫星导航定位系统的物流运输管理系统首先是一个信息交换的介质性平台，它具有整合如上所述物流活动所包含的各行各业信息资源的能力，将分散在政府部门、货运与物流企业、社会公众、各个货运场站、物流园区、航运、制造工厂、外贸企业、商业销售企业等信息资源整合在统一的平台之上，并进行充分挖掘、加工和利用，成为开展物流管理与服务的重要信息载体，确保政府、企业、客户、场站多方之间进行信息的充分交换与共享，运输管理与生产活动参与各方有机衔接、协调配合，进一步优化资源配置，充分发挥公路主枢纽在整个物流体系中的作用。另外，该系统能够提供各种信息服务，加强物流信息资源的开发与利用，面向行业主管部门、运输与物流企业和社会公众，提供可靠、有效、实时的物流信息服务，以保证物流信息资源的充分共享，为行业监督管理、运输与物流管理、生产与服务提供强有力的技术支撑。通过该系统的建设还将提高先进信息技术的应用，如云计算、地理信息系统等，全面促进用户单位物流信息现代化的发展。

8.2.2 应用方案

卫星导航定位系统在交通物流领域的应用一般采用“定位终端+服务平台”的模式，即“卫星导航定位车载智能终端”与“位置服务与公共信息平台”，整体框架如图8.1所示。

“位置服务与公共信息平台”基于卫星导航、无线通信和云计算等先进技术，采用云架构体系，提供具备高可靠性、强扩展性、高伸缩性和开放的云平台服务，可应用公有云、私有云或混合云多种方式进行部署。通过这种高质量、企业级、统一和透明的云服务计算环境，简化系统开发和用户使用难度，增强系统可用性，降低用户总体投入，减少用户系统建设成本。位置服务平台提供PaaS(platform as a service)级的通用性物流信息业务的基础服务，目标是能够满足生产企业、商贸流通企业、物流企业、车辆用户、集团客户及其他二次开发商客户的物流位置信息服务的业务需求。开发商可以在基础云平台基础上开发物流行业的SaaS(software as a service)服务系统，如仓储管理系统、运输管理系统等。位置服务平台主要包括：物流位置数据云存储系统、物流地理信息云服务系统、物流车辆导航云监控系

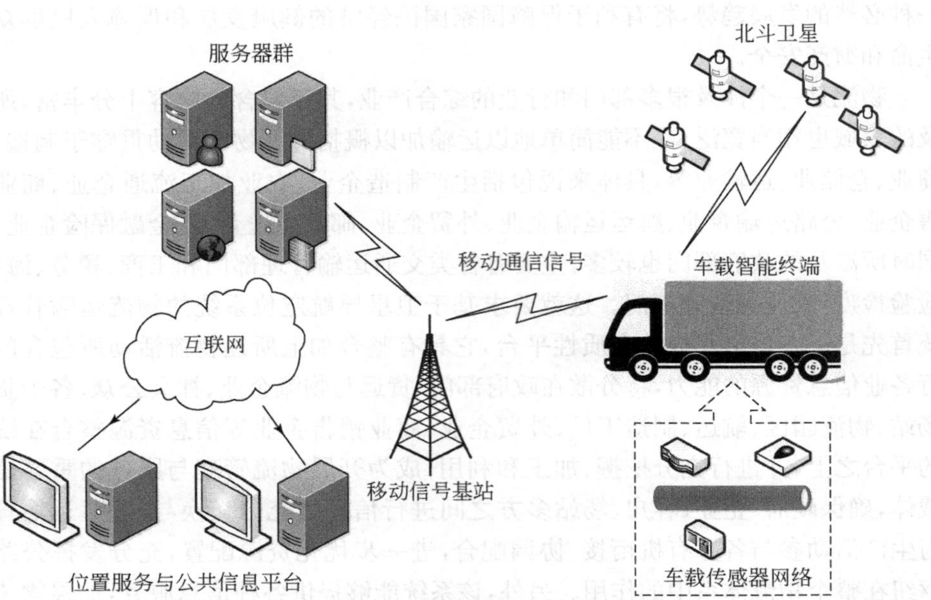

图 8.1　交通物流领域卫星导航定位系统应用整体框架

统和物流企业应用云服务系统。

如图 8.2 所示，公共信息平台基于位置服务平台所提供的 PaaS 服务，针对物流行业信息化建设满足用户需求的业务应用系统，为用户提供云计算体验的物流电子政务、物流电子商务、车辆动态监控、位置服务、安全救援、信息交换与分析、辅助决策等服务，以信息化为手段，提升政府和企业的管理效率，降低运行成本，实现智慧化的物流管理方式。通过调用云平台的车辆监控、预警报警、安全救援、信息查找、地图浏览等各项基础云服务，在平台上实现智慧物流公共信息平台，并搭建能为最终用户提供业务支撑的 SaaS 服务系统。平台包含物流企业管理、物流车辆管理、诚信认证、物流交易、物流外包、物流配载、物流 SaaS 服务等功能。能够实现政府对物流行业监管和服务，实现生产制造企业和商贸流通企业的物流业务外包，同时可以帮助物流企业加强业务管理和网上营销，提高物流车辆运行效率，降低空载率，最终实现对人、车、路、货的全程可视化管理，使物流活动更加高效、智能。数据交换功能可以实现互联互通与信息共享，有利于实现跨区域物流联动。公共信息平台主要包括：物流公共信息门户、物流电子政务平台、物流电子商务平台和物流数据交换平台。

“卫星导航定位车载智能终端”依据与服务平台的标准接口协议进行通信，集成了北斗/GPS、移动通信、行车记录仪、车辆状态监测、电子地图、多媒体、智能卡识别等模块，可以实现车辆定位监控、车辆行驶安全监测与告警、多模卫星导航定位、位置报告、物流导航、实时路况、指挥调度、货物配载、运力上报、电子运单、影音

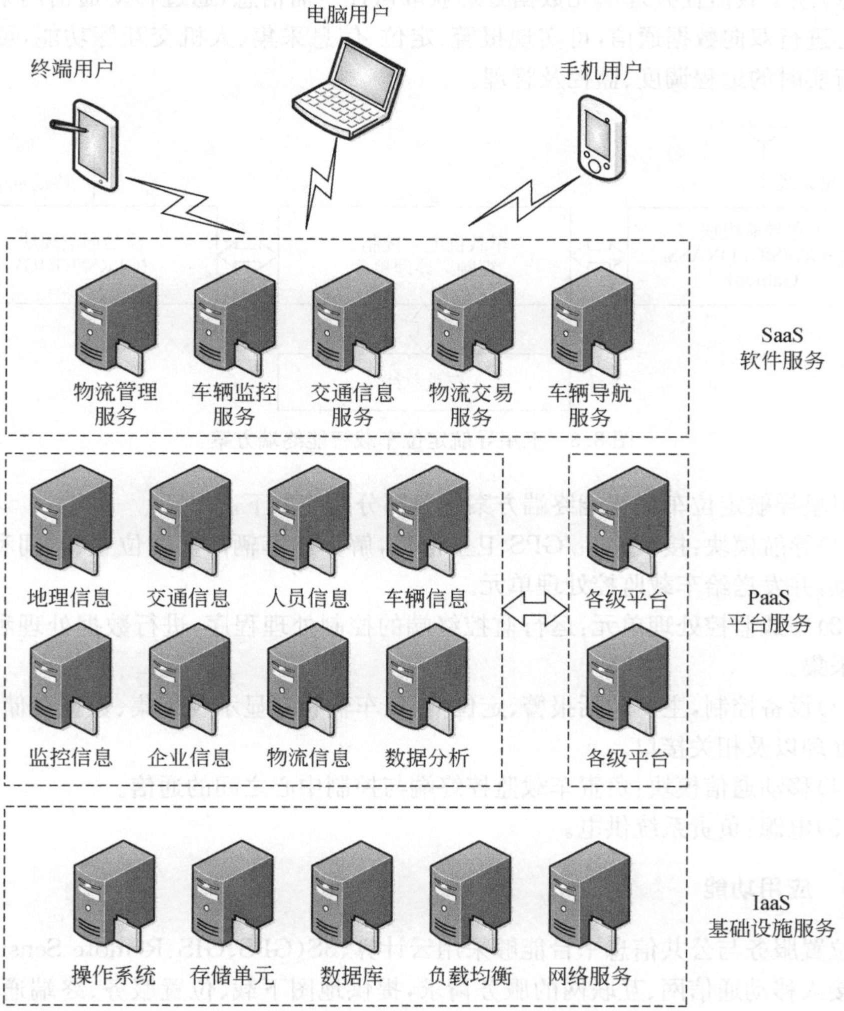

图 8.2　位置服务与公共信息平台整体框架图

娱乐等功能。

卫星导航定位车载智能终端作为车辆信息采集、通信及发布的载体，与平台进行在线实时互动，通过终端功能体现云平台和业务系统的应用服务通过制定终端与平台通信的标准协议，研制能够与平台进行实时通信的北斗/GPS 双模车载终端，满足行业用户的业务需求，并为示范推广形成产品和技术储备。

卫星导航定位车载智能终端研制分为终端硬件研制和终端嵌入式软件开发。图 8.3 是基于北斗/GPS 双模导航模组的车载导航定位终端方案原理图。双模导航模组接收北斗/GPS 卫星信号并通过运算处理后得到实时车辆位置、时间和速度等信息，经车载监控处理单元数据处理获取监控所需信息，通过移动通信网络与监控中心进行双向数据通信，可实现报警、定位、信息采集、人机交互等功能，可对车辆进行实时的远程调度、监控及管理。

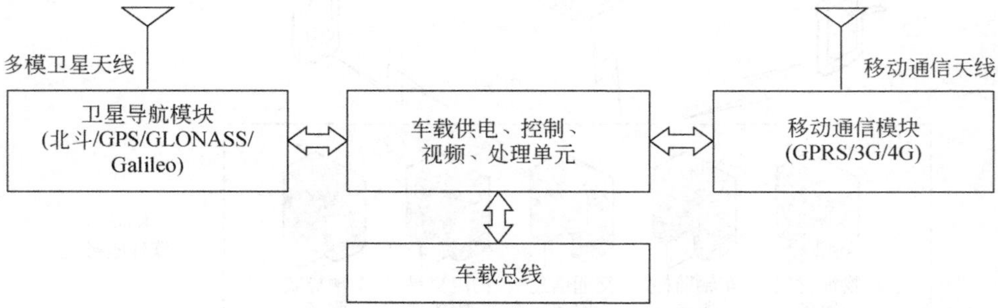

图 8.3　卫星导航定位车载智能终端方案

卫星导航定位车载智能终端方案中各部分功能如下。

(1)导航模块：接收北斗/GPS卫星信号，解算出车辆的实时位置、时间和速度等信息，并发送给车载监控处理单元。

(2)车载监控处理单元：运行监控终端的控制处理程序，进行数据处理和外围信息采集。

(3)设备控制，主要包括报警、定位信息、车辆状态显示及采集、数据存储、通信协议处理以及相关接口。

(4)移动通信模块：负责车载监控终端与控制中心之间的通信。

(5)电源：负责系统供电。

8.2.3　应用功能

位置服务与公共信息平台能够采用云计算、3S(GPS、GIS、Remote Sensing)等技术接入移动通信网、互联网的服务请求，提供地图下载、位置服务、终端通信、终端控制、图像监控、报警预警、车辆调度、统计分析等基础服务，支持终端系统厂商的服务对接请求及系统开发商的二次开发需求。

位置服务与公共信息平台针对物流行业信息化建设满足用户需求的业务应用系统，为用户提供云计算体验的物流电子政务、物流电子商务、车辆动态监控、位置服务、安全救援、信息交换、分析、辅助决策等服务，以信息化为手段，提升政府和企业的管理效率，降低运行成本，实现智慧化的物流管理方式。

卫星导航定位车载智能终端由嵌入式处理器(CPU)、只读存储器(ROM)、随机存储器(RAM)、北斗/GPS导航模块、车辆行车记录模块、移动通信模块、智能一卡通读写模块、多媒体服务模块等多个模块构成。同时提供油耗传感器接口、温度传感器接口以及汽车CAN总线接口。可以实现车辆定位监控、车辆行驶安全监测与告警、多模卫星导航定位、位置报告、物流导航、实时路况、指挥调度、货物配载、运力上报、电子运单、影音娱乐等功能。

系统宏观上结合用户单位物流行业现状，顺应物流行业发展方向，紧扣多方用户需求，以促进运输与物流企业全面发展，以及各相关部门跨行业的交流与合作，提高物流服务能力和效率，加强政府管理部门对货运市场的监管能力为主线，以数据获取、整合和共享为核心，以信息安全为基础，面向决策支持行业主管部门、运输与物流企业和社会公众，提供可靠、有效、实时的信息服务，充分体现货运与物流信息资源的开发与利用，促进企业群体间协同经营机制和战略合作关系的建立；为支撑政府部门之间行业管理、市场规范管理等交互协同工作机制的建立及科学决策提供依据；提供多样化的物流信息增值服务。另外，系统还从物流过程出发，重点考虑货运枢纽、物流园区等货运物流节点信息化服务发展趋势，提高货运场站、物流园区信息化水平，规范管理，可以达到充分发挥货运物流过程中"以点带面"的积极作用。

卫星导航在交通物流行业的应用能够改变目前道路运输行业安全监管不到位，尤其是对物流车辆缺乏必要的监管和信息收集手段，各类信息相对分散不易监管，同时尚未形成监管与处罚动态的有效衔接，造成从业人员信用考核基础信息不全；其次，利用我国自主可控的北斗卫星导航系统可以着重解决车辆位置信息服务主要依托于国外GPS卫星导航的不利局面。物流车辆监控监管平台在道路运输行业中的推进，可以进一步健全各级道路运输管理机构建设的监管系统功能，形成平台逐级考核管理模式，保障系统的长效运行机制。另外，在满足政府对物流行业的监管需求的同时，物流公共信息服务平台可以为生产企业和物流企业提供物流电子商务平台，为双方提供权威、可信的物流交易平台，实现物流业务外包和管理。

8.3 市政管网行业应用

8.3.1 概述

在智慧城市管理领域，以水、电、气、热等关系民生的市政管网城市生命线基础保障服务中，对于精准位置的需求非常迫切。随着城市范围扩张，城市管道长度不断延伸，覆盖区域越来越大，加上城市环境复杂多变等诸多因素造成安全隐患数量多、分布广、不易发现和处理，给城市生命线相关企业的运营管理带来很大的挑战，往往需要投入庞大的人力物力去维持运行。随着北斗系统的不断完善，北斗精准位置服务使越来越多的城市生命线管理企业从传统的管理方式发展到更智慧化的综合管理，通过将北斗精准位置服务深度结合日常业务应用，能够改善运营管理面临的诸多难点。

近年来，各类市政管网管理中事故频发，多次重大安全事故造成了极为恶劣的影响，严重损害了国家和人民群众的财产和生命安全。急需从规划建设、运营维护等多个方面展开更精细化的管理，北斗精准服务的应用迫在眉睫。由中国卫星导航定位协会推动建设的“国家北斗精准服务网”已经覆盖了全国 400 余城市，为燃气、排水、供热、电力等行业提供应用服务。目前北京讯腾智慧科技股份有限公司在建设运营“国家北斗精准服务网”的基础上，尤其针对市政管网行业，从施工建设开始就提供了管网全生命周期的北斗精准服务，着重针对城市燃气行业开展应用。

8.3.2　应用方案

随着我国经济的快速发展，与广大城市民众生命财产安全息息相关的地下管网行业越来越受到全社会的重视，这其中，燃气管网由于其在安全领域特殊属性而受到了格外的关注；与此同时，全国各大连锁及单体燃气公司原有的地下管网数据则很难匹配更高精准度的管网应用需求。

1. 燃气管网施工管理

国家北斗精准服务网在燃气领域的应用正是通过简单、易用的智能精准定位终端，让燃气应用的各个环节都可以获取精准的时空信息，从而不断完善和修正地下管网数据。而在各个环节之中，管网施工作为管网数据获取的数据源头和初始化阶段，对其施工精准数据的采集和管理就显得尤为重要。

通过将北斗精准位置服务引入管网施工流程中，可以在施工测量、工程放样、埋设位置、焊口定位、属性回传及管网复测等环节随时采集和应用厘米级精准位置信息，再通过智能终端和订制 App 的开发，后台 GIS 及各个应用系统可以实时、准确获取到现场施工的第一手信息和材料，保障管网施工的高效开展和精准数据的有效采集。某管网施工服务平台如图 8.4 所示。

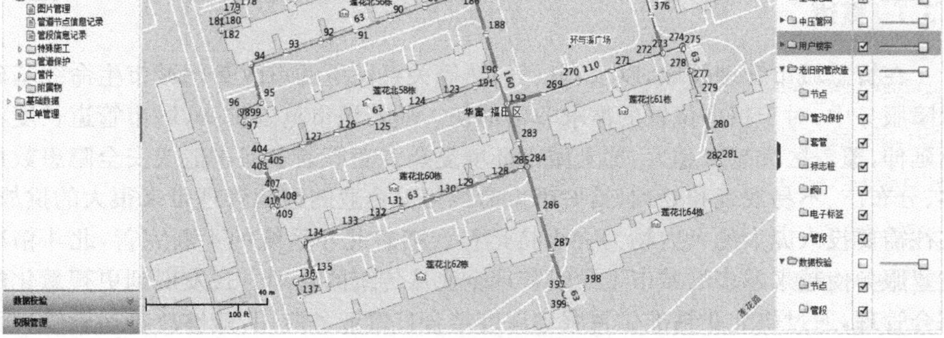

图 8.4　某管网施工服务平台

2. 燃气管线寻件

长期以来，燃气公司在进行地下管线的改线、抢修等开挖作业过程中，如何快速、准确地确定地下管线、管件和焊口等关键部件的位置便成为了现场作业的重大难题和第一要务，这一方面是因为原有的地下管网数据准确性和可靠性不足，另一方面也与缺乏现场定位、寻件手段有着直接关系。

在管网GIS信息准确性得到保障的前提下，国家北斗精准服务网提供的厘米级精准寻件服务将人员位置与部件位置实时比对并提供方向指引和导航，并在进入部件上方1m范围内进行鸣音提示，使燃气公司在现场作业的寻件时间大为减少，节约了大量人员和工程成本，提升了现场作业的效率与管理决策的有效性。

3. 燃气管线巡检

燃气管线巡检是指燃气管道管理部门通过对其所管辖范围内的燃气管道进行的定期巡视、检查，以保证石油输送的安全，防止偷气、漏气的现象发生。目前，很多燃气公司虽然实施了各种信息管理系统，但由于燃气管线巡检的特殊性，需要实地操作，燃气管线巡检的信息化管理几乎是个空白。一般来说，燃气管线巡检具有工作面积大、线路长、环境复杂等特点，对燃气管线巡检工作的监管提出越来越高的要求。

长期以来，燃气管线巡检采取手工记录或电子信息标签（按钮）的方式进行，并不能达到实时监管、汇总分析的效用保障要求；国家北斗精准服务网应用于燃气行业后，利用北斗精准位置服务结合各类管线巡检业务流程，使得巡检人员监控实现实时与管线位置后台比对、巡线到位率精确分析，并将现场事件实时采集拍照回传，实现了高效、精准可量化的巡检业务模式。

4. 燃气泄漏检测

城市燃气管线分布于城市的地下，一旦泄漏会造成巨大的经济损失及人身伤害，及时发现并迅速准确定位泄漏点的位置成为燃气泄漏检测面临的首要任务。传统的泄漏检测作业主要通过手持入户检测、道路便携巡检和车辆激光检测等手段测定附近的可燃气体浓度信息，从而判定泄漏隐患情况，数据属性较为单一，无法进行长期数据积累后的定量模型分析，不能够精确地反应管网整体的泄漏健康情况。

国家北斗精准服务网应用在燃气管理以来，通过对泄漏检测、监测设备装置进行改造，把北斗精准位置服务融入管网泄漏检测业务中，实现了检测数据与亚米级、厘米级精准位置的自动匹配，极大程度上减少检测盲区，增加日常微小隐患的发现概率，避免次生灾害，提高了管网运营的精细化和数字化管理水平；同时，北斗精准位置服务“激活”了燃气泄漏检测历史数据，通过数据融合，经过智能分析计算，对管网实现安全监测在时间范围和空间范围上的整体安全状态评估，为及时发现管网隐患提供智能化技术支撑。燃气精准泄漏检测如图 8.5 所示。

图 8.5　燃气精准泄漏检测

5. 燃气防腐层探测

埋地管道是管道组成的重要部分，由于埋地铺设、地理环境复杂多变，不适合运用常规方法进行检验，随着时间的推移，在施工、土壤腐蚀、地面沉降等因素影响下，管道的防腐层会发生老化发脆剥离脱落，造成管道的腐蚀穿孔，从而引起泄漏，管道防腐管理是各个燃气公司运营管理的重要内容。

国家北斗精准服务网提供的北斗精准位置服务与原有的管线探测仪、探地雷达等防腐层检测手段相融合，一方面可以让现场作业人员根据 GIS 的精准位置信息快速确定管线阀门及阴极桩等基础设施的准确位置；另一方面可以在防腐层检测的同时记录巡检精确位置，并通过现场或后台进行自动匹配，使得每一个防腐异常点都伴随着精准位置信息，为开挖检修及排查提供坚实准确的数据支撑。

6. 燃气应急救援快速部署

城市燃气管道输送的天然气的主要成分是甲烷。可燃性混合物能够发生爆炸的最低浓度和最高浓度，分别称为爆炸下限和爆炸上限。当混合气云中甲烷的含量超过阈值时，就要组织人员撤离。

应急救援快速部署系统专门用于危险化学品应急事故现场快速处置，为应急事故的决策者和救援人员提供了多种化学危险和人员危险的监测信息，可以提供全方位的危险气体和化学物质的浓度分布、发展控制信息、气象信息和救援人员生命体征数据信息。

结合北斗精准位置服务，在燃气泄漏应急现场快速部署相应防爆系统，能够为指挥中心及现场操作人员提供精准位置的第一手现场数据信息，实现对应急现场各个监测点泄漏浓度的实时监测，从而建立一套完整的区域监测体系，保障应急现场人员安全和作业安全。当监测点泄漏浓度超限时，复合式气体检测仪能够及时有效地进行声光报警，有力地保障应急现场人员安全和作业安全，如图 8.6 所示。

图 8.6 燃气应急救援快速部署

8.4 养老关爱行业应用

8.4.1 概述

中国老龄化程度超前于经济社会发展水平。“未富先老”意味着社会能提供的资源非常有限，各方面的准备也不够。人口老龄化快速发展的现状，正在对我国的经济、社会乃至个人、家庭带来巨大而深刻的影响。

国内传统的养老模式无外乎家庭养老和机构养老两大类。中国老人入住养老机构的比例约为 1%，以传统文化形成的家庭观念，让绝大多数老人在选择养老方式中对家庭养老情有独钟。老人在家中养老，既方便子女尽赡养义务，也有利于老年人享受天伦之乐。但是家庭的小型化趋势造成了家庭养老功能的不足，所以必须有社会化的服务提供支持。

我国正在建设以居家养老为基础、社区为依托、养老机构为支撑，资金保障与服务保障相匹配，基本服务与选择性服务相结合的养老社会服务体系，将基本实现人人享有养老服务。在积极推进居家养老服务工作方面，鼓励社会团体和企业从事居家养老服务。以位置服务(LBS)、互联网、物联网为依托，集合运用现代通信与信息、计算机网络等智能控制技术提供养老服务的平台，建立起“没有围墙的养老院”，为老年人提供安全便捷健康舒适服务的现代养老模式。

根据国家《社会养老服务体系建设规划(2011—2015年)》内容显示“加强社会养老服务体系建设，是扩大消费和促进就业的有效途径”。庞大的老年人群体对照料和护理的需求，有利于养老服务消费市场的形成。据推算，我国老年人护理服务和生活照料的潜在市场规模超过4500亿元，养老服务就业岗位潜在需求超过500万个。

8.4.2 关键技术

基于北斗卫星定位系统、无线通信技术、家庭物联网技术、RFID技术，采用北斗兼容型模块，结合老人对亲情服务、紧急救助、健康检测、居家养老服务等多方面的需求，可以把养老运营机构、养老服务商、救援机构、医疗机构等整合在一起，为老人打造一套现代养老整体服务解决方案，由智能位置服务平台和北斗兼容型个人位置终端两部分组成。

具有空间位置云服务及空间决策系统的现代养老智能位置服务平台，提供服务所需的所有模块，包括地理信息服务、终端管理、用户管理、社区服务管理、呼叫中心、医疗专家系统等。本地化的养老服务机构整合当地的养老和社区服务资源，提供可视化图像操作界面，使用本平台为老人提供紧急救助服务、健康参数检测及统计分析、居家养老服务与社区服务。老人的家人通过此平台随时了解老人的位置信息、身体状况，并可进行防护圈设置和语音提醒等亲情关爱服务。用户终端为老人提供一键通话、一键紧急求助、语音提醒和健康参数无线采集。目前北京长虹佳华智能系统有限公司开发的“关护通”养老服务平台与基于北斗的用户终端已经和中国联通进行合作推广，覆盖了全国二十余省、市、自治区，为数百万老人提供了养老、健康和社区服务。

1. 智能位置服务平台

服务平台核心系统由应用服务、终端接入服务和数据存储系统组成，同时通过内容及服务标准接入接口层与地图服务、内容服务等系统相连接。系统总体架构主要分为三层：接入层、业务层、接口层。服务平台系统框架如图8.7所示。

通过三层系统架构设计，可以有效支持业务功能增加所引入的变化，并且有效隔离某一个层次的变化，减轻某个层次变化而引发其他层次应做的修改，减轻不同层次之间的耦合度。通过支持系统进行扩展，例如，通过支持终端协议的多个版本，可以支持不同终端，而在接入层增加终端协议处理模块不会在业务层、接口层引入。

服务平台的应用服务由信息交互、信息发布管理、定位监控、日程管理、费用管理、统计分析、用户管理、权限管理、设备管理等业务模块组成，根据业务需求通过

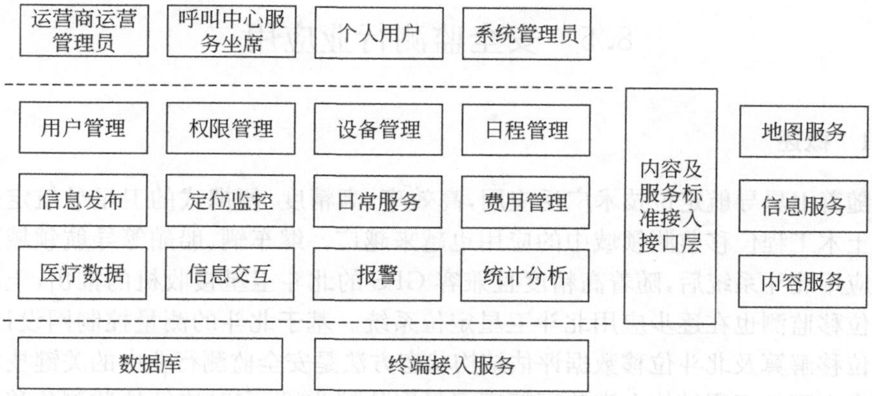

图 8.7　服务平台系统框架图

B/S 模式分别向运营服务商运营管理员、呼叫中心服务坐席、个人用户、系统管理员等角色提供服务。

2. 北斗兼容型个人位置终端

如图 8.8 所示，北斗兼容型个人位置终端采用模块化硬件设计，通过 MCU 对任务进行调度处理，采用支持北斗/GPS/GLONASS 的定位模块，保证不同系统的可用卫星均可参与联合定位。内置 3D 加速度传感器可以检测到终端持有者的运动量、跌倒、姿势等，当老人跌倒时能够及时发出报警信息。底座中内嵌无线传输模块，通过串口与终端连接，组成无线医疗网关，负责采集无线医疗设备的数据，并通过无线通信传输到服务平台。服务平台可以与社区医院等医疗机构对接，将老人的健康状态及时反馈给医生。如果有紧急情况，可以非常及时地进行处理。

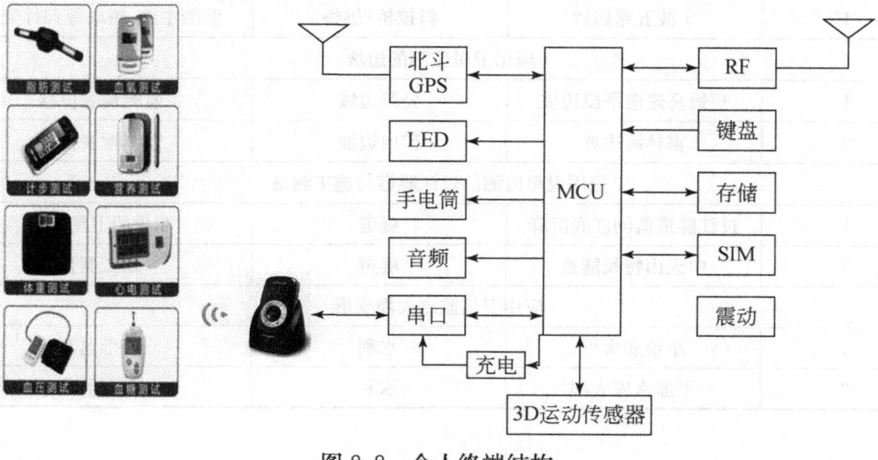

图 8.8　个人终端结构

8.5　安全监测行业应用

8.5.1　概述

随着卫星导航定位技术广泛应用，高效率、高精度、便携式的卫星导航定位设备在土木工程位移监测领域中的应用也越来越广。继车辆、船舶等导航领域开始逐步应用北斗系统后，随着高精度且兼容 GPS 的北斗卫星接收机的推出，土木工程的位移监测也在逐步应用北斗卫星定位系统。基于北斗的测量控制网设计、高精度位移解算及北斗位移数据评估结构状态方法是安全监测行业中的关键技术。

在大型的工程结构上安装高精度卫星定位接收机，实时连续地监测位移与变形，将位移监测与其他监测指标(应力、振动等)进行分析，掌握结构的运行状态，预测其行为特性，可以实现对大型结构的安全预警与智能管理。这种基于卫星定位的位移监测技术已经在特大桥梁、公路边坡、隧道施工、矿区安全、地震监测、水利设施等多个领域开展了应用示范。通过这种技术将卫星定位测量的高效率、高精度、强适应性充分发挥出来，完成了对大型结构物三维变形位移的实时测量。表 8.1 列举了国内外已经安装了卫星定位监测的部分重要工程。

表 8.1　卫星定位技术在大型工程位移监测中的应用

应用卫星位移监测的特大桥梁			
编号	工程名称	类型	应用情况
1	杭州湾跨海大桥	斜拉桥	监测主梁、桥塔等部件变形
2	润扬大桥	悬索桥	监测主梁、桥塔等部件变形
3	广州珠江黄埔大桥	斜拉桥+悬索桥	监测主梁、桥塔等部件变形
4	宁波五路四桥	斜拉桥/拱桥	监测主梁、桥塔等部件变形
应用卫星监测的边坡			
1	福银高速南平段边坡	公路边坡	监测地表位移
2	霍林河边坡	矿山边坡	监测地表位移
应用卫星监测的过江隧道与施工测量			
1	过江隧道监测江底沉降	隧道	测量船卫星定位
2	中天山特长隧道	隧道	施工测量
应用卫星监测大坝变形			
1	小浪底大坝	水利	变形监测
2	平原水库大坝	水利	变形监测

续表

其他			
1	香港理工大学大厦	高层建筑	监测风振变形
2	天津地区地壳垂向形变	地震监测	监测地壳形变
3	新加坡共和广场大厦	高层监测	监测变形

从表中可以看出以卫星定位技术在大型工程健康监测中的应用已十分广泛，内容涉及特大桥梁、隧道边坡、水利工程、高层建筑以及地震监测。以桥梁为例，由于卫星定位测量不需要通视、可以全天候自动测试，在桥梁运营信息化管理中得到广泛应用，特别是特大桥梁的健康监测系统中都研究安装或准备安装基于卫星定位的位移监测系统。例如，法国于 1995 年对全长为 2141m 的诺曼底大桥进行了测试，证明了 GPS 能够以厘米级精度进行实时水平位移监测。英国从 1997 年开始用 GPS 进行悬索桥监测的应用研究，对主跨为 1410m 的亨伯大桥进行了振动位移测量，试验结果与模型结果吻合。青马大桥于 1998 年进行了 GPS 实时监测位移的实验，在 5 级风力时，桥体横向最大位移为 64mm，周期为 16s，测量结果符合设计计算值。虎门大桥基于 GPS 的自动化实时位移监测系统于 2000 年开始运行，是内地首次应用 GPS 技术对悬索结构特大型桥梁进行实时监测。

8.5.2 关键技术

利用基于北斗/GPS 双模式的兼容型高精度位移监测接收机，可以实现远程无人值守实时监测预警网络系统，从而利用北斗卫星定位系统实现公路基础设施、大跨度桥梁、公路高边坡位移监测工程。系统结构如图 8.9 所示，其中的关键技术如下。

1. 北斗/GPS 双模式的兼容型高精度位移监测接收机设备

(1)适用于大型结构物形变监测的北斗与 GPS/GLONASS 兼容双频高精度接收机，需要选用具有同时接收和处理北斗/GPS 卫星双频信号能力的 OEM 模块，并且需要配置相应的双频测量型天线。考虑到数据存储和传输，还应该配备相应的大容量存储单元和移动通信传输模块。另外，还需要配备不间断电源以保证监测的连续性。形变监测系统功能框图如图 8.10 所示。

(2)针对大跨度桥梁、公路高边坡复杂环境的多路径探测技术及消除方法。在大跨度桥梁施工及运营中，由于钢结构构件多，进行卫星定位时，多路径效应将成为主要干扰源之一。由于多路径效应受测站环境、星座情况、观测时间等因素的影响，很难精确模型化，一般将多路径效应当做随机误差处理，这在精度要求不高或采用大量观测数据(如 1 天)进行数据处理分析时是可行的，但对于大型结构物变

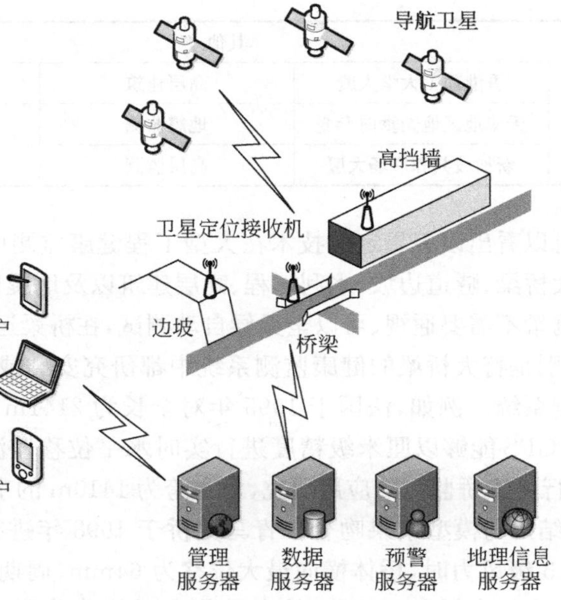

图 8.9　卫星定位在安全检测中的应用

形监测，如果要使单历元变形监测结果达到毫米级精度，则必须采用适当的方法，通过获取精密轨道星历、双差法消除对流层、电离层误差，获取接收机钟差，结合通过联测国际 IGS 站得到高精度的点位坐标，解析出多路径相应误差。

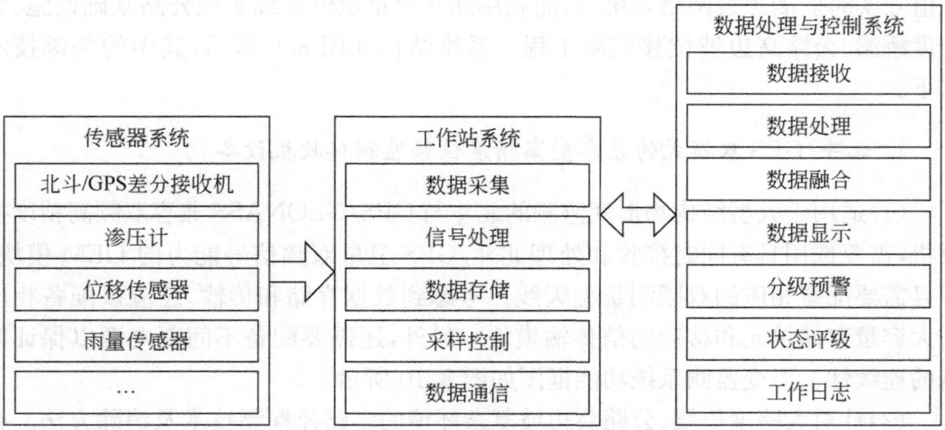

图 8.10　形变监测系统功能框图

(3)兼容型北斗位移监测接收机高程测量精度达到毫米级的方法。公路高边坡、大跨度桥梁等大型结构物变形监测要求高程精度也要达到毫米级，由于高程精度与大气延迟误差等强相关，相比平面位置的精度，高程精度要差一些，即使在静态监测时，也很难达到毫米级精度，在动态监测时就更差。针对中长距离基线，可以采用北斗/GNSS组合精密单历元单点定位算法提高精度，解决在变形监测中实现毫米级精度的实时监测。

2. 大型结构物的实时监测安全预警系统

长大桥隧、公路边坡的位移监测系统需要以卫星定位系统为核心并结合其他监测指标构建大型结构物的实时监测安全预警系统，利用以位移监测为主导的多指标数据融合分析评价技术，通过卫星定位实现对大型结构物状态评估与安全预警，内容如下。

1)特大桥梁结构位移监测、状态评估与安全预警

《公路桥涵设计通用规范》规定，总长大于1000m或单跨超过150m的桥梁属于特大桥。我国桥梁总数689417座，特大桥2341座，建立特大桥梁的位移监测系统包括卫星测点监测网设计、卫星监测系统集成、数据分析、安全预警方面的内容。

卫星测点监测网设计主要包括结构关键位置遴选与测点控制网设计两方面。关键位置遴选是通过有限元计算找到结构物最需要的监测位置，测点控制网设计是通过优化卫星测点网的形状使精度达到最高。因此本节内容是要结合有限元结构分析与测量控制网优化两种方法，既要遴选出结构物的关键监测点，又要使监测网的形状达到最高监测精度的要求。

卫星监测系统集成研究是指通过将结构位移监测与应力监测、振动监测、环境监测结合，建立以位移分析为主的多指标数据融合分析评价技术。数据分析是通过对卫星位移监测数据的分析，掌握结构的位移变化，通过模态分析、有限元计算等多种手段，结合应力、振动等其他监测指标完成对结构物状态的评估。安全预警是当评估结果达到不安全的状态时进行及时的预警与报警。目前预警信息的传输主要通过电缆、光纤与手机通信网的方法传送，在常规条件下预警信息可以传送，但是发生比较重大的灾害(地震、泥石流)时，有线中断、通信基站倒塌，手机信号无法传送时，监测信息便很难传输了。利用北斗卫星通信系统，可以将重要的监测信息通过卫星信号传输，克服了常规传送方式的局限性，从而可以构建一个利用卫星监测位移同时又利用卫星进行信息传输的卫星安全监测平台。

2)高等级公路边坡稳滑塌、隧道周边地质灾害及软质路基下沉的监测及安全评估

公路边坡滑塌、隧道周边滑塌与软质路基下沉是目前我国频发的地质灾害，主要原因就是对土体的位移缺乏有效的监测，通过卫星定位系统可以对土体滑移进行有效监测，实现对公路边坡与隧道周边土体滑移的监测。采用北斗兼容型高精度位移监测、卫星遥感数据接收处理系统等技术，可以建立具有高可靠性和时效性

的公路边坡、软质路基及隧道周边地质灾害监控系统。利用北斗卫星所具有的定位和通信双重功能，解决边坡位移数据监测及数据传输的问题。

3. 基础设施安全运营监控中心

随着信息化的发展，利用卫星定位导航技术（北斗/GPS）、地理信息系统（GIS）、遥感技术（RS）可以建立特大型桥梁、重要公路、隧道等基础设施的安全运营监控中心。北斗导航系统可以发挥卫星通信、定位监测、导航监控的功能，通过在桥梁、隧道等重要设施安装卫星监测设备，可以实现对结构物本身的位移监测、设施所处环境的遥感监控，再通过 GIS 技术构建重要基础设施的地理信息系统，通过卫星遥感监测重要公路基础设施运营环境，将监控结果实时地反映在监控中心，达到实时监测与安全报警的效果。

8.6 应急救援行业应用

8.6.1 概述

北斗卫星导航系统具有用户与用户、用户与地面控制中心之间的双向报文通信能力。系统一般用户一次可传输 36 个汉字，经核准的用户利用连续传送方式一次最多可传送 120 个汉字。这种简短双向报文通信服务，可以有效满足通信信息量较小但即时性要求却很高的各类型用户应用系统的要求。这很适合集团用户大范围监控管理和通信不发达地区数据采集传输使用。对于既需要定位信息又需要把定位信息传递出去的用户，北斗卫星导航定位系统将是非常有用的。需特别指出的是，北斗系统具备的这种双向简短通信功能，目前已广泛应用的国外卫星导航定位系统（如 GPS、GLONASS）并不具备。

基于北斗卫星导航系统的导航定位、短报文通信以及位置报告功能，可提供全国范围的实时应急救援指挥调度、应急通信、信息快速上报与共享等服务，显著提高了应急救援的快速反应能力和决策能力。

北斗卫星导航系统与应急救援技术的发展相结合，可以为旅游者、户外运动、自助游、专业救援行业提供服务。利用北斗系统独有的短报文位置回报功能，建设基于北斗兼容系统的户外应急救援平台，应用北斗兼容型应急救援终端，可以满足在无公共通信网络覆盖的情况下，提供救援信息服务。

8.6.2 应用方案

基于北斗卫星导航系统的户外应急救援服务平台包括：数据中心、运营中心、客服呼叫中心。救援信息服务平台架构如图 8.11 所示。

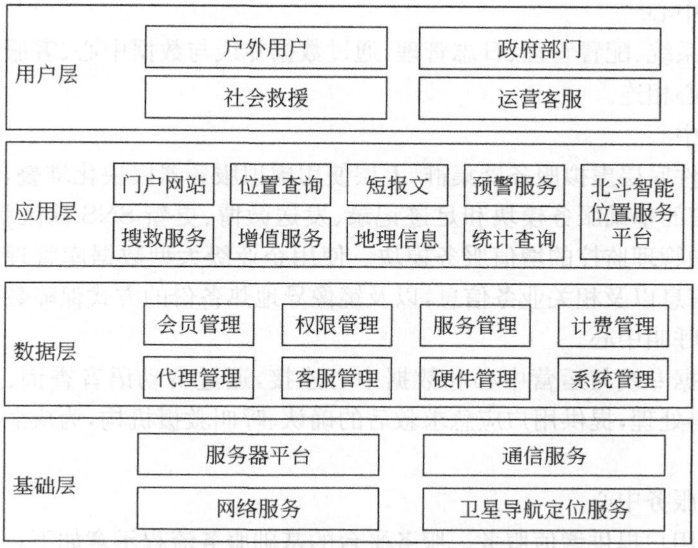

图 8.11 救援信息服务平台架构

用户按下紧急求救按钮可以向北斗卫星发送信号,北斗卫星向地面站转发,地面站收到转发信号后,计算出用户的位置,并将用户信息和位置信息通过数据专线发送到带宽数据中心,数据中心将数据保存后根据运营中心设置的业务分发规则,将启动基础服务模块,调用 GIS,将用户发出紧急求救信号的位置在客服呼叫中心用声光信号进行报警提示,客服呼叫中心收到报警后向用户所在地的救援机构提供用户的位置等信息,救援机构根据用户位置等信息向用户提供救援服务。

应急救援服务系统网络图如图 8.12 所示,各中心具有如下功能。

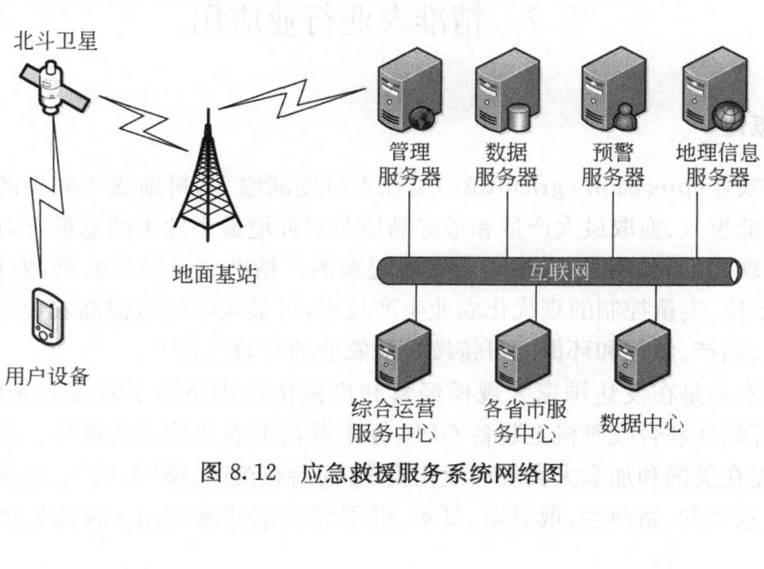

图 8.12 应急救援服务系统网络图

1)运营中心

负责主系统、配置管理、日志管理,通过数据专线与数据中心、客服呼叫中心和各区域分中心相连。

2)数据中心

采用硬件底层虚拟服务器集群,上层使用虚拟服务器模块化堆叠,包括应急求救、文字短信的基础服务模块和足迹记录、发送微博、更新 SNS 社区状态、车辆管理监控、船舶管理监控的增值服务模块。使用企业级大型数据库管理和保存用户信息、地图信息以及相关业务信息,以及镜像异地热备份的方式保障数据安全。

3)客服呼叫中心

使用数据专线与运营中心和数据中心连接,通过自动语音查询、人工坐席服务、信息资料处理,提供用户应急求救后的确认、呼叫救援机构,为应急救援终端的用户服务。

4)应用服务中心

向系统用户提供增值服务。服务平台的基础服务流程示意如下:

(1)使用者随身携带救援终端,根据不同情况,按下功能键;

(2)救援终端通过北斗系统自动发送求救信号;

(3)北斗系统接收到求救信号,通过解算,将求救信号和用户位置坐标转发给服务平台;

(4)服务平台将救援信息通过电子邮件、短信、即时通信等多种渠道通知到呼救人员预先指定的紧急联系人,同时将救援信息发送至当地救援部门;

(5)当地救援部门根据传回的用户位置坐标,组织有效救援。

8.7　精准农业行业应用

8.7.1　概述

精准农业(precision agriculture)是在人口逐渐增多、耕地逐年减少的背景下,在追求最低投入、换取最大产量和最好品质及对环境最小危害的意愿下,由农业机械技术和现代空间信息技术相结合发展起来的。精准农业是对农资、农作实施精确定时、定位、定量控制的现代化农业生产技术,可最大限度地提高农业生产力,是实现优质、高产、低耗和环保的可持续发展农业的有效途径[9]。

精准农业是在发达国家大规模经营和机械化操作条件下发展起来的。1995 年,美国开始在联合收割机上装备 GPS,标志着精准农业技术的诞生。20 世纪 90 年代,首先在美国和加拿大实现产业化应用,而后在英国、德国、荷兰、法国、澳大利亚、巴西、意大利、新西兰、俄罗斯、日本、韩国等国家开展应用。在发达国家,精准农业已经形成一种高新技术与农业生产相结合的产业，已被广泛承认是可持续发展农业的重要途径，推广利用精准农业技术，已获得了显著的经济及社会效益。

8.7.2　关键技术

我国是农业大国，精准农业作为一项新兴技术，在北京、陕西、黑龙江、新疆、内蒙古等地建立起一定规模的试验区，但总体上仍处于试验示范和孕育发展阶段。特别是在高精度农业机械精密控制系统产品方面，长期依赖进口产品，严重制约了我国精准农业的发展。

1. 农机精准控制

农机精准控制技术主要包括三个方面。

(1)对农机行驶路线的精准控制，主要是卫星导航农机自动驾驶产品，利用卫星导航定位技术和农机自动驾驶技术，精确控制农机的行驶路径，误差在厘米级，保证了农田的起垄、播种、施肥、喷药、灌溉，以及收割的重复性作业，即使在夜间也能正常作业，大大提高了农田作业效率和效果。由于采用了自动驾驶技术，降低了对驾驶技能的要求，减轻了驾驶员工作疲劳。

(2)对农具的精准控制，主要是农具的变量作业控制产品，如对播种、施肥、喷灌等农具的孔道控制和流量控制。在农业作业实施中，通过长期监测，利用传感器采集农田的土壤墒情、作物长势、病虫害分布、历史产量等信息，结合卫星定位数据进行分析和计算，生成农田状态分布图谱，有针对性地对每一块农田进行精细化作业管理，发掘农田的最大潜力，同时减少了农资的投入，在一定程度上降低了对环境的污染。

(3)面向农业组织的综合管理方案。

卫星导航农机自动驾驶产品在精准农业上的应用最为广泛，全球有多个厂商提供农机自动驾驶产品，包括 Novariant、Trimble、Hemisphere、Topcon、Leica 等。农机自动驾驶产品的组成可分为两部分：卫星导航定位设备和自动驾驶控制设备，针对不同应用需求，产品的组合方式也多种多样。

卫星导航定位设备采用载波相位测量技术，有效提高了卫星定位精度，保证了农田作业的年重复精度。用户可根据不同的作业精度要求，选择合适的卫星导航定位设备。

自动驾驶控制设备的功能是保证作业的农机按照规划的路径行驶，根据作业的要求，可以要求农机沿直线行驶、圆周行驶、特定曲线行驶、智能障碍避让行驶，以及在有效地块内自动规划路径行驶。自动驾驶控制设备根据农机当前的位置和姿态，结合导航规划路径分析和计算行驶轨迹误差，通过控制农机转向系统，及时修正农机的航向。自动驾驶控制设备对农机的控制方式可分机械式控制、液压式控制和CAN总线控制三种，每种控制方式有各自的特点，适用于不同的农机车型和应用场合。

2. 变量作业控制

变量作业的基础是对农田的信息采集与数据分析处理，依靠温度湿度探测、土壤成分检测、光谱分析等自动化测量工具，甚至是人工测量的方式，结合卫星定位数据，建立详细的农田状态图谱，在此基础上进行变量作业。

国外从事变量作业控制技术研究的厂家有Novariant、Timble、Leica、Topcon、AGLeader、Raven、TEEJET、Dickey-John等。他们提供的变量作业控制产品包含多种数据采集传感器、数据分析软件，以及变量播种施肥机、变量喷洒机等。该变量作业控制产品能直接与农机自动驾驶系统的车载电脑连接，在自动驾驶的过程中，采集农田信息或依据农田状态图谱进行变量作业，即根据地块形状播种，根据土壤墒情决定化肥的用量，根据作物的病虫害程度有选择地进行农药喷洒，从而节约了农资的投入，也在一定程度上降低了对环境的污染。

3. 面向农业组织的综合管理方案

在美国等发达国家，精准农业已发展成为空间信息技术与农业生产相结合的综合解决方案。美国的Trimble公司是北美精准农业、GPS和导航解决方案的领导者，可以帮助用户更高效地操控车辆和机具，节省开支，提高产量和生产力。Trimble公司的Connected Farm™是一套能够为整个农场提供实时信息传递的综合管理方案。Connected Farm™只须通过浏览器访问，即可实时管理自己的农场，可以通过自己的智能手机(从Trimble网站下载相关应用程序)或者Trimble的车载终端完成信息采集，上传至自己的关联农场账户。通过浏览器登录农场账户，即可轻松查看、排序和打印相关信息，包括车辆位置数据、发动机的性能数据、车辆报警情况、田块边界信息等，以便用户在任何地点进行管理决策，同时系统会将数据备份，保证数据的安全可靠性。然而，Connected Farm™这种管理方案比较适合家庭农场的模式，无法解决农机大范围跨区作业和局域作业调度的问题，因此国内无法照搬该模式。

8.7.3 应用方案

通过在农场建立北斗CORS站点，设置北斗地基增强网，为精量播种机提供厘米级的RTK差分改正服务，以提高起垄、播种的精度，改善农作物的种植环境和条件。在农机上部署监控、调度和导航型GNSS终端，可以提高农机监管和调度效率。在农场运用数据采集型GNSS终端和移动智能平板终端，进行农业作业信息无线采集、传输与管理，以及农田移动增强管理，可以提高农田信息采集效率、信息化和智能化水平，提高农业生产组织的管理效率和自动化水平。

1. 农机精准控制

农机精准控制主要包括以下三部分。

1)基于北斗卫星导航系统的高精度测量设备研制

基于北斗 RTK 定位技术，结合 GPS 和 GLONASS 卫星综合导航定位技术，研制多模多频 RTK 高精度测量设备，包括 RTK 基准站和流动站，用于农业机械的实时位置测量。为农业机械作业提供空间标尺，使农田起垄、播种、施肥、喷药、灌溉等作业更加精准，保证农田作业的重复精度，最大限度地发挥土地利用率，减少农资浪费，降低环境污染，实现农田的精细化管理。

2)农机精准控制管理操控设备

农机精准控制管理操控设备是农机精准控制系统的控制、计算和管理中心，负责整个系统的作业任务管理、导航路径规划、配置定位测量设备和机械控制设备的工作参数，并协调系统各个部分协同工作；同时，农机精准控制管理操控设备也是农机精准控制系统的人机接口，为用户提供了一个可视化的操作环境，操作者可以通过该设备随时掌握当前的系统任务、工作状态，也可以通过该设备输入对系统的控制命令。

3)农机精准自动控制设备

农机精准自动控制设备，主要是农机自动驾驶控制设备，通过陀螺仪和角度传感器实时监视农机姿态与运动航向，实时自动调整农机的液压转向系统，保证了农机的航迹符合导航路径规划。该设备既能保证农机运动的准确性，实现高精度重复性作业，又能减轻驾驶员的工作强度，使操作者有更多精力关注作物的长势等信息。同时，也使夜间作业成为可能，大大提高了农田作业效率。

2. 面向农业生产组织的管理调度

1)多级农机作业管理调度

稳定的农机作业服务模式是空间信息技术成功应用的基础，能发挥空间信息技术的应用优势。我国农机大范围的跨区作业服务模式经历了 C2C(个人与个人间的商务模式)、C2B(个人与集体间的商务模式)和 B2B(集体与集体间的商务模式)三个主要阶段，并将逐步进入云组织与自组织形态相结合的新阶段。

我国农机作业管理体系可分为三个层次，即主管部门层、农业生产组织层和农机操作手层。自下而上，农业生产组织对所辖农机操作手和农业机械进行监控、管理、调度。相应的，主管部门可以对所辖农业生产组织进行监管和服务。

2)农机作业管理调度系统

能够基于空间信息技术和无线通信技术,利用各种移动智能终端,建立不同层级、办公室与田间之间的数据交互网络,获取农田信息,进行科学决策,调度农机进行田间作业。农机调度系统结构如图 8.13 所示。

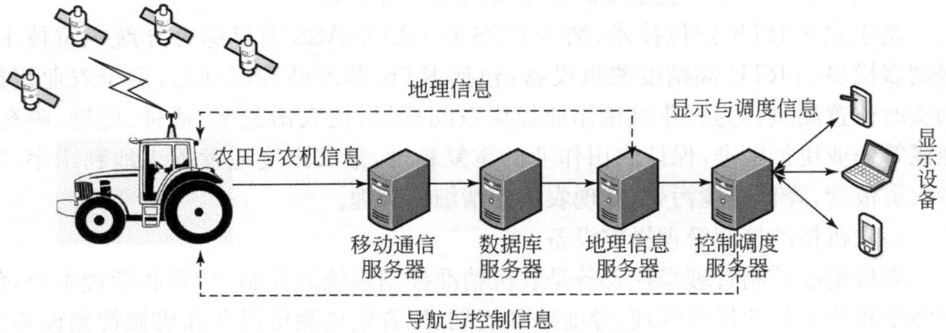

图 8.13 农机调度系统结构

面向农业生产组织的农机作业管理调度系统主要包括以下具体内容。

(1)农业生产作业信息无线采集与管理子系统。通过 GNSS 进行实时定位,可以采集空间信息及相应属性信息(如农田电子地图、主干道、加油站、粮库等信息),采集相应位置的图像,采集农田、作物等属性信息及生产信息,实现基于本地数据库的数据管理、存储,以及与中心数据库间的远程数据实时同步。

(2)农机作业智能决策与时空调度子系统。农机、农田规划分配问题反映在现实中可以表现出多种形式。就数量比例而言,农田与农机的比例可以是一对多、多对一、多对多;就作业内容而言,可以是播种、施肥、喷药、收获等。从本质上分析,可以将此类问题划归为农机时空调度问题,即在规定的时间、区域内以最高的效率(最少的耗费)完成给定的任务。基于 GIS、空间数据库等技术,我们可以开发农机时空调度系统。系统能够实现数据录入、模型运算、甘特图生成、调度指令生成等功能。

(3)农机状态自动识别与精准统计子系统。农机运行的全过程可以划分为停放、转移、作业、转场等四个主要的工作状态。利用农机车载定位终端信息上报的农机经度、纬度、高程、速度、方向、时间和可用卫星数等信息,可以实时监控和判断农机的各个状态,实现计算机自动提取,实现农机管理的自动监控、作业统计和路网更新。

(4)农机移动监控与中心导航子系统。车载终端定时将位置上报服务器,移动监控终端采用定时器以一定的时间间隔获取农机最新位置,局部刷新地图区域,将农机的位置实时显示在地图上,并根据农机的速度推测它的作业状态,以不同颜色的图标显示。管理人员可以实时、直观地了解农机的位置与状态。移动指挥人员根据作业任务的需要，在地图上选择确定所辖农机作业的目的地，下发到车载导航通信终端中。车载终端获得中心导航指令短信后，提取目的地经纬度，并在终端上生成并显示最优路径，进而以语音导航的方式引导机手前往目的地。

8.8　电力授时行业应用

8.8.1　概述

卫星授时系统是关键的国家基础设施之一。精密时间是科学研究、科学实验和工程技术等诸多方面的基本物理参量，它为一切动力学系统和时序过程的测量和定量研究提供了必不可少的时间基准；精密授时在电力、通信、控制等工业领域和国防领域有着广泛和重要的应用。我国北斗一号采用 2.4GHz 频点，由于 2.4GHz 信号易受 WiFi、微波等相邻频点信号干扰，对北斗一号授时工程建设中的天线选址、安装、北斗授时性能都产生了较大影响，无法确保北斗一号卫星授时在电力时间同步系统的可靠应用，极大地影响了电力时间同步系统北斗卫星授时的规模化应用。北斗二号采用 1.5GHz 频点，由 35 颗卫星组成，2013 年已正式商用，空间干扰较少，有利于北斗卫星授时在电力系统的大规模应用。

卫星授时发展迅速，已广泛应用于电力、通信、交通、军队等领域。在我国国民经济建设中，各行业对卫星授时的需求越来越广泛，精度要求越来越高，如电力行业中的电力调度自动化、通信系统等的时钟同步系统；通信网中的交换机、接入网、传输网、计费系统、网管系统等时间和时钟同步；移动基站的时钟同步，交换机和网管等系统的时间同步；广电领域的单频无线覆盖；交通领域的指挥调度系统；金融、证券系统的统一时间系统等。在我国国防建设中，时间频率是关系战争胜败的重要因素，部队协同作战、精确打击评估、军事通信、测控与武器发射等领域对时间和频率精度都提出了很高要求，武器装备、通信系统、指挥自动化系统、打击评估等都需要高精度的时间基准。目前，我国卫星时频应用呈现出需求广泛、安全隐患突出、北斗产业基础薄弱等特点。我国电力、通信、交通、广电等领域主要采用 GPS 授时，我国北斗二号卫星授时需求迫切、市场前景广阔。

电力系统是时间相关系统，无论电压、电流、相角、功角变化都是基于时间体系的参量；超临界机组并网运行、大区域电网互联、特高压输电技术都是基于统一的时间基准。电网安全稳定运行对电力自动化设备提出了新的要求，特别是对时间同步的精度和可靠性提出了较高的要求，要求继电保护装置、自动化装置、安全稳定控制系统、能量管理系统和生产信息管理系统等基于统一的时间基准运行，以满足同步采样、系统稳定性判别、线路故障定位、故障录波、故障分析与事故反演时间一致性要求，确保线路故障测距、相量和功角动态监测、机组和电网参数校验的准确性，以及电网事故分析和稳定控制水平，提高电网运行效率和可靠性。

8.8.2　关键技术

电力系统需要精确的时间同步，主要包括以下方面。

1. 在故障分析中的应用

现代的微机型智能保护装置一般都有故障数据记录或带时标的动作报告，利用这些数据，可以方便地进行故障分析。如没有统一时间基准，建立在这些故障记录上的分析将是没有意义的。在变电(厂)站内安装的故障录波器、事件记录仪、微机继电保护及安全自动装置、远动及微机监控系统中采用统一的时间，将有助于有效分析电力系统故障与操作时各种装置动作情况及系统行为。确定事故的起因与发展过程，是确保电力系统安全运行、提高运行水平的重要保障。

2. 在故障测距中的应用

在输电线路发生故障的瞬间，从故障点向线路两端会产生电压瞬变，即行波。行波信号基于准确的时间基准进行监测和记录后，通过分析两侧接收时间的差异就可以得到准确的故障位置。电力行波测距方法不受过渡电阻、系统参数、串补电容、线路不对称及互感器变换误差等因素的影响，是电力故障分析的重要手段。由于行波传输的速度接近光速，若两侧时间有 $1\mu s$ 的误差，则测出的距离误差 300m。电力系统故障测距对同步时间的精度要求优于 $0.1\mu s$。

3. 在自动控制中的应用

电力系统中许多控制采用定时控制策略，如自动无功/电压控制，调度根据预测的负荷曲线制定主变分接头调整计划和电容器组投退计划，准确的时间同步尤其重要。

4. 频率监视

调度上通过比较电钟(也称工频钟)与标准时间的差异计算系统频率误差积累情况。如果标准时间不准确，这一比较就没有意义，无法满足发电、输配电运行管理的要求。

5. 相位测量

通过电网各节点(电站)之间的电压、电流相位关系，可以准确地了解电力系统的静态与动态行为，进行合理的发电量及负荷调度，采取有针对性地稳定控制措施。系统采用统一的时间基准，使各电站输入信号的采样脉冲同步，准确测量电站间电压、电流的相位。为保证相位测量的准确性，采样脉冲同步误差要尽量小。电力系统要求相位误差优于 1°，就必须要求同步精度不超过 55μs。目前，电力行业技术规范要求时间同步精度小于 1μs，以满足智能电网高精度相位测量的要求。

6. 电流差动保护

在诸多种类输电线路继电保护中，输电线路电流差动保护具有原理简单、可靠性高、适应范围广等优点，是线路保护发展的主要技术发展方向。实现数字式电流纵差保护的技术难点有两个：一是线路两端数据的传送问题；二是两端数据的同步采集问题。数据传送问题容易解决，要彻底解决两端数据的同步采集问题，就必须有高精度的时间同步。

7. 继电保护装置试验

线路纵联保护(如高频相差保护)安装在电路两端的电站里，在系统时钟统一后，两端继电保护试验装置可按预先预定的时间顺序启动产生模拟线路故障的电压电流信号，以便更全面地检验纵联保护装置的动作行为。

8. 在电度采集中的应用

电度数据在进行电网损耗分析时，统一的高精度时间基准是非常重要的，它直接影响到分析结果的准确度。在调度自动化系统计费子系统中，统一的时间基准尤其重要。

综上所述，电力时间同步系统是电网安全、可靠运行的重要基础，是现有电网和智能电网的关键设备之一；电力调度自动化系统、变电站计算机监控系统、火电厂机组自动控制系统、微机继电保护设备、电力故障录波设备、同步相量测量设备等都依赖于高精度的时间基准。电力时间同步系统为各级调度、发电厂、变电站、集控中心提供统一的时间基准，确保发电、输电、变电、配电和用电各环节的时间一致性、采样信息的准确性。

8.8.3 应用方案

1. 基于北斗二号的授时终端

基于北斗二号的授时终端主要由宽带天线/前放单元、RF/IF 射频单元、数字信号处理单元、频率综合单元、定位处理和授时处理单元、显示控制单元及电源单元七部分组成，系统组成框图如图 8.14 所示。

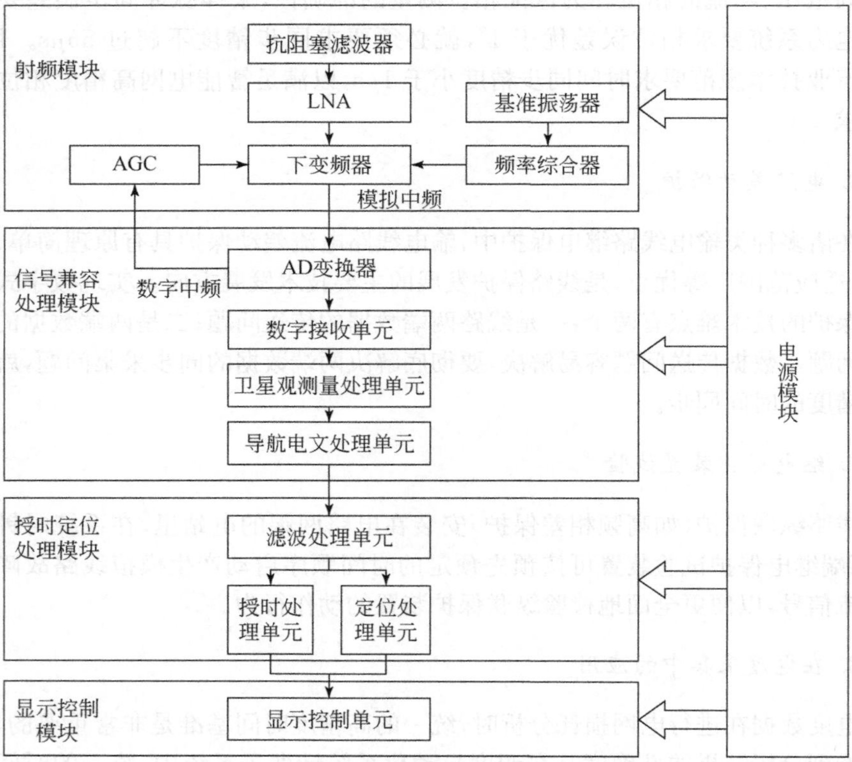

图 8.14　基于北斗二号的授时终端系统框图

北斗二号/GPS 授时终端同时接收北斗和 GPS 卫星信号，北斗二号和 GPS 的射频信号经北斗二号/GPS 双模接收天线，射频信号经选择滤波器、低噪声放大器、镜像抑制滤波器，将卫星导航信号下变频、放大变换到基带附近，通过正交采样将数据送数字信号处理器。数字信号处理器将 RF/IF 单元所产生的 I/Q 采样信号和时钟，连续对多个北斗卫星和 GPS 卫星信号进行捕获、跟踪、伪距测量、电文解调，并将定位数据和完好性数据送到微处理器进行定位解算和完好性计算。频率综合器的参考频率为 5/10MHz，经锁相倍频、分频，综合出所需的各种本振和采样时钟。数字信号处理器在导航定位及滤波微处理器控制下工作，对健康卫星完好性信号进行选择，根据最佳几何精度因子选定所用卫星，提供最佳定位和授时精度，获取电文和测量的伪距后，进行滤波、定位和授时解算，显示位置及时间状态信息。定时处理单元完成连续、精确地测出本地时标与北斗时标的瞬间时差，输出高精度的时频标。显示控制单元对接收机功能进行控制，输入初始设置参数；显示工作状态、位置、时间等信息。

2. 电力全网时间同步系统

电网全网时间同步系统采用省调、地调、变电站/电厂的三级时间同步系统架构，利用电力 SDH 网络 E1 链路传递高精度时间基准，自动消除 SDH 传输时延，卫星和地面时间基准互为备用。省调与地调、变电站/厂站之间通过 SDH 网络 E1 链路传递高精度的地面时间基准(精度优于 $1\mu s$)，为所辖的地调和变电站和厂站提供统一的时间基准，实现电网各级时间同步系统的时间统一。

全网时间同步系统采用逐级汇接的三级网络拓扑结构，由一级时间同步系统(设在省调)、二级时间同步系统(设在地调)、三级时间同步系统(设在变电站、电厂)组成，利用电力 SDH 网络的 E1 业务通道传递地面时间基准，实现全网的时间同步。

8.9 城市管理行业应用

8.9.1 概述

自 2004 年开始，北京市东城区通过运用现代信息技术，结合 3S(GPS、GIS、RS)技术，优化管理流程，探索“网格化城市管理模式”，搭建数字化城市管理平台，明显提高了城市管理效率和政府管理水平，很好地解决了城市运行中的多发问题，取得了明显成效。新模式采用“万米单元网格管理法”和“城市事部件管理法”，实现了管理区域的精细化与管理责任的精细化；并创建了监管分离的管理体系，使各类城市管理问题得以高效解决。在信息采集方面，创新地研发“城管通”系统，一改过去传统的手工记录、电话上报的模式，实现信息实时传递，提高了问题发现的效率。

网格化城市管理模式为城市管理领域带来了巨大的变革，无形中推动了整个城市管理行业的发展，其作用已经在北京市东城区、杭州、常州、成都、石家庄等多个城市或地区得到了充分的体现。目前在全国两百多个城市的实践中，网格化管理模式被证明在其他领域也能够发挥极大的作用。北京市东城区建国门街道借鉴网格化管理模式的理念，结合社会管理创新工作的具体要求，整合基础地形数据、卫星遥感数据、城市三维数据、城市实景影像数据等多项地理信息数据，搭建了全国首创的网格化社会管理服务平台，实现了网格化管理模式从城市管理向社会管理服务领域的拓展。鄂尔多斯市东胜区、昌吉市等城市或地区积极探索网格化管理模式对地下管线及设施的管理，实现地上地下一体化的监管。宁波市将视频智能分析、管理资源定位及智能调度等先进技术手段引入数字化城市管理中，实现“数字化城市管理”到“智慧城市综合管理”的转变。网格化城市管理在全国范围内全面推广，推动了整个城市综合管理行业的发展，引领了行业一个新的方向。

城市管理部门一直以来都在努力通过各种信息技术手段提升城市管理与服务水平，但由于职能划分等体制上的限制，城市管理信息化建设往往陷于自发零散、各自为战的局面，因而其实施效果也相对有限，在加快城市产业转型、提升城市综合竞争力、实现城市可持续发展、推进政府服务升级等方面，往往显得捉襟见肘，难以满足城市迅猛扩张所带来的运营与服务的需求。

城市化进程的持续深入，给城市发展带来了少有的机遇，同时也给城市的规划与管理、社会的稳定与安全、城市的可持续发展等方面带来了严峻的挑战。民生问题亟须解决，城市运营与服务水平亟待提高。在城市管理各类问题日益突出的情况下，不但要积极推广数字化城市管理信息系统的建设，更要利用新技术、新理念、新思路，深化城市管理平台的研究，将卫星遥感、卫星导航、物联网、云计算等新一代信息技术融入智慧城市的建设中，实现一个集信息获取、信息处理、全过程监控督办、分析决策、视频监控、应急联动、联合指挥调度等多位一体的智慧化、全覆盖、全流程的综合性城市管理平台，并基于此平台实现城市各类资源的高度共享，各业务单元的协同联动、快速反应和精确管理，全局统筹指挥、全过程监督考核，面向行动、支撑一线，以人为本、强化服务的智能化城市管理模式。

8.9.2 应用方案

智慧城管立足于建立智慧化的城市管理新模式，采用多种新兴的技术手段，实现城市管理对象、城市管理主体的精细化和智能化。在城市管理对象上，利用事部件划分法、物联网技术等进行数字化、智能化标识与管理；在城市管理主体上，利用手持、车载等终端设备实现人员及各类管理资源的数字化与智能化标识与管理；在管理流程上，利用物联网、视频智能分析等一系列智能化手段，提升管理效率，降低人员消耗。综上所述，根据城市管理监管的需要，智慧城管对位置服务能力、空间基础数据获取和更新能力、专业管理数据获取和更新能力需求强烈。因此，基于北斗导航和遥感数据的卫星技术被认为能够在智慧城管中得到很好的应用。

在智慧城管的应用主要包括以下方面。

(1)利用基于北斗兼容系统的城管精细化实景信息采集处理系统进行智慧城管监管范围内的实景三维数据采集和部件数据建库。

(2)利用网格化城市管理卫星技术综合应用服务平台中的智能位置服务平台及其终端设备，根据智慧城管需求，用户终端能够提供路面巡查、监督考评、现场执法与执法任务处理以及数据分析和监察督办等功能。

(3)利用城管特种车辆监管系统对城市管理相关的环卫车辆、执法车辆和渣土运输车辆实施智能管控。

(4)利用基于高分辨率遥感与定位实景数据融合技术的城管业务动态监管系

统，在城市户外广告、违法建设、行业监管、工地渣土、河道监管、灾后分析等重点管理领域开展示范应用。

网格化城市管理卫星技术综合应用服务平台分为基础设施层、数据层、平台层以及应用层。

基础设施层是指满足网格化城市管理平台正常运行所需的网络环境、软硬件配套设施、场地、安全体系、规范制度等内容。

数据层包括基础地形数据、卫星导航定位数据、卫星遥感影像数据、城管事部件及网格划分数据、地理编码数据、实景影像数据以及城管业务数据。

平台层包括智能位置服务平台、网格化城市管理基础应用系统、城市管理卫星技术应用服务系统以及实景信息采集处理系统四个核心平台，为应用层各功能模块提供支撑服务。

应用层是直接面向用户的功能系统，包括城管、执法、考核、指挥、处理等基于卫星导航与位置服务的系统，以及对环卫车辆、渣土车辆、执法车辆等城管特种车辆的监管系统。

网格化城市管理卫星技术综合应用服务平台总体架构如图 8.15 所示。

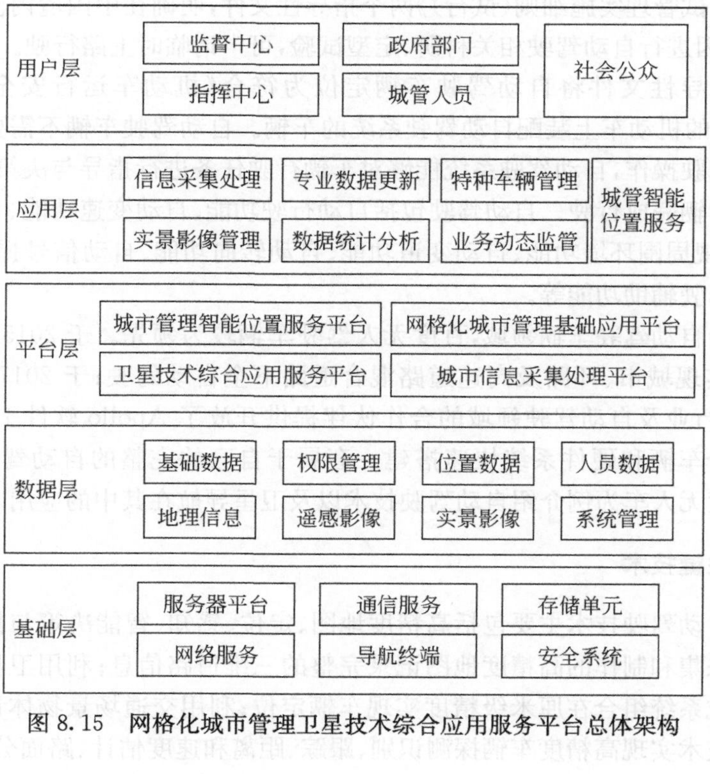

图 8.15　网格化城市管理卫星技术综合应用服务平台总体架构

8.10　自动驾驶领域应用

8.10.1　概述

目前国内基于北斗的自动驾驶农机，已经实现量产并大规模应用。自动驾驶农机已经在本书8.7节进行了详细介绍，本节主要介绍乘用车领域内的自动驾驶技术。

自动驾驶车辆，又称无人驾驶车辆，是一种通过电脑系统实现自动驾驶的智能车辆。自动驾驶车辆依靠人工智能、视觉计算、雷达、惯导、监控装置和卫星导航定位系统协调合作，让电脑可以在没有任何人类主动的操作下，自动安全地操作机动车辆。

自动驾驶在21世纪初呈现出接近实用化的趋势，如谷歌自动驾驶车辆于2012年5月获得了美国首个自动驾驶车辆许可证。我国则在2017年12月18日，由北京市推出了国内首个自动驾驶标准，此标准由北京市交通委员会联合北京市公安局公安交通管理局、北京市经济和信息化委员会等部门，制定发布了《北京市关于加快推进自动驾驶车辆道路测试有关工作的指导意见(试行)》和《北京市自动驾驶车辆道路测试管理实施细则(试行)》两个指导性文件，明确在中国境内注册的独立法人单位，因进行自动驾驶相关科研、定型试验，可申请临时上路行驶。

两个指导性文件将自动驾驶车辆定位为符合《机动车运行安全技术条件(GB7258)》的机动车上装配自动驾驶系统的车辆。自动驾驶车辆不需要驾驶员执行物理性驾驶操作，自动驾驶系统能够对车辆行驶任务进行指导与决策，并代替驾驶员操控车辆完成行驶。自动驾驶包括自动行驶功能、自动变速功能、自动刹车功能、自动监视周围环境功能、自动变道功能、自动转向功能、自动信号提醒功能、网联式自动驾驶辅助功能等。

在国内自动驾驶车辆领域，百度无人驾驶车辆较为领先。于2015年12月在国内首次实现城市、环路及高速道路混合道路下全自动驾驶；于2017年4月19日，向汽车行业及自动驾驶领域的合作伙伴提供开放了Apollo软件平台，帮助合作伙伴结合车辆和硬件系统快速搭建一套属于自己的完整的自动驾驶系统[10]。下面以百度无人车为例介绍自动驾驶技术以及卫星导航在其中的应用。

8.10.2　关键技术

百度自动驾驶技术主要包括高精度地图、定位、感知、智能决策与控制四大模块。利用采集和制作的高精度地图记录完整的三维道路信息；利用卫星导航系统与惯性导航系统组合在厘米级精度实现车辆定位；利用交通场景物体识别技术和环境感知技术实现高精度车辆探测识别、跟踪、距离和速度估计、路面分割、车道线检测，为自动驾驶的智能决策提供依据。

1)高精度地图模块

深度学习和人工智能技术广泛应用于地图生产,使得无人车具有高精度的地图数据,并且开发了高精度地图数据管理服务系统,封装了地图数据的组织管理机制、屏蔽底层数据细节,对应用层模块提供统一的数据查询接口。模块包含元素检索、空间检索、格式适配、缓存管理等核心能力,可为无人车提供高精度地图解决方案。

2)定位模块

定位模块主要基于卫星导航定位系统、IMU,结合高精度地图以及多种传感器数据,使得定位系统可提供厘米级综合定位解决方案。

3)感知模块

通过安装在车身的各类传感器如激光雷达、摄像头和毫米波雷达等获取车辆周边的环境数据。利用多传感器融合技术,车端感知算法能够实时计算出环境中交通参与者的位置、类别和速度朝向等信息。

支持此感知模块的是大数据和深度学习技术,海量的真实路测数据经过专业人员的标注变成机器能够理解的学习样本、大规模深度学习平台。

4)智能决策与控制模块

智能决策模块可以使无人车进行综合预测、决策和规划,根据实时路况、道路限速等情况作出相应的轨迹预测和智能规划,同时兼顾安全性和舒适性,提高行驶效率。

控制模块可以使无人车的控制与底盘交互系统具有精准性、普适性和自适应性,能够适应不同路况、不同车速、不同车型和底盘交互协议,其循迹自动驾驶能力,可以使控制精度达到分米级别。

参考文献

[1] 曹冲. 北斗与 GNSS 系统概论[M]. 北京:电子工业出版社,2016.
[2] 刘基余. GPS 卫星导航定位原理与方法[M]. 北京:科学出版社,2007.
[3] 夏林元,鲍志雄,李成钢,等. 北斗在高精度定位领域中的应用[M]. 北京:电子工业出版社,2016.
[4] 吴海涛,李变,武建锋,等. 北斗授时技术及其应用[M]. 北京:电子工业出版社,2016.
[5] 曹冲. 北斗产业引领中国的大数据时代[J]. 数字通信世界,2013(08):8-9.
[6] 曹子腾. 车载监控系统助力智慧物流[J]. 中国公共安全(综合版),2012(19):180-184.
[7] 中国卫星导航定位协会. 中国卫星导航与位置服务产业发展白皮书(2016 年度)[R]. 2017.
[8] 中国卫星导航定位协会. 国家北斗精准服务网应用指南(2017 版)[R]. 2017.
[9] 王诚龙,王吉旭,等. 北斗农机作业全信息质量在线监测终端[C]. 中国卫星导航定位协会. 卫星导航定位与北斗系统应用 2017. 北京:中国测绘出版社,2017:181-185.
[10] 百度 Apollo 开放平台[EB/OL]. http://apollo.auto/index_cn.html,2017-04-19/2017-12-24.